层状盐岩采卤造腔工艺模拟及仿真技术

姜德义　陈　结　杨春和　任　松　刘　伟　著

科学出版社
北　京

内 容 简 介

本书以层状盐岩采卤造腔工艺模拟及仿真技术为研究方向，主要内容有：我国盐矿物理地质特征；盐岩溶解特性；造腔的理论基础及相似理论；单井水溶造腔流场相似实验研究；单井水溶造腔浓度场相似实验研究；双井水溶造腔流场和浓度场相似实验研究；大尺寸型盐材料的压制；大尺寸型盐单井水溶造腔技术；大尺寸型盐小井间距双井水溶造腔技术；大尺寸型盐水平井水溶造腔技术；天然盐岩水溶造腔腔体扩展规律；水溶造腔数值仿真。

本书可作为盐矿水溶开采及水溶性岩层造腔工艺技术方面的管理、设计、施工人员和科研人员的参考书，也可以作为高校相关专业研究生的参考书。

图书在版编目(CIP)数据

层状盐岩采卤造腔工艺模拟及仿真技术 / 姜德义等著. —北京：科学出版社，2017.8

ISBN 978-7-03-053824-6

Ⅰ.①层… Ⅱ.①姜… Ⅲ.①地下储气库-工程模拟②地下储气库-地下工程-计算机仿真 Ⅳ. ①TE972

中国版本图书馆 CIP 数据核字（2017）第 141236 号

责任编辑：张 展 陈 杰 / 责任校对：彭 映
责任印制：罗 科 / 封面设计：墨创文化

科学出版社出版
北京东黄城根北街16号
邮政编码：100717
http://www.sciencep.com

成都锦瑞印刷有限责任公司印刷
科学出版社发行 各地新华书店经销

*

2017年8月第 一 版 开本：787×1092 1/16
2017年8月第一次印刷 印张：11 1/2
字数：275 千字

定价：89.00 元

（如有印装质量问题，我社负责调换）

前　　言

由于盐岩矿床具有良好的蠕变、低渗透性(渗透率低于 $10^{-20}m^2$)及损伤自愈合特性，因此被公认为是能源(石油、天然气)储存和核废料地质处置的理想场所。英国石油公司(BP)2015 年统计报告显示，2014 年中国石油消耗量为 52030 万 t，同比增长 3.3%，占世界总消耗量的 12.4%；2014 年中国天然气消耗量为 1855 亿 m^3，同比增长 8.6%，占世界总消耗量的 5.4%。我国油气产量不足，必须大量依赖进口，然而对油气进口依赖程度越高，我国油气市场受国际环境的影响越大。因此，建立健全的战略油气储备是应对国际油价变动、政治经济不利形势、油气消费波动等问题的有力武器，尤其是对于我国这种对外油气依存度极高的国家，建立健全的油气战略储备体系更是刻不容缓。欧美发达国家均建立了较完备的国家战略油气储备体系，如美国石油战略储备超过 180 天，德国超过 160 天，日本超过 150 天。据国家统计局公布的数据显示，中国石油储备一期工程包括舟山、镇海、大连和黄岛等四个石油储备基地，总储备库容为 1640 万 m^3，储备原油 1243 万 t，但这四个储备基地的石油储备量只相当于大约 9 天的消耗量，远低于国际能源机构(International Energy Agency，IEA)建议的 90 天的进口量。国外机构估计，中国若想储备相当于 90 天进口量的原油，将需要 5.4 亿～6 亿桶原油的战略石油储备。

我国的地下盐岩资源丰富，分布范围广，埋深从数十米到 4000m 不等，具有建设地下储库的地质条件基础，在华东地区如苏北、苏南、山东等地均有大型盐岩矿层，为我国的西气东输工程提供建造储气库的地质条件。而在人口较为稀少的西北、西南地区，如新疆和云南部分地区也发现有大型盐岩层，这些盐岩层可为核废料地下处置库的建造提供候选场址。在建的江苏金坛储气库是我国乃至亚洲第一座盐穴储气库，目前已有 15 口井投入使用，对华东地区的供气调峰正发挥关键作用。同时，在湖北应城和潜江、江苏淮安、河南平顶山等地也正在开展盐穴储备库的规划和先导工作。

但我国盐层地质条件与国外又有所不同，根据我国盐岩矿床分布及地质资料分析可知，盐岩矿床有矿体厚度薄(60～100m)、泥质夹层多的特点，与国外普遍利用深部盐丘作油气储库和核废料的处置场所有很大的不同，夹层的存在势必对储气库的围岩稳定性及渗透特性产生显著的影响，使溶腔的建造过程和运行的稳定性方面有很大的不同，同时建造的难度和复杂程度也将有所增大。目前，国外的研究主要集中于盐丘中储气库的形状控制、腔体稳定及渗透特性的研究，很少考虑到多夹层对盐岩采卤造腔的影响，无论在理论上还是应用方法上均很难直接应用于我国能源储存的工程实践，同时我国层状盐岩储气库的建设中许多关键性的问题尚未得到解决，严重影响我国储气库的开发建设。因此，针对我国层状盐岩采卤造腔的工艺模拟和仿真技术的研究势在必行，开展层状盐岩采卤造腔的理论与模拟研究，对完成我国下一步能源储备战略计划具有十分重要的意义。

本书是在国家重大基础研究“973 计划”、国家自然科学基金项目（51074198；51304256；51574048；41672292；51604044）、中国博士后科学基金（2015M582520，2015T80857）等联合资助下完成的，在此对以上资助单位表示诚挚的谢意！

本书凝聚了重庆大学煤矿灾害动力学与控制国家重点实验室盐岩组易亮博士、张军伟博士、邱华富博士等，以及研究生唐康、李晓军、李晓康、康燕飞、张治鑫等的辛勤劳动。

衷心感谢鲜学福院士对项目研究的关怀和指导，在研究中得到了中国科学院武汉岩土力学研究所李银平研究员、马洪岭、施锡林，以及中国石油江苏油田分公司唐海军、徐卫华高级工程师等的指导和帮助，感谢其他为本项目完成以及著作出版提供支持的专家和朋友！

由于作者水平有限，不妥之处在所难免，敬请各位读者批评指正！

目　　录

第 1 章 我国盐矿物理地质特征

1.1 盐岩的物理性质

盐岩主要矿物为“盐岩”，化学式为 $NaCl$，理论含量：Na^+ 为 39.34%、Cl^- 为 60.66%，常含有卤水、气泡、泥质和有机质等包裹体(杨春和等，2009；沈洵等，2015)。表面呈玻璃光泽，风化表面或潮解后呈油性光泽，贝壳状断口，性脆，盐岩硬度为 2～2.6，密度为 2.1～2.2g/cm^3，熔点为 800.8℃，沸点为 1465℃。

盐岩单晶体为等轴晶系，常呈立方体，在立方体晶面上常有阶梯状凹陷(图 1.1)，集合体一般为粒状、致密块状，有时呈柱状、纤维状、毛发状、盐华状等；无色透明或白色，含泥质时呈灰色，含氢氧化铁时呈黄色，含氧化铁时呈红色，含有机质呈黑褐色(李银平等，2012)。

图 1.1 盐岩晶体

盐溶于极性溶液，不溶于非极性溶液。盐在水和其他溶剂中的溶解度见表 1.1。

表 1.1 盐的溶解度(王春荣，2012)

溶剂	温度/℃	溶解度	溶剂	温度/℃	溶解度	溶剂	温度/℃	溶解度
甲醇	25	1.4	水	0	35.7	水	50	37
乙醇	25	0.065		10	35.8		60	37.3
甲酸	25	5.21		20	36		70	37.8
乙二醇	25	7.15		25	36.12		80	38.4
液氨	−40	2.15		30	36.3		90	39
单乙醇氨	25	1.86		40	36.6		100	39.8

1.2　中国盐矿分布规律

我国盐矿资源基本分为在东部海盐、西部湖盐、中部井矿盐(周桓，2008；聂百洲，2012)。全国的盐矿分布如图 1.2 所示。

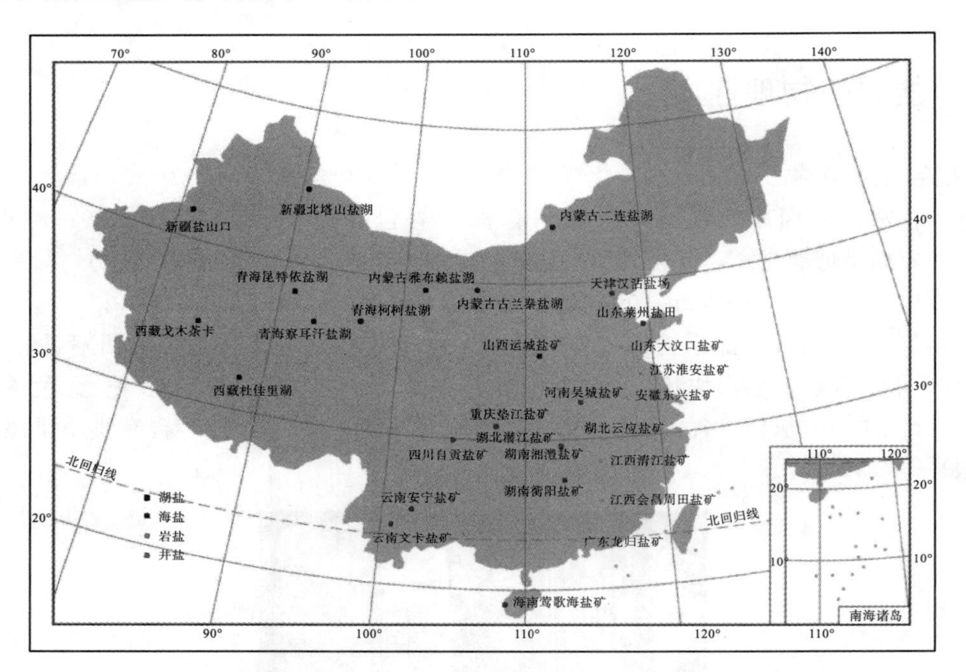

图 1.2　我国主要盐矿分布示意图(陈结，2012a；朱训，1999)

按照省份划分，我国井矿盐分布范围(黄孟云等，2014；刘凤梅等，2006)如下。

江西省：我国井矿盐产区之一。盐岩矿床有产于古近系的清江盐矿和产于上白垩统的会昌县周田盐矿等。

江苏省：井矿盐产于古近系的盐矿矿床有金坛市直溪桥盐矿、淮阴区高堰盐矿、丰县盐矿，产于白垩系的盐岩矿床有淮安盐矿。

河南省：我国井矿盐产区之一，有产于古近系的桐柏县吴城盐碱矿、叶县盐矿、并在濮城，在文留一带发现古近系特大型盐岩矿床——濮阳盐矿。

湖北省：我国井矿盐主要产区之一。盐矿资源极为丰富。在云梦县、应城市、天门市和潜江市分布有古近系的特大型盐岩矿床和地下卤水矿床，如云应盐矿。盐岩矿床还有产于白垩系的枣阳市王城盐矿，产于三叠系的利川市建南盐矿等。

湖南省：我国井矿盐产区之一，有产于古近系的衡阳盐矿和澧县盐矿。

四川省及重庆市：我国井矿盐主要产区之一。井盐生产历史悠久，其主要产盐地——自贡市素有“盐都”之称。四川省蕴藏着极其丰富的盐矿资源。

云南省：我国井矿盐产区之一。滇中、滇西、滇南均有赋存于古近系的盐岩矿床，如宁洱哈尼族彝族自治县磨黑盐矿、禄丰县元永井盐矿、江城哈尼族彝族自治县勐野井钾盐岩−盐岩矿床等。

1.3 盐岩矿床成因及沉积类型

1. 盐岩矿床成因

盐岩矿床成因主要分为陆相成因和海相成因，包括沙洲说(1855～1970年)，沙漠盆地说(1894～1924年)、分离盆地说(1915～1955年)、回流说(1947～1965年)、深水蒸发岩沉积说(1855～1969年)、盐沼和“萨布哈”说(1955～1971年)、干化深盆地说(1972年)等。

(1)沙洲说：处于半封闭的潟湖、海湾盆地与大洋之间有沙洲(或生物礁、构造)隔开，中间仅有狭窄通道使海水得以经常流入。这种潟湖、海湾盆地，可以是一个，也可以有若干个次一级的小盆地。在干旱气候条件下，当潟湖中的水分被蒸发浓缩，其含盐量不断增高，当其达到饱和时，盐类矿物开始按溶解度的大小顺序依次沉积，形成各类盐类矿床。其示意图见图1.3。

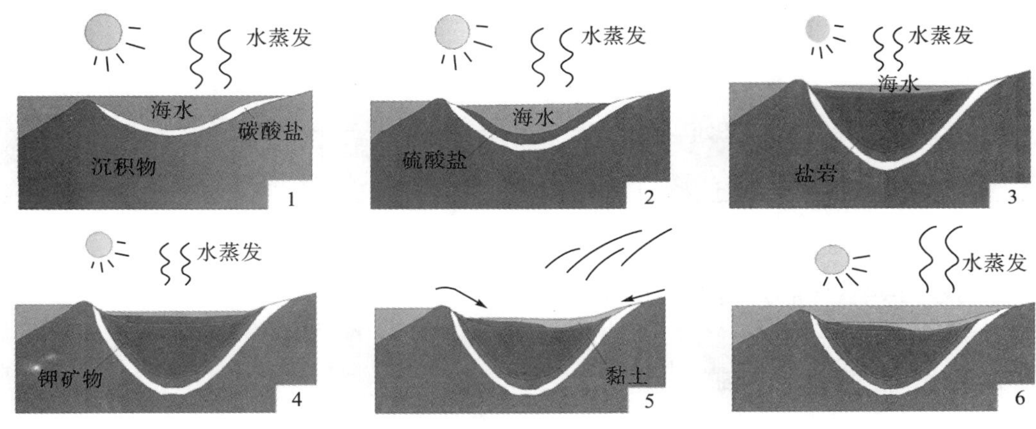

图1.3 盐类矿物沉积示意图(翟裕生等，2011)

(2)沙漠盆地说：巨大的盐类矿床只有在成为闭流盆地的大陆才能形成。在这些地区，含有分散状盐类的岩石，因风化和淋滤作用，其盐类物质被地下水和地表水流带入闭流盆地，在炎热的沙漠性干旱气候条件下蒸发浓缩，沉积为巨厚的盐类矿床。

(3)盐沼和“萨布哈”说：根据对阿拉伯海至波斯湾之间一些海滩上盐的沉积的研究结果，认为：在离海岸有相当距离、地形相对较高的海滩上，海水涨潮时可以浸入，落潮时留下一些，经长期蒸发、沉积成盐。我国柴达木盆地达布逊湖现代光卤石的沉积，一些学者认为就是“萨布哈”理论的例证。

(4)干化深盆地说：巨大的盐类矿床可在巨型深盆地中沉积，由于盆地与大洋水有时隔绝，处于封闭状态，通过干涸作用，盐类矿物依次沉积：碳酸盐及硫酸盐沿着盆地边缘的大陆架和大陆斜坡逐步沉积下来；卤水因相对密度大而流入底部低于海平面数千米的深海盆地，形成巨厚的盐岩和钾盐。

2. 盐岩矿床沉积类型

盐类矿床沉积类型可划分为两个含盐建造，6 个矿床类型，10 个矿石组合分类，见表 1.2。

表 1.2 我国盐类矿床沉积类型表

含盐建造	矿床类型	矿石组分分类	矿床实例
海相含盐建造	海湾凹陷盆地	盐岩岩类	四川长宁盐矿
	浅海-潮坪潟湖盐类	盐岩岩类、杂卤石-盐岩岩类	石盐矿床-威西盐矿；杂卤石-盐岩矿床；川中盐矿
	滨海潟湖盐盆	含泥灰质盐岩岩类	新疆库车拗陷含盐带
陆相含盐建造	山前凹陷盐盆	钙芒硝，钾芒硝-盐岩岩类	湖北云应盐矿；潜江盐矿
		钙芒硝盐类	四川眉山市大洪山矿区
	山间断陷盐盆	钙芒硝(无水芒硝)-盐岩岩类	湖南衡阳盐矿；广东龙归盐矿
		盐岩-天然碱岩类	河南桐柏吴城盐岩-天然碱矿
		自然硫-盐岩岩类	山东泰安县大坟口盐矿
	干盐湖再沉积盐凹	泥砾质盐岩及泥砾质钙芒硝-盐岩岩类	云南磨黑盐矿；元永井盐矿
		泥砾质盐岩-钾盐岩类	云南江城县；勐野井盐岩-钾盐矿床

1.4 我国典型盐矿特征分析

1.4.1 江苏金坛盐矿

1. 自然地理现状

金坛盐矿位于西气东输管线附近，长江三角洲苏南地区金坛、丹徒、丹阳、句容四县市的结合部，交通以公路为主，地势平坦。该区高压线路及变电所设施建设良好，采输卤设有专线，西南有丰富的石灰石和建材材料，已采卤 14 年，采盐井 40 多口。

2. 构造与地层

金坛盐盆位于扬子江地带的东北部，是一个走向北东、倾向北西的新生代盆地，为苏南隆起区中的次一级构造单元，而茅兴矿段赋存在金坛盐盆西侧的直溪桥凹陷的西南部。

根据钻井、地震剖面资料解释，凹陷内含盐层系地质构造相对简单，呈北东向“一拱两洼”的构造格局，见西庄、直溪桥、鲍塘和观西－大树下四条断裂以及直溪桥断裂北段所派生的三条小断裂。区内断层一般，主体部位未见断层。

据茅资 1 井地层岩性结构(表 1.3)显示，该区揭露地层有第四系东台组、古近系三垛组、戴南组、阜宁组四段。该区为同一聚盐期内沉积的一套浅湖、潟湖相蒸发成盐建造。

表 1.3　茅资 1 井地层岩性结构(韩琳琳等，2010；常小娜，2014)

<table>
<tr><th colspan="4">地层</th><th colspan="2" rowspan="2">井深/m</th><th rowspan="2">视厚度/m</th><th rowspan="2">岩性综述</th></tr>
<tr><th>界</th><th>系</th><th>组</th><th>段</th></tr>
<tr><td rowspan="8">新生界</td><td>第四系</td><td>东台组</td><td></td><td colspan="2">17.0</td><td>17.0</td><td>灰黄色砂质黏土层、泥岩、浅灰色砂砾岩</td></tr>
<tr><td rowspan="7">古近系</td><td rowspan="2">三垛组</td><td>二段</td><td colspan="2">371.5</td><td>354.5</td><td>上部：浅灰色含砾不等粒砂岩、不等粒砂岩夹棕色泥岩；
中部：浅灰色粉砂岩、泥质粉砂岩与棕色泥岩、砂质泥岩不等厚互层；
下部：棕色泥岩、砂质泥岩</td></tr>
<tr><td>一段</td><td colspan="2">566.5</td><td>195.0</td><td>上部：灰黑色玄武岩、杂色凝灰岩夹灰色变质泥岩；
中部：灰绿色泥岩夹灰质泥岩；
下部：灰黑色泥岩、深灰色、灰色灰质泥岩；底部夹二层泥质粉砂岩</td></tr>
<tr><td rowspan="2">戴南组</td><td>二段</td><td colspan="2">757.0</td><td>190.5</td><td>浅灰色泥质粉砂岩与深灰色泥岩、灰色泥岩、砂质泥岩、灰色、深灰色灰质泥岩互层</td></tr>
<tr><td>一段</td><td colspan="2">832.5</td><td>75.5</td><td>灰色灰质泥岩、砂质泥岩、泥岩、白云质泥岩</td></tr>
<tr><td rowspan="3">阜宁组</td><td rowspan="3">阜四段</td><td>盐顶</td><td>860.0</td><td>27.5</td><td>灰色含膏泥岩、灰色白云质泥岩、灰色泥岩、暗棕色泥岩</td></tr>
<tr><td>盐层</td><td>1055.0</td><td>195.0</td><td>灰色泥质盐岩、含硝盐岩、含硝泥质盐岩、含无水芒硝盐岩夹灰绿色泥岩、含硝泥岩、灰色岩质泥岩、泥岩、暗棕色泥岩薄层</td></tr>
<tr><td>盐底</td><td>1110.0</td><td>55.0</td><td>灰色泥岩夹暗棕色泥岩</td></tr>
</table>

3. 基本地质特征

金坛盐岩资源丰富，含盐地层面积约为 60.5km^2，盐岩储量达 162.42×10^{8}t，NaCl 储量 125.38×10^{8}t。该盐矿含盐系赋存在 E_1f^4 地层中，属古近纪始新世中、晚期沉积，上部含盐系地层由上而下可分为三层。

盐上含膏泥岩层：灰色泥岩夹绿灰色泥岩，含钙芒硝和硬石膏。上部所见的硬石膏、钙芒硝系裂隙充填物，而下部以星点状散布为主，厚 6～20m 不等。

盐岩层：以含泥盐岩和灰色盐岩为主，夹含钙芒硝泥岩、白云质泥岩、含白云质泥岩等岩石，含盐率为 84%～95%，矿石品位高达 85%。厚 153.50～198.99m，顶板埋深在 888.6～1236.4m。

盐下含膏泥岩层：一套含钙芒硝、硬石膏的泥岩及泥灰岩，厚 11.30～16.70m。夹层岩性主要为含膏泥岩、白云质泥岩、含硝泥岩、盐质泥岩、泥岩等，一般厚 1.5～2.5m。

金坛盐矿的直接顶板为阜宁组四段顶部—戴南组下段的地层，埋深在 800～1140m，顶板厚 96～150m。岩性为含钙芒硝泥岩、云灰质泥岩及膏泥岩等，岩性坚硬。

1.4.2　江苏赵集盐矿

1. 自然地理现状

赵集盐矿位于淮安市淮阴区赵集镇境内，在距市区 30km 处，三面为湖水环绕，水陆交通便利，全区地形平坦，区内人工河渠众多，与张福河和洪泽湖相通。该区气候宜人，电力通信等设施配套齐全，劳动力丰富，有利于矿产资源的规模开发。目前盐矿开采状况良好，有 14 家盐岩、无水芒硝企业在此开发，盐类资源的开发利用已经成为当地的支柱产业，形成的盐腔稳定，卤水消化能力较强。

2. 构造与地层

赵集盐矿位于苏北盆地洪泽凹陷的东北部——赵集次凹。在盐岩形成期，赵集次凹处于四面环山的“高山深盆”环境(舒福明，2004)。洪泽凹陷夹持于鲁苏隆起和建湖隆起之间，南与建湖和张八岭隆起相接，受控于北缘邓码断裂；东与淮安凸起相邻，受控于杨庄-倪湖庄断裂，并通由该断裂相接于淮安中断陷；西南相望于管镇次凹隔湖；西北与鲁苏隆起超覆过渡。

地震勘探和钻井资料表明：赵集次凹由北向南倾伏，为一典型的南断北超箕状断陷盆地，构造形态大致呈北东突出的扇形，倾向南东，据基底起伏、沉积和断裂特征，该次凹分为 3 个次凹，由南东向北西依次为断阶带、深凹带和斜坡带。位于断阶带内侧的深凹带，是赵集次凹的沉积中心，沉积了厚约 4500m 的古近系地层，是盐沉积的良好场所。斜坡带的岩性岩相则发生急剧变化，主要为石膏碎肩岩相沉积。

赵集次凹内部构造较简单，断层不发育，凹陷边部见南北和北东向的边界断层，斜坡带内发育的一条次一级断层与走向斜交(吴颖等，2012)。

地表为第四纪地层所覆盖，区域地质资料表明，该盆地从白垩系开始接受沉积，古近系和新近系为盆地盐类的主要沉积发育期，是一套陆相碎屑岩型蒸发岩沉积岩系。

3. 基本地质特征

截至 2011 年底，在研究区约 25km^2 范围内探明盐岩资源储量 1350×10^8 t(不包括洪泽湖底)，远景资源量可达 2.8×10^{11} t、探明淮阴区赵集镇庆丰段西矿段为一大型盐岩芒硝矿床，在 3.113km^2 共获得盐岩矿石量 11.77×10^8 t，NaCl 储量 8.6×10^8 t。

含盐系赋存于古近系阜宁组四段(E_1f^4)，根据含盐系特征，E_1f^4 可进一步划分为五个岩性亚段：盐下膏盐亚段、下盐亚段、中部淡化段、上盐亚段和盐上膏盐亚段(郑开富等，2012)(表 1.4)。

表 1.4 洪泽凹陷赵集次凹 E_1f^4 含盐系特征表

组	段	亚段	厚度/m	岩性简述
阜宁组(E_1f)	四段(E_1f^4)	盐上膏盐亚段	3.56～10.50	以灰、灰黑色硬石膏岩、泥质硬石膏岩为主
		上盐亚段	60.00～150.00	以灰白色石盐岩为主，夹硬石膏岩及钙芒硝岩
		中部淡化段	71.50～115.00	岩性以钙质泥岩、泥岩为主
		下盐亚段	12.80～104.72	为石盐岩、硬石膏岩及钙芒硝岩等，其上部以无水芒硝岩、石盐岩、钙芒硝岩为主夹泥岩
		盐下膏盐亚段	>322.00	为硬石膏岩与泥岩互层，灰色泥岩、白云质泥岩夹碳酸盐岩

下盐亚段和上盐亚段为主要的盐类矿层富集矿段。上盐亚段顶板埋深 1350～2010m，盐矿体的直接顶板为阜宁组四段顶部岩层，厚度 4.0～50m。底板埋深 1450～2176m，为阜宁组四段上盐亚段与下盐亚段之间的淡化层，厚度 45～82m。矿层顶底板岩性致密，裂隙不发达，隔水性好，是良好的封盖层。含盐层沉积构造稳定，岩性变化小，厚 118.60～142.94m，盐岩厚度达 103.60～130.33m，是盐岩矿体的主要勘探开发层段。夹石为 0.2～1.8m 的灰色钙芒硝质泥岩、石膏质泥岩和泥岩。下盐亚段以棕黄－灰黄色无水芒硝岩、灰色盐岩和深灰色含膏泥岩为主，是勘探、开发无水芒硝矿层的主要目的层，具有埋深增大、厚度变薄、品位降低的变化趋势(漆智先等，2003a)。

上盐亚段的含盐率为 87.4%～91.18%，岩性为灰色盐岩夹薄层棕灰色砂质泥岩和钙芒硝岩，底部边缘见少量无水芒硝岩，主要为由盐岩、钙芒硝、无水芒硝等。另见少量杂质黏土矿物、方解石和白云石。品位平均 74.2%，伴生 Na_2SO_4 含量一般小于 5%。上盐亚段是勘探、开发石盐矿层的主要目的层，顶板埋藏深度为 1400～2100m。

1.4.3　湖北云应盐矿

1. 自然地理现状

云应盐矿位于湖北云梦县和应城市境内，江汉平原北部。汉—丹铁路经由矿区内的隔蒲站向西 240km 至襄阳市，与焦—柳铁路相接，向东 80km 到达武汉市，距西气东输二线经过的湖北武穴约 220km，交通便利。

该区盐矿资源开发始于 20 世纪 50 年代，截至 2004 年，已有 8 家制盐企业、1 家盐化企业，目前制盐企业、盐化企业各自建有采卤矿区(2004 年，主要是盐盆边部矿区的开发，中心部位尚未勘探)，为大型的盐及盐化工基地。

2. 构造与地层

云应盐盆位于江汉盆地中的云应凹陷南部，是一个 NWW-SEE 向的似纺锤状对称盆地。

物探及实钻资料均表明，矿区地质构造条件简单，被 NEE 向的应城－郎君桥断裂划分为南北两区，控制着盐类的沉积，另在盆地边缘发育有五条继承性基底断裂。总的来说，区内构造简单，褶皱、断裂和裂隙均不发育，仅局部地段见一些小断层发育。

盆地内沉积了巨厚的古近系云应群碎屑岩－含盐岩－碳酸盐岩，盆地基底为白垩系，为第四系地层所覆盖。经地质勘探钻孔揭露云应盐矿地层由上至下分别为：第四系、古近系云应群文峰塔组、古近系云应群膏盐组。

3. 基本地质特征

云应盆地是我国著名的产膏盐盆地，盐岩层分布面积约为 $260km^2$，边缘盐层埋藏浅，厚度薄。受断裂构造影响，盆中的可采盐层面积仅 $125km^2$，已探明(含已被矿山占用)的面积约 $40km^2$，被建筑物及重要公路、铁路、河流覆盖面积约 $45km^2$，尚未探明其资源量面积约 $40km^2$。预计地质储量 $3.6\times10^{11}t$，其中孝感矿区盐矿总储量达 $2.8\times10^{10}t$。

在该区探明并开发的有应城、省化工一号井田、省化工一号采区、长江填井田与隔蒲井田等 5 个盐岩矿床。

云应盐矿赋存于古近系云应膏盐组三段，由上至下为：①上硬石膏段：岩性为硬石膏泥岩、泥质粉砂岩、泥质硬膏岩夹泥质粉砂岩，厚 28～129m；②上钙芒硝段：岩性为泥质钙芒硝岩，钙芒硝质泥岩、硬膏质泥岩夹粉砂质泥岩、泥质粉砂岩等，由北向南加厚，厚度 7～81m；③盐岩段：由不等厚的盐岩、泥质钙芒硝、泥质硬膏岩和泥岩、粉砂质泥岩互层组成，该段盐岩密集成群。

盐岩段为盐岩发育的主要目的层，该层段由含盐的盐群和非盐的间隔夹层交替互层产出。相邻盐群间的岩层即为非盐间隔层。盐群主要由硬盐岩、石膏、钙芒硝互层构成。

钻井揭开的膏盐组盐岩段盐层共划分出 89 个盐群，每个盐群有 1～27 层盐，各盐群厚度为 0.38～14.67m，一般为 2～7m；各盐群的盐岩层累计厚度为 0.3～8.79m，一般为 1～5.5m，含矿率 33%～91%，一般为 41%～75%；各盐群间距一般为 2～3m，最大 32.42m，最小 0.49m。盐岩矿体呈薄层状、似层状和透镜状产出。

矿体平均埋深 300～850m，主体矿埋深一般在 150～400m。矿床的直接顶板为相对隔水层，水文地质条件较简单(王必金，2006)。矿石矿物主要为盐岩，其次为硬石膏、钙芒硝和黏土矿物。主要有两种矿石类型：①钙芒硝－盐岩矿石，分布较普遍，NaCl 含量 30%～90%；②硬石膏－盐岩矿石。

1.4.4 湖北潜江盐矿

1. 自然地理现状

潜江市位于江汉平原腹地，是古云梦泽的一部分，位于长江中游，长湖、泄洪道、田关河横穿东西，长江的最大支流——汉江以及它的分洪道——东荆河纵贯南北。境内地势平坦，土壤肥沃，雨量充沛，气候温和。318 国道、汉宜高速公路横穿东西，襄—岳公路纵贯南北，交通便利。该区盐矿的开采主要是采用油盐兼探综合采矿方法与技术。另外，该区有丰富的石油、天然气等能源资源，著名的江汉油田分公司总部就在潜江市。

2. 构造与地层

位于潜江凹陷王场背斜翼部与黄场鼻状斜坡带之间的黄场盐矿，盐构造发育状况继承了王场背斜，倾角约 15°，倾向 SWW，西面为王场背斜和黄场鼻状斜坡带的交接处，地层平缓。王场背斜东北边的王场向斜、西南边的蚌湖向斜和周巩向斜，是江汉盆地潜江组的三个成盐中心，王场背斜位于三个向斜间的洼中隆起，是潜江组含盐系最发育的地区。在潜四段盐体的底辟作用下，潜二段盐体在沉积时，王场背斜基本上表现为水下隆起，而位于王场背斜翼部的黄场盐矿就表现为轴薄翼厚。

潜江凹陷潜江组盐体沉积主要受构造演化、水体盐度、物源供给以及气候条件等共同影响，发育了一套含盐韵律与砂泥岩交互沉积地层，为一套盐岩与盐间非砂岩的陆相盐湖沉积物(漆智先等，2003b)。

3. 基本地质特征

黄场盐矿位于潜江凹陷王场背斜翼部与黄场鼻状斜坡交界的地带，其中王场背斜长轴约 11km，短轴约 19km，背斜幅度 1000m，构造面积 $1310km^2$(刘尧军，1992)，盐岩分布面积约 $1600km^2$，预计盐岩的地质储量 7.9×10^{11}t。

潜江凹陷的盐岩主要赋存在潜江组，自下到上分别为四段：①潜四段，厚 400～2500m，主要为含钙芒硝泥岩夹薄层盐岩，属早期成盐产物，该段地层的盐岩与泥岩之比约 3∶10。②潜三段，厚 150～640m，与潜四段剖面结构相似，但以出现较多质纯的盐岩为特征，单层盐岩岩层下部均见厚薄不均的无水芒硝岩，且多数盐岩岩层中夹有盐镁芒硝，部分为钠镁矾、杂卤石、无水钠镁矾，属钾镁盐浓缩阶段。③潜二段，厚 110～630m，盐岩层较潜三段增多，盐岩与泥岩比有所增高，个别钻孔甚至可达 70%。钾石膏、无水镁矾、钾芒硝层(厚约 1.32m)的出现，标志着该段为浓缩成钾的主要层段。④潜一段，厚 120～450m，碎屑岩增多，见厚数十甚至数百米的砂岩、粉砂岩层。

王场油田是潜江组含盐系地层最发育的地区，根据王深 2 井，潜江组共有含盐韵律层 148 个，盐层累积厚度约 1826.6m。作为主要盐岩赋存段的潜二段地层由 25 个盐韵律层组成。每个含盐韵律层均由两种明显不同的沉积物构成，上部盐矿层，主要为厚几米至几十米的盐岩、无水芒硝和钙芒硝泥岩互层；下部盐间、非砂岩段，厚度一般为 2～8m，由钙芒硝泥岩、白云质泥岩互层组成，局部见泥质白云岩条带。

潜二段盐层夹层厚度均小于 1m，累积厚度为 0.02～4.27m，层数 1～40 层，夹石率 0.61%～13.7%，个别达 20.4%。

盐层顶板埋深受控于背斜构造，同一韵律盐层顶板表现为轴部浅翼部深的特征，主要含盐层段——潜二段顶板埋深一般在 1212.5～2182.0m。

潜二段盐层的直接顶板为潜一段下部互层的膏盐和砂泥互层，而潜江组的直接顶板则为荆河镇组泥岩和砂岩，厚度为 0～1000m 与底板起伏不平，钙芒硝有风化溶蚀现象。

黄场矿段盐层呈层状，受控于王场背斜构造，轴部盐层厚度自北西向南东逐渐变薄，韵律盐层平均厚 8～11.5m，含盐率 62.1%～63.7%。翼部韵律盐层平均厚为 12～17.6m，含盐率 70%～75%。单个盐矿层厚 3.21～35.74m，平均厚度为 6.31～29.18m，盐层累计厚度轴部一般为 150～200m，两翼为 300～500m。据 14 口井，共 101 个盐层资料统计：25 个韵律盐层 NaCl 平均品位为 65%～86%，水不溶物平均含量为 3%～10%。

1.4.5　河南叶舞盐矿

1. 自然地理现状

矿区位于河南叶县和舞阳县境内，伏牛山、外方山以东，与黄淮河平原交接的地带，属淮河水系，主要河流为沙河、湛河和汝河。矿区交通便利，盐田东西两侧通有京—广、焦—枝两条南北向铁路，宝(丰)—漯(河)铁路通过平顶山；许(昌)—南(阳)、叶(县)—漯(河)公路通过盐田。地势西高东低，呈梯形展示。

该区盐矿发现于 20 世纪 80 年代，经过三个阶段的开发利用，制盐已初具规模，平顶山盐田从20世纪50年代的普查勘探到90年代的生产勘探，从80年代的平锅制盐到90年代的真空制盐，开发利用状况得到了巨大的提高，但是也存在着输盐管道易破损泄露等问题。2012年进行了叶舞盐矿至焦济盐化工企业输盐管道建设，且平顶山地区拥有丰富的煤炭资源。

2. 构造与地层

叶舞盐矿在构造处于周口拗陷西南的舞阳凹陷，该凹陷受控与北侧NWW向叶鲁深大断裂，形成了“北断南超”似箕状凹陷，盐岩主要沉积在近叶鲁断裂一侧的叶县、老龙庄和孟寨次凹中。

据南阳油田提供的有关资料，该矿区盐岩主要产于古近系始新统核桃园组一段和二段。盆地以寒武系的白云质灰岩、鲕状灰岩、灰岩和石炭系的灰岩夹煤层为基底，主要沉积地层为白垩系、古近系和第四系。

3. 基本地质特征

该盐矿分布在舞阳凹陷的中西部，西起叶县任店，东至舞阳县姜店，为一东西长约40km，南北宽约10km，分布面积约400km^{2}的含盐盆地，其远景资源储量约3.3×10^{11}t，地质储量约2.3×10^{11}t，叶县境内约1.7×10^{11}t，舞阳县境内约6×10^{10}t，为一特大型盐岩矿床。其中平顶山矿段含盐面积约270km^2，埋深在2000m以上的盐岩资源量约7×10^{10}t。

含盐系核桃园组地层自下而上分为三段：核一段(E_2h^1)、核二段(E_2h^2)和核三段(E_2h^3)。

(1)核一段(E_2h^1)：以白色盐岩、浅灰色含硬石膏泥岩和泥岩不等厚互层为主，夹灰白色硬石膏质白云岩、浅灰色白云质泥岩及棕褐色油页岩。顶部为灰白色含砾砂岩与紫红色泥岩不等厚互层。核一段在盆地中部主要为硬石膏、盐岩，到盆地边缘为砂泥岩，厚为135～737m。

(2)核二段(E_2h^2)：上部为深灰色泥岩、含硬石膏(盐岩)泥岩、灰色粉砂岩与白色盐岩岩、硬石膏盐岩互层，偶夹深灰色白云质泥岩与灰色含砾砂岩。下部为深灰至黑灰色泥岩与灰色粉砂岩不等厚互层，夹灰色含硬石膏粉砂岩、粉砂岩、含砾砂岩，在盆地中部有硬石膏、盐岩，厚度125.5～1220m。

(3)核三段(E_2h^3)：以紫红色泥岩、砂岩为主，夹含砾砂岩、砾状砂岩；上部见硬石膏，厚445.32～834m。

矿体呈层状产出，目前钻孔揭露的盐岩矿层共见16～95层。其中上盐组见23～57层，下盐组见5～33层。盐岩矿层单层一般厚10～20m，最厚28.5m，累计厚270～370m，最薄34m(舞7井)，最厚431.5m(舞3井)，其中上盐组盐岩累计厚129.5～368.2m，平均厚231m；下盐组盐岩累计厚34～204.5m，平均厚107m。据了解，平顶山盐矿段中不溶物含量一般在3.3%，含矿率在50.89%～67.35%。

夹层单层厚度小于5m，占地层厚度的30%～40%。核一段顶部岩性为含砾砂岩、泥岩。含盐系的直接顶板为廖庄组砂岩夹黏土层，厚度很大。盐岩矿体在凹陷中心埋深大于 1800m，一般为 1100～1400m；向南逐渐变浅，一般为 800～1000m。

所见盐类矿物主要为盐岩、硬石膏、黏土矿物，还有白云石、方解石、钙芒硝、杂卤石、天青石等。矿石类型主要为盐岩矿石。根据矿物共生组合，可分为含硬石膏盐岩矿石、含杂卤石盐岩矿石、含钙芒硝盐岩矿石和含泥质盐岩矿石等。

盐岩矿石 NaCl 含量一般为 75%～90%，最高为 95.17%，最低为 68%，平均含量大于 80%。$CaSO_4$ 含量一般为 3.5%～6%，其他有益和有害元素含量甚微。

第 2 章　盐岩溶解特性实验研究

快速优质溶漓成稳定的腔体是缩短储气库建造时间、节约建库资金、提高建库效益的关键技术，因此需要做盐岩溶解特性的基础性研究。盐岩溶解特性受内部、外部因素共同作用，通过对无应力自然溶解特性、应力作用溶解特性、模拟水溶开采卸荷条件溶解特性等三种实验下溶解规律的研究，为进一步研究盐岩流场及浓度场分布规律提供理论基础，为研究水溶造腔提供基本的理论和实验基础。

2.1　盐岩溶解特性研究进展

从 20 世纪 60 年代开始，国外学者就对盐岩溶解特性和机理进行了研究，代表人物有 Durie、Jessen 和 Saberian。Durie 等(1964)依据边界层理论，开展了不同溶蚀角度下的溶解实验，并推导出溶解速率与溶蚀角度的关系式。Saberian(1978)在第五届盐岩国际会议上对近几年里在盐岩溶解速率方面的成果进行了总结。国内对盐岩溶解特性的研究主要包括两方面的内容：无应力作用下盐岩溶解特性的研究和应力作用下盐岩溶解特性的研究。在无应力下盐岩溶解特性方面，刘成伦等(1998，2000)利用不同的卤水具有不同的电导率的特性，对盐岩溶解的动力学特征采用电导法进行了研究，并得到了盐岩溶解的动力学方程；马洪岭等(2010)利用自制仪器对某超深地层(约 2000m)盐岩、含泥盐岩进行了常温和高温溶解实验，发现密度与时间关系呈现指数衰减；王春荣(2012)、姜德义等(2012a)等研究了造腔环境对盐岩溶解速率的影响，包括溶解面积、卤水温度、卤水浓度、卤水的流速以及溶解倾角；曾义金等(2013)针对在盐岩地层中，由于钻井液对眼壁的溶蚀作用而产生井眼局部扩大的现象，开展了在不同温度、不同钻井液含盐量下的盐岩溶解速率实验。徐素国等(2010)研究了盐岩溶解的溶液浓度与试件倾角效应，获得了溶解速率、浓度与试件倾角三者的关系；太原理工大学的梁卫国(2002，2003，2004，2005)对芒硝盐岩的溶解特性进行了重点研究，并利用 CT 扫描技术对钙芒硝在温度-浓度耦合下的细观结构演化规律进行了分析。

在应力作用下盐岩溶解特性方面，陈结等(2012)采用声波技术研究了盐岩在单轴荷载条件下的损伤特征，并对受损盐岩进行溶解实验分析，以此来分析盐穴建造期盐岩的损伤溶蚀机制；周辉等(2006)先对盐岩裂隙的渗流-溶解耦合过程进行了实验研究，在此基础上，将应力考虑进来，研究了应力-渗流-溶解的耦合机制；宋书一等(2013)针对盐岩在三轴应力作用下的溶蚀特性进行了研究；汤艳春等(2008a、b，2012)则侧重于研究盐岩在三轴应力条件下溶解对应的变形特性，侧重于探究溶解-应力耦合特征。钱海涛等(2010)结合地球化学、地质热力学、矿物岩石学、岩石弹塑性力学方面的知识，在理论上全面地分析应力对岩盐溶蚀机制的影响。梁卫国等(2003)建立了岩盐水压致裂、溶解、固-流-传质耦合数学模型，并以该模型为基础进行了相应的数值模拟，Gratier等(1993)采用一种压头技术研究了应力作用下盐岩的溶解特征。

2.2　盐岩溶解特性的基本影响因素概述

2.2.1　盐岩溶解特性的内部因素

1)盐类矿物的水溶性

不同盐类矿物的水溶性不同，其溶解速率也不相同。一般溶解度大的盐类矿物属易溶盐，其溶解速率高，如盐岩、钾盐岩、芒硝等；溶解度小的盐类矿物，属难溶盐或较难溶解的盐类矿物，其溶解速率低，如钙芒硝等缓慢溶于水，石膏、硬石膏等都难溶于水。

2)盐类矿物的品位

盐岩品位影响着盐岩溶解速率，盐岩的溶解速度随着矿石中的氯化钠含量的增加而加速，即高品位的矿石比低品位矿石溶解快。所以在高品位盐岩中建造储气库可以缩短建造时间，增大溶腔体积，提高采卤速度。

3)盐类矿石组分

盐类矿床往往是多种矿物组分共同作用所产生的矿床。一般来说，盐类矿床中含有石膏、硬石膏、盐岩、芒硝、钙芒硝等成分，其中盐岩和芒硝的溶解性远大于石膏、硬石膏和钙芒硝。前者属于易溶矿物，后者属于难溶矿物。本书中所指的溶解速率是指单一的盐岩成分溶解速率。

4)盐类矿石结构构造

盐类矿石的结构构造影响其溶解速率，矿物结构致密，水与矿物接触的面积较小，溶解速率就慢；相反，结构疏松或裂隙发育的矿物，水与其接触面积大，其溶解速率就快。现代盐湖沉积的盐类矿物，未经硬结成岩作用，矿石结构疏松，孔隙度较高，其溶解速率一般较快。

2.2.2　盐岩溶解特性的外部因素

盐岩的溶解还受到一些外在因素的影响，这些因素有：溶解面的面积、溶蚀倾角、溶液的浓度、溶液的温度以及盐岩所处的应力状态等。此外，在水中加辅助溶剂，也可以提高某些盐类矿物的溶解速率。例如在水中加入浓度为3%～5%的烧碱(NaOH)，可提高天然盐岩的溶解速率。

1)溶解面的面积

盐岩溶解速率不随溶解面积的增大而增大，而是趋于一个稳定值，但是溶解面积越大，矿物溶解越多，越利于造腔。所以在盐岩水溶开采中，应该尽量增大盐岩的溶解面积，加速盐溶液的溶解，提高生产效率。

2)溶蚀倾角

盐岩溶解具有角度效应，从 0°～180°变化时，盐岩溶解速率越来越大，储库溶腔建造时的上溶速度明显大于其向下和侧向溶解的速度。这种由于盐岩溶蚀倾角不同造成的溶解速率不同在盐岩造腔过程中对腔体形状控制起到关键作用。

3)溶液的浓度

溶液浓度和饱和溶液浓度之差是盐岩发生溶解反应的化学势之一，两者差值越大，溶解速率就越大，当溶液浓度为 0 时，差值最大，盐岩溶解速率达到最大值；当溶液浓度等于饱和溶液浓度，差值为零。所以浓度越小，溶解速率越大；浓度越大，溶解速率越小，甚至不溶。

4)溶液的温度

随着温度的升高，盐岩溶解速度也逐渐加快，这是由于提高溶液温度，可以加快分子的扩散运动，溶解速率的这种温度效应的内在机理可从热力学的观点得到很好的解释：随着溶液温度的升高，溶剂分子与盐岩中分子的活性增强，发生相互碰撞的概率增大，使溶解速率增大(王春荣，2012)。所以说温度对氯化钠溶解速率的影响非常显著。

2.3 无应力状态下的溶解特性

盐岩的溶解速率是水溶造腔过程中一个很重要的参数，结合现场工艺，影响盐岩溶解速率的因素很多，国内外学者针对该部分的科学问题做了相关的研究，而本节针对文章后期需要用到的盐岩溶解速率参数开展了相关基础研究，研究了四种盐样(巴基斯坦原盐、云应地区原盐、两种不同不溶物含量型盐)在不同溶蚀面积、不同卤水浓度以及不同温度下的溶蚀规律，并对云应原盐在不同溶蚀倾角下的溶蚀规律进行了探讨。

2.3.1 盐岩试件的取样和加工

巴基斯坦原盐为喜马拉雅山区天然盐岩，试件尺寸为 50mm×50mm×50mm，云应地区原盐来自湖北云应地区钻心盐样，试件直径为 100mm。型盐 1 和型盐 2 为盐粉压制的试件，盐粉来自于重庆北碚地区，型盐 1 为将北碚地区盐粉通过 20 目筛网筛选后进行压制，而型盐 2 的盐粉未经处理采用相同方法压制，型盐的压制力为 80MPa，保压时间为 1h，压制后的试件直径为 50mm。各试件的具体参数见表 2.1 所示，试样见图 2.1。

表 2.1　四种盐样试件参数

试件	密度/（$kg \cdot m^{-3}$）	可溶物含量/%	溶蚀面积/cm^2
巴基斯坦原盐	2177	99.8	25
云应原盐	2160	97.8	78.5
型盐 1	2003	90	19.6
型盐 2	2005	80	19.6

图 2.1　四种溶解盐样

2.3.2　实验方案

盐岩溶解实验在自制实验平台内完成，实验平台如图 2.2 所示，实验平台可以通过温控装置来调节盐岩所处的卤水环境温度，也可以自由调节盐岩溶蚀面的溶蚀倾角，在此平台内可以研究温度、卤水浓度以及溶蚀倾角对盐岩溶解速率的影响。

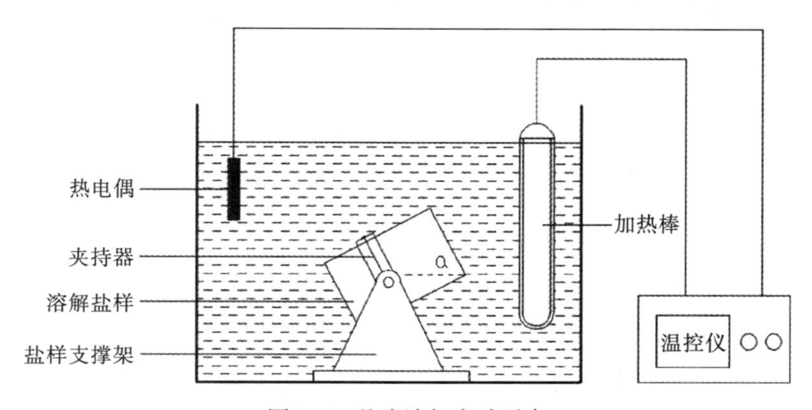

图 2.2　盐岩溶解实验平台

由于盐类矿物溶解主要在盐岩与水溶液的接触表面进行，在相同的一定量溶剂的情况下，溶解面积不同，盐类矿物的溶解特性可能会有所不同。本次分别进行了溶解面积为 $25cm^2$、$16cm^2$、$9cm^2$、$4cm^2$ 四种不同情况下的盐岩溶解特性实验。

我国盐岩溶腔埋深约为 1000m，所以造腔过程中卤水平均温度在 40～50℃，基于此，在研究温度对盐岩溶解速率的影响时，考虑了 20～50℃的温度，并以 5℃为一个梯度，盐岩处于清水环境中，溶蚀倾角为 90°。

在考虑卤水质量百分浓度对盐岩溶解速率的影响时，采用五个梯度，分别为 0、5%、10%、15%、20%，溶解温度为 30℃，溶蚀倾角为 90°。在研究溶蚀倾角对盐岩溶解速率的影响时，采用六个梯度，分别为 0°、45°、60°、90°、135°、180°，溶解温度为 40℃，卤水质量百分浓度为 20%。

现以温度对盐样溶解速率影响研究为例说明其实验步骤：

(1)除溶解面以外，将溶解盐样的其他面用石蜡密封，溶解面选择没有裂隙且比较均匀的一面；

(2)利用温控仪将温度调节到实验所需温度，并保持住该温度；

(3)将溶解盐样放进水浴箱中，采用夹持器将盐样稳定住，保持溶蚀角为 90°，开始计时；

(4)5min 后，将盐样试件取出，拿吹风机初步吹干，然后再拿烘干箱烘干，称重；

(5)每一组实验要重复做五次，取其平均值。

2.3.3　实验结果分析

1. 溶解面积对盐岩溶解速率的影响

盐岩的溶解速率是单位时间单位面积上溶解的质量，所以，溶解面积越大，盐岩的溶解质量越大。但是盐岩的溶解速率不一定也是增加的，经过实验数据处理得到的不同盐岩溶解面积下盐岩溶解速率和溶解质量的变化曲线，如图 2.3、图 2.4 所示。从图中可以看出：随着溶解面面积逐渐增加，溶解速率逐渐趋于稳定，不同溶解面积条件下盐岩溶解速率基本一致，进而说明无应力条件下，溶解面积对溶解速率基本上没有影响。其原因主要是在无应力条件下溶解过程中溶解液与盐岩试样接触的溶解面积不发生改变，另外，盐岩试样本身裂纹、裂隙的存在状态也基本上不发生变化，因此溶解过程中有效溶解面积是不变的；另外，溶解速率是单位面积单位时间盐岩试件溶解的质量，但是溶解面积越大，单位时间内溶解量越大，越有利于造腔。这说明，在盐岩矿藏水溶开采过程中，应尽力扩大盐岩的溶解面积，加速盐溶液的溶解，提高生产效率。

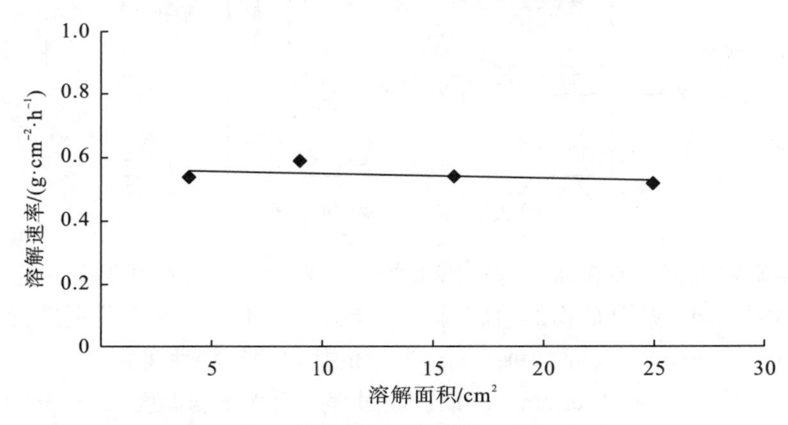

图 2.3　不同溶解面积下盐岩速率变化曲线

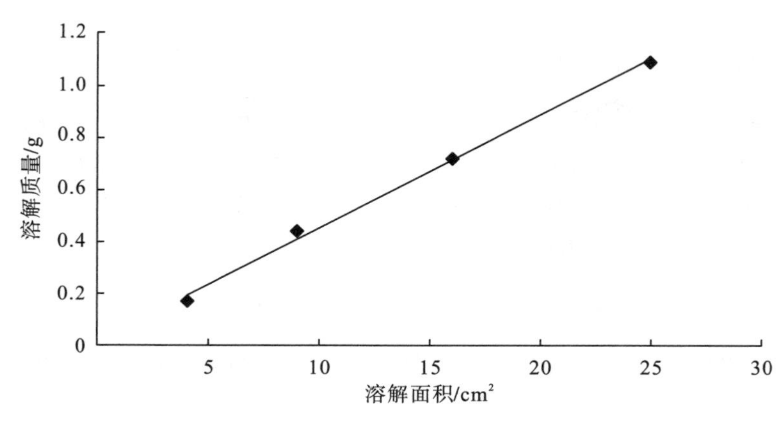

图 2.4　不同溶解面积下盐岩质量变化曲线

2. 温度对盐岩溶解速率的影响

由图 2.5 可知，四种盐样的溶解速率随温度的变化规律相似，都是随温度的升高盐岩的溶解速率加快，肖长富认为溶解速率的这种温度效应的内在机理可从热力学的观点得到很好的解释，随着溶液温度的升高，溶剂分子与盐岩分子的活性增强，发生碰撞的概率增大，使溶解速率增大。比较巴基斯坦原盐和国内云应原盐，可知两种原盐在不同温度下的溶解速率很接近。比较两种型盐，可知不溶物含量的增加有助于盐样溶解速率的加大，这是因为当纯盐溶解掉后，不溶物也伴随着往下掉，所以不溶物含量越高，只需溶解掉质量较小的纯盐，就能达到相同的溶蚀效果。最后比较原盐和型盐的溶解速率，可知原盐的溶解速率要整体大于型盐，这是因为型盐由盐分压制而成，在溶解过程中，整个溶蚀表面溶蚀速率较为均一。而原盐由地质构造而成，所形成的晶体较大，在溶蚀过程中，溶蚀表面溶蚀速率不一致，最后使实际溶蚀表面积要远远大于型盐。

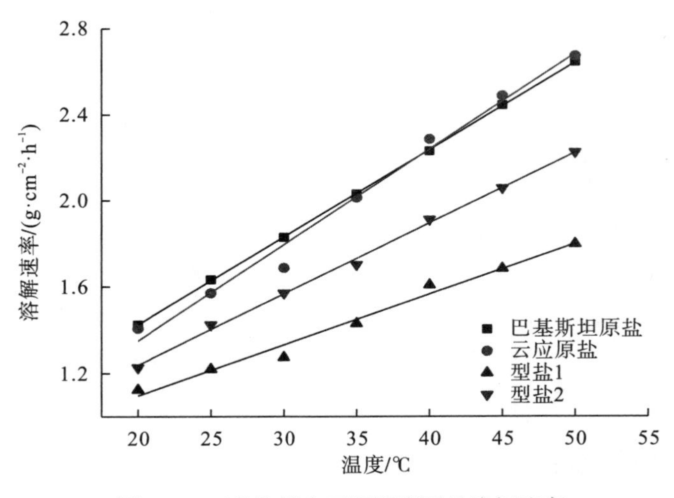

图 2.5　四种盐样在不同温度下的溶解速率

3. 卤水浓度对盐岩溶解速率的影响

查溶解度表可知，温度在 30℃时，盐在水中的溶解度为 36.3g，则在该温度下卤水饱和溶液的浓度为 26.6%。由图 2.6 可知，四种盐样溶解速率随卤水浓度的增加而逐渐降低，在饱和溶液中盐岩试件不再溶解。这可由盐岩溶解速率基本方程来解释，溶解速率基本方程表达式(易亮，2016) 为

$$\frac{\mathrm{d}q}{\mathrm{d}t}=0.0977C_{\mathrm{s}}^{5/4}D^{3/4}v^{-1/4}H^{-1/4} \tag{2.1}$$

其中，C_{s} 为溶液浓度与饱和浓度的差值；D 和 v 分别为黏度系数和动力系数；H 为测试点距顶点的高度。由式(2.1)可知盐岩溶解速率与浓度差成正比，两者差值越大其溶解速率就越大，当溶液浓度为零，差值最大，盐岩溶解速率达到最大值；当溶液浓度等于饱和溶液浓度，差值为零，盐岩溶解速率为零。从拟合曲线来看，盐岩溶解速率随卤水浓度成指数分布规律。

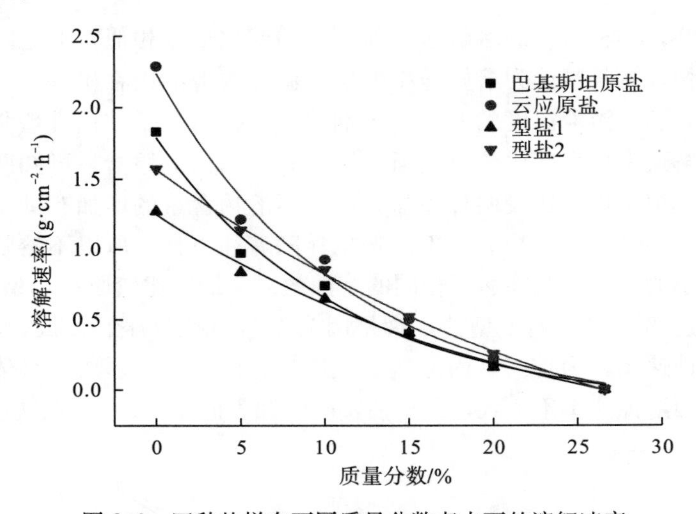

图 2.6　四种盐样在不同质量分数卤水下的溶解速率

4. 溶蚀角对盐岩溶解速率的影响

由图 2.7 可以看出，盐岩溶解速率随溶蚀倾角的增大而逐渐增大，但在 90°溶蚀角前，溶解速率增长较为缓慢，这是因为溶蚀角在 0°～90°时，溶解出来的物质会有一部分积聚，堆积在溶蚀端表面，在一定程度上阻碍了水溶剂与 NaCl 离子之间的相互作用，减缓其溶解。当溶蚀角在 90°～180°时，从盐岩表面溶解下来的溶质的密度大于水，在重力的作用下自然向下运动，所以溶蚀角为 90°是溶解速率的一个分界点。

5. 盐岩溶解后的形貌特征

四种盐样在溶解后的形貌特征如图 2.8 所示，可以看出，每种盐样在溶蚀后的溶蚀端面变得非常不规整，在云应原盐的溶解面甚至出现小的沟壑，这种溶蚀形貌特征的形成是由于盐岩中不溶物质和微裂隙的存在，使得溶蚀表面溶蚀不均一。

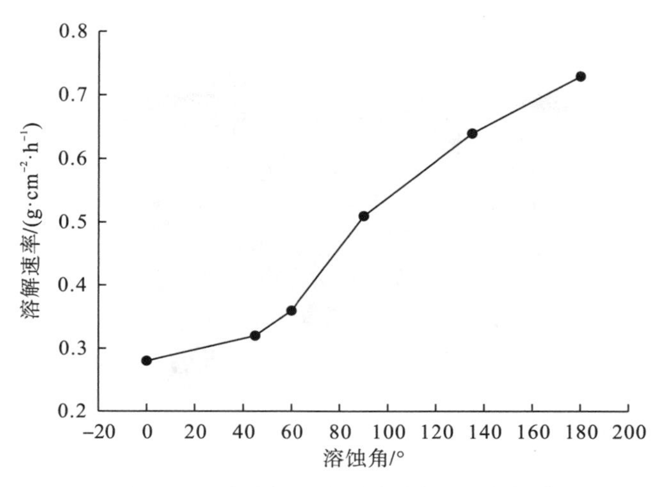

图 2.7　盐岩溶解速率随溶蚀角的变化规律

图 2.8　四种盐岩溶解后的形貌特征

2.4　三轴应力条件下的盐岩溶解特性

盐岩溶腔在建腔期以及能源储备过程中，腔体的盐岩都会受到来自地层的垂直应力和水平应力作用。特别在盐岩溶解建腔过程中，盐岩溶解过程一直伴随着应力作用，有无应力的作用对盐岩溶蚀特性有着本质上的区别。本节利用三轴应力作用下盐岩溶解实验机进行不同应力载荷条件下盐岩溶解特性实验，分析在外部载荷作用下盐岩溶蚀面上应力分布规律，研究在不同应力条件下盐岩溶蚀速率的变化规律，从而得到盐岩在三轴应力作用下溶蚀机理，为盐岩溶解造腔提供实验理论依据。

2.4.1　盐岩试件的准备

试样为巴基斯坦喜马拉雅山区天然盐岩，白色中夹杂淡红色，密度为 2.117g/cm^3。试样加工成高度 100mm，直径为 50mm 的标准圆柱体，在试样轴向中心处钻一个直径为 6mm 的通水小孔，取样和加工严格按照实验规范进行。试样端面的不平行度低于

0.05mm，如图 2.9 所示(据中华人民共和国国家标准编写组)。

图 2.9　盐岩试件

2.4.2　实验设备

盐岩三轴应力条件下盐岩溶解特性实验是在实验室自行研制的高温、高压三轴应力盐岩溶解特性实验机上进行。实验机主要由双路液压伺服系统、主机、三轴室温度控制系统、溶解水系统、计算机控制系统五个部分组成，图 2.10 为主机部分的示意图。该设备能够进行三轴应力状态下盐岩的应力－温度－溶解耦合实验。最高实验温度为 90℃，最大轴向压力为 400 kN，最大围压为 30 MPa，轴力误差精度小于示值的±0.8%，位移误差精度小于±0.8%。

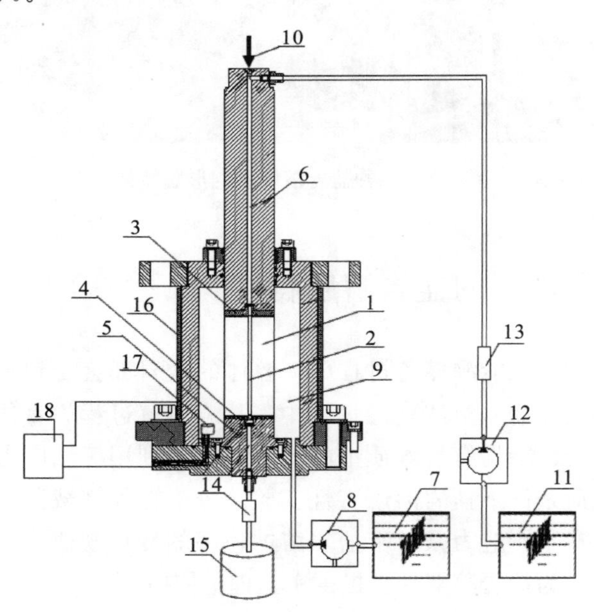

1—盐岩试样；2—通水小孔；3—上压头；4—下压头；5—压座；6—压杆；7—油缸；8—双路伺服液压站；9—围压室；10—轴压；11—溶解液缸；12—高压卤水泵；13—流量计；14—溢流阀；15—溶解液容器；16—硅橡胶加热带；17—高压温度传感器；18—温度微控制器

图 2.10　盐岩溶解实验机

2.4.3　盐岩试样溶解面应力分布规律

在进行三轴应力作用下盐岩溶解实验时，盐岩试样外部受到轴压和围压作用，而真正参与溶解的是盐样的内壁，为此需要分析盐样内壁溶解面的受力情况，由于盐样外径与内径比值远远大于 1.2，为此可将盐样视为厚壁筒进行应力状态的分析，盐岩应力状态如图 2.11 所示。

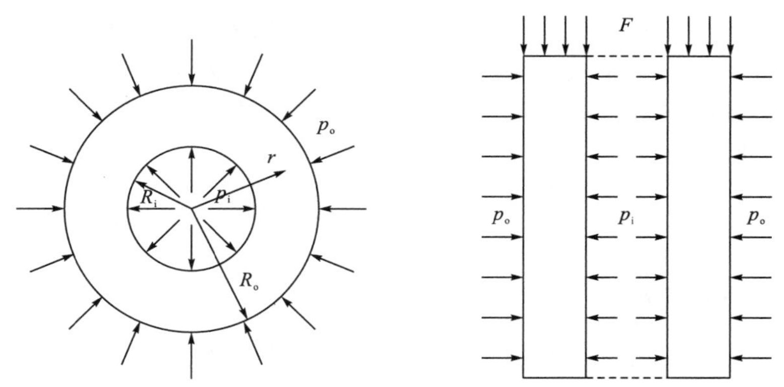

图 2.11　盐岩应力状态分析

由 Lame 公式推导出盐岩孔壁处三向应力(即径向应力 σ_r、环向应力 σ_θ、轴向应力 σ_z)公式如下：

$$\left.\begin{aligned}\sigma_r&=\frac{p_iR_i^2-p_oR_o^2}{R_o^2-R_i^2}-\frac{R_i^2R_o^2(p_i-p_o)}{(R_o^2-R_i^2)r^2}\\\sigma_\theta&=\frac{p_iR_i^2-p_oR_o^2}{R_o^2-R_i^2}+\frac{R_i^2R_o^2(p_i-p_o)}{(R_o^2-R_i^2)r^2}\\\sigma_z&=\frac{F}{\pi(R_o^2-R_i^2)}\end{aligned}\right\}\tag{2.2}$$

式中，p_o 为外部应力；p_i 为内部应力；R_o 为内半径；R_i 为外半径；r 为任意点外的半径；F 为试件表面施加的轴力。后同。

令 $K=\dfrac{R_o}{R_i}$，式(2.2)即为

$$\left.\begin{aligned}\sigma_\theta&=\frac{1}{K^2-1}\left[p_i\left(1+\frac{R_o^2}{r^2}\right)-p_o\left(K^2+\frac{R_o^2}{r^2}\right)\right]\\\sigma_r&=\frac{1}{K^2-1}\left[p_i\left(1-\frac{R_o^2}{r^2}\right)-p_o\left(K^2-\frac{R_o^2}{r^2}\right)\right]\\\sigma_z&=\frac{F}{\pi(R_o^2-R_i^2)}\end{aligned}\right\}\tag{2.3}$$

盐岩试样溶解实验过程中，溶解水只是靠重力提供，相比于围压，实验孔壁处内压可以忽略，因此 $p_i=0$，而孔壁处 $r=R_i$，$R_o=25\text{mm}$，$R_i=3\text{mm}$，$\dfrac{K^2}{K^2-1}\approx1$，因此实验孔壁处应力分布实际情况为

$$\left.\begin{aligned}\sigma_\theta&=-2p_o\\\sigma_r&=0\\\sigma_z&=\frac{F}{\pi(R_o^2-R_i^2)}\end{aligned}\right\}\tag{2.4}$$

因此，由式(2.4)可知，在进行三轴应力作用下盐岩试样溶解实验时，试样孔壁处环向应力数值等于 2 倍围压，径向应力为零，而轴向应力为压力机产生的轴压。

本章在进行三轴应力作用下盐岩溶解特性实验时，盐岩试样一直处于轴压和围压作用下，盐岩溶解过程发生在试样孔壁上，要了解盐岩溶解速率与应力之间的关系，必须知道试样孔壁上的应力分布情况。通过计算得到了圆柱形标准试样孔壁处环向应力、径向应力及轴向应力与外部载荷围压和轴压之间的数值关系。为了更加准确地分析试样孔壁处应力与溶解速率之间的关系，本书运用等效应力描述试样孔壁处的应力状态。等效应力是运用等值来表示模型内部应力的分布情况，可以清楚描述应力在整个模型中的变化。由于已经知道试样孔壁处三向应力与外部载荷之间的数值关系，所以等效应力可以采用下式进行计算：

$$\bar{\sigma}=\sqrt{\frac{(\sigma_\theta-\sigma_r)^2+(\sigma_r-\sigma_z)^2+(\sigma_z-\sigma_\theta)^2}{2}} \tag{2.5}$$

2.4.4 实验方法

盐岩溶蚀过程发生在试样中心通水孔壁处，根据前文分析结果可知溶解孔壁处的应力分布规律，溶解孔壁处应力状态分为三个主应力，即轴向应力、环向应力和径向应力三部分，环向应力为试样外部载荷围压的 2 倍，轴向应力与外部载荷轴压相等，由于溶解水没有压力，径向应力即为 0。实验过程中，试样通水孔孔壁处环向应力为 10MPa，轴向应力分别为 5MPa、10MPa、15MPa、20MPa、30MPa、40MPa、45MPa 和 50MPa。实验过程为将加工好的干燥盐岩试件装入实验机，然后加围压至预定目标值 5MPa，即溶解孔壁处的环向应力为 10MPa，再加轴压至预定目标值，并稳定压力 10min。打开溶解液阀门通纯水，迅速调节纯水流量至设定值，测量试件前后的质量变化值。三轴应力作用下盐岩溶解原理示意图如图 2.12 所示。

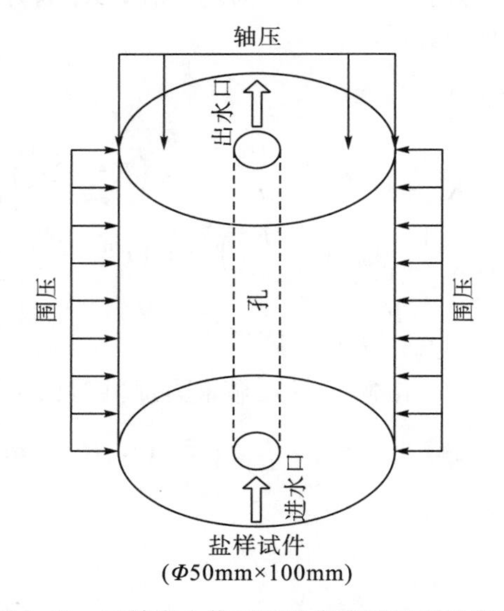

图 2.12 三轴应力作用下盐岩溶解原理示意图

2.4.5　实验结果分析

图 2.13 中的曲线表示在同一环向应力情况下，盐岩溶解速率随等效应力的变化情况，从图中可以看出，试样溶解速率随着等效应力的增大先减小然后逐渐增大。该规律可由全应力应变曲线解释(图 2.14)，盐岩全应力应变曲线可分为 4 个阶段：①oa 段，弹性压密阶段，曲线呈上凹形状，这是由于岩石试样中的初始微裂隙或节理面被压密而产生；②ab 段，弹性变形阶段，曲线呈直线，盐岩晶粒相互压挤，只有少量的晶粒错动和破坏；③bc 段，塑形变形阶段，曲线呈抛物线，盐岩试样内部微裂纹稳定扩展，盐岩晶粒开始破裂，接近应力峰值时，微裂纹快速增加，最终汇集成主破坏裂纹；④cd 段，破坏后阶段，曲线形态变化较大，大量穿晶裂纹产生，并形成贯通性裂纹，但盐岩仍具有一定的承载力。

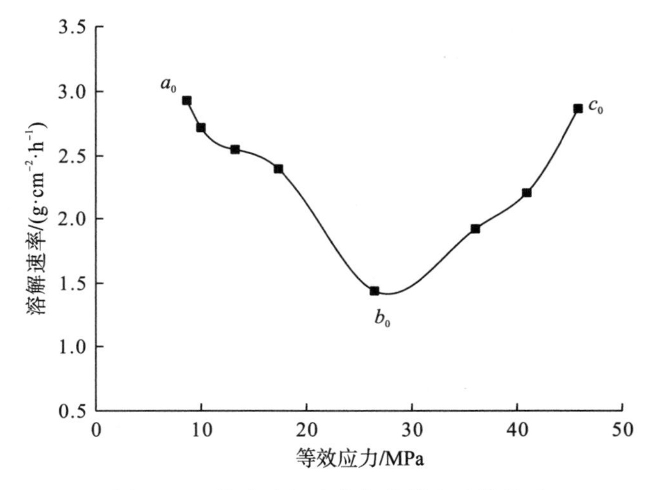

图 2.13　盐岩溶解速率与等效应力的关系

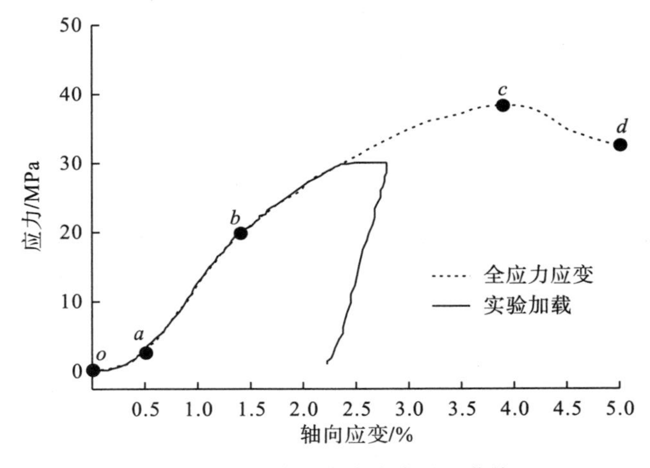

图 2.14　盐岩应力应变全过程曲线

在图 2.13 中，溶解速率曲线在 a_0b_0段时，溶解速率逐渐减小，说明该段的径向应力还处于全应力应变曲线的弹性压密阶段和弹性变形阶段，试样内部裂纹逐渐在闭合，有效溶蚀面积在降低，盐岩溶解量在减少，从而溶解速率逐渐降低。溶解曲线在 b_0 点时，溶解速率最小。此时盐岩试样弹性阶段已经结束，正处于弹性阶段和塑性变形的临界点，该时刻试样内部裂纹已经完全闭合，盐岩有效溶蚀面积达到最小值，相同时间内盐岩的溶解量达到最小。溶解速率曲线在 b_0c_0 段时，溶解速率逐渐增大，这时试样逐渐进入塑性变形阶段，随着轴压增大，试样内部裂纹开始发育，有效溶蚀面积逐渐增大，单位时间内盐岩溶解量增加，从而导致溶解速率随之增大。

图 2.15 比较了造腔应力条件下的盐岩单位时间溶解质量和无应力状态下的盐岩单位时间溶解质量。由图可知，两种应力状态下的盐岩单位时间溶解质量随溶解时间的增加而增加，这是因为随着溶解的进行，通水小孔的直径加大，溶解表面积也加大。在溶解初期，应力作用下的盐岩单位时间溶解质量要小于无应力状态，这是因为在造腔应力条件下岩石处于压密状态，减少了有效溶解表面积。随着溶解时间的增加，两种应力状态下的盐岩单位时间溶解的质量基本没有差异，这是因为在溶解后期应力对溶解的作用已不占主导地位，基本可以忽略应力的影响。

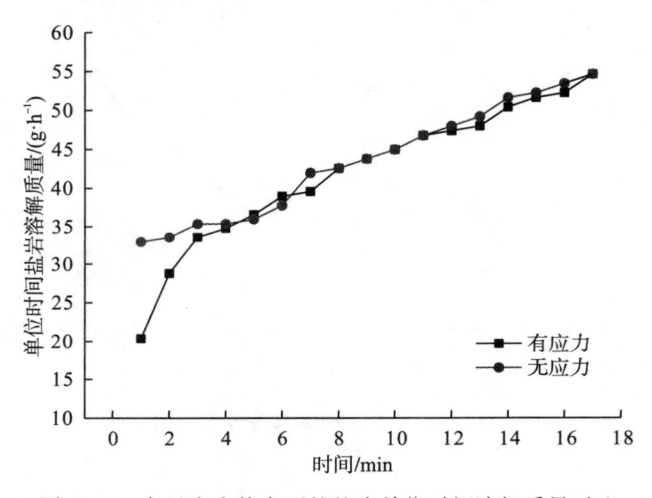

图 2.15　有无应力状态下的盐岩单位时间溶解质量对比

2.5　卸荷条件下流量对盐岩溶解的影响

为了了解水溶造腔过程中盐腔围岩在应力－溶解耦合作用下的溶解损伤规律，利用高温三轴盐岩溶解特性实验机，开展了复杂卸荷条件下(即卸围压的同时增加轴压)不同卤水流量对盐岩的溶解损伤特征研究。

2.5.1　实验方法

水溶造腔过程中盐腔围岩经历了侧向围压卸荷和竖向应力增加的应力变化过程，为了模拟水溶造腔过程中盐腔围岩在卤水溶解作用下的应力变化特征，设计了复杂卸荷条件下的盐岩溶解实验。实验从盐岩的静水压力状态开始，在卸围压的同时增大轴压，并同时向试件内通一定流量的纯水，直到试件围压卸荷至 0MPa 时停止实验。盐岩溶解实验的示意图如图 2.16 所示。为了研究流量对盐岩三轴溶解特征的影响，分别设置了 5 个流量梯度进行实验，每个流量梯度为一组，每组 3 个试件。所有实验的初始应力状态和卸荷速率均相同，且均在室温(26℃)条件下进行，实验方案如表 2.2 所示。详细的实验过程如下：

(1)将加工好的干燥盐岩试件装入实验机，然后加围压至预定目标值 5MPa，再加轴压至预定目标值 9.6kN；

(2)打开溶解液阀门通纯水，迅速调节纯水流量至设定值；

(3)在完成第(2)步后，开始以 0.005 MPa/s 的速率卸围压，同时以 0.2mm/min 的加载速率增大轴压，期间每隔 1min 用小烧杯接取出水口流出的卤水 20mL，用电子盐度计测出卤水浓度并记录，直至围压卸荷至 0MPa 时停止实验。

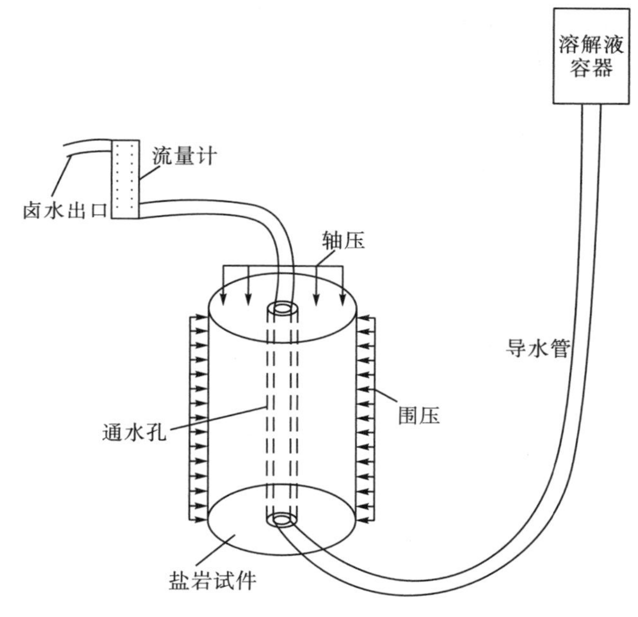

图 2.16　盐岩溶解原理示意图

表 2.2　三轴卸荷条件下盐岩溶解实验方案

试件分组	A	B	C	D	E
流量/($L \cdot h^{-1}$)	4	6	8	10	0

2.5.2　实验结果

图 2.17 是实验结束后盐岩试件的通水孔径变化趋势。图中从左至右对应的流量依次是 0L/h、4L/h、6L/h、8L/h、10L/h，从图中明显可以看出盐岩试件的通水孔径随流量变化的趋势十分明显。图中各试件对应的卸荷溶解实验出水口卤水的质量分数如表 2.3 所示。这里假设出水口单位质量的卤水体积与该卤水所含水的体积相同，则表中的出水口卤水质量体积浓度计算公式可以用下式计算得到：

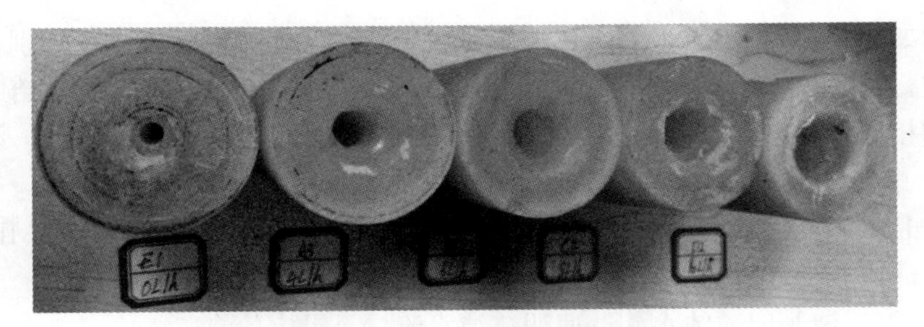

图 2.17　不同流量下实验结束时试件通水孔径变化

$$\rho_{卤水}=\frac{m\times A}{m\times(1-A)/\rho_{水}}=\frac{A}{1-A} \tag{2.6}$$

式中，$\rho_{卤水}$为卤水浓度，g/mL；m 为单位时间内出水口卤水质量，g；A 为电子盐度计所读取的卤水质量分数，ppt[①]；$\rho_{水}$为常温下纯水的浓度，取 1 g/mL。

由式(2.6)可知，单位时间内盐岩试件的溶解质量 M 可由下式得到：

$$M=\frac{1000}{60}\rho_{卤水}Q=\frac{50\rho_{卤水}Q}{3} \tag{2.7}$$

式中，M 单位为 g/min；Q 为溶液流量，L/h。

表 2.3　实验过程中出水口卤水浓度

卸荷溶解时间/min	出水口卤水浓度/ppt			
	4L/h	6L/h	8L/h	10L/h
1	6.1	5.3	4.7	4.2
2	6.8	6	5.1	4.6
3	7.3	6.6	5.3	4.7
4	7.3	6.8	5.4	4.8
5	7.6	7.1	5.6	4.9
6	7.9	7.1	5.7	5.1
7	8.3	7.3	5.9	5.2
8	8.7	7.3	6.2	5.3
9	8.9	7.6	6.4	5.4
10	9.1	7.9	6.5	5.5
11	9.4	7.9	6.7	5.7
12	9.7	8	6.9	5.9
13	10	8.3	7	6
14	10.2	8.3	7.2	6.2
15	10.4	8.7	7.4	6.3
16	10.7	8.7	7.5	6.4
17	11	8.9	7.7	6.5

① 1ppt=0.1%

1. 流量对盐岩溶解特征的影响

在相同应力情况下，水溶液流量也对盐岩的溶解特征有着显著的影响。如图 2.18 所示，流量越大，盐岩在单位时间内的溶解质量越大。但是，随着流量不断增大，单位时间内盐岩溶解质量增大的比例却在降低。以第 10min 时的溶解特征为例(图 2.19)，当水流量为 4L/h 时，盐岩单位时间内的溶解的质量为 0.6122g，当水流量为 6L/h 时，盐岩单位时间内的溶解的质量为 0.7963g，单位时间盐岩溶解质量增加了 30.1%；当流量从 6L/h 增大到 8L/h 时，这一增长比例仅为 9.6%；而当流量由 8L/h 增大到 10L/h 时，这一增长比例降为 5.7%。可见，流量的增大在一定程度上能增大盐岩单位时间的溶解量，但是流量与盐岩单位时间内的溶解量却并不是线性的关系。

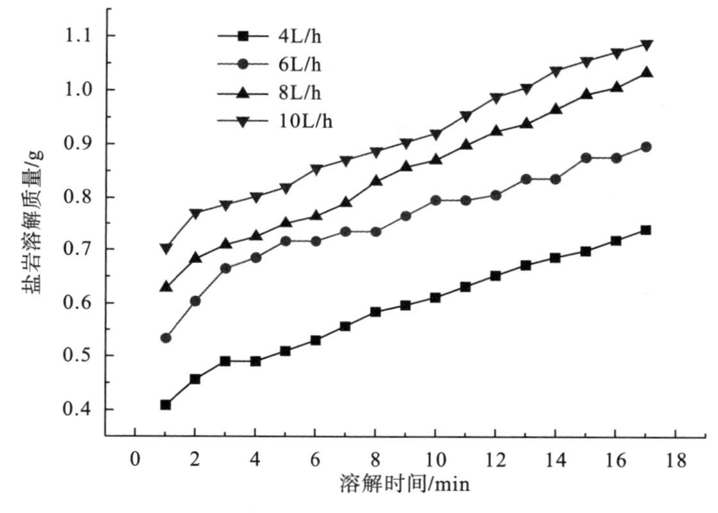

图 2.18　不同流量下盐岩溶解特征

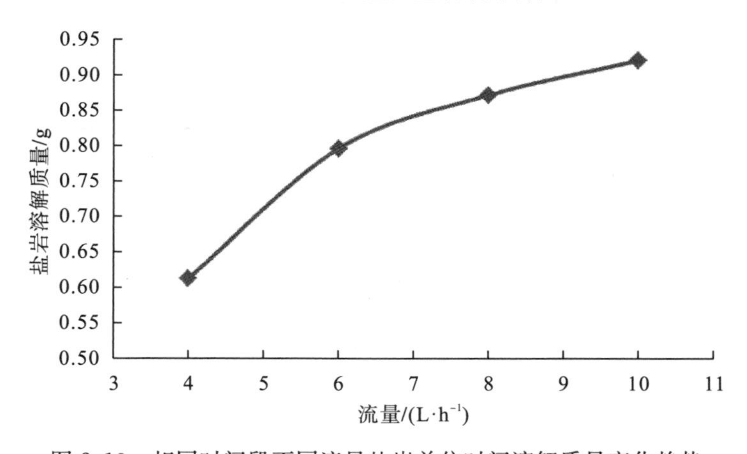

图 2.19　相同时间段不同流量盐岩单位时间溶解质量变化趋势

此外，虽然流量能改变盐岩单位时间的溶解质量，但是在相同应力条件下盐岩的溶解量变化趋势是相同的，均表现为溶解早期(偏应力较低时)单位时间溶解量较小，随着溶解时间的增加，单位时间的溶解量不断增大。选取 A3 试件进行实验，通过对流量为

4L/h 时出水口卤水浓度的监测及拟合发现，在实验过程中该浓度随溶解时间呈现显著的二次函数关系，如图 2.20 所示，拟合度达到了 0.9944，而且在各流量情况下出水口的卤水浓度均有相似特征，其拟合关系见表 2.4。

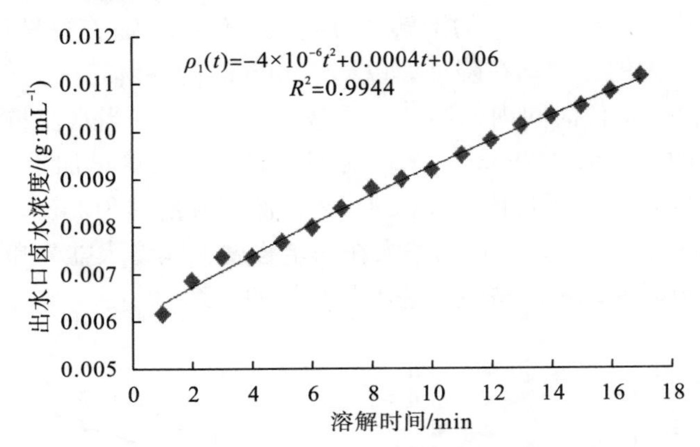

图 2.20　试件 A3 出水口卤水浓度随时间变化规律

表 2.4　不同流量情况下出水口卤水浓度与溶解时间的拟合关系

流量/(L·h^{-1})	出水口卤水浓度 $\rho_1(t)$ 拟合公式	拟合度/R^2
4	$\rho_1(t)=-4\times10^{-6}t^2+0.0004t+0.006$	0.9944
6	$\rho_1(t)=-7\times10^{-6}t^2+0.0003t+0.0055$	0.9632
8	$\rho_1(t)=-1\times10^{-6}t^2+0.0002t+0.0046$	0.9961
10	$\rho_1(t)=-3\times10^{-7}t^2+0.0001t+0.0042$	0.9915

2. 流量对盐岩力学特征的影响

实验过程中还发现盐岩的溶解对盐岩力学强度也有着明显的影响。如图 2.21 所示，无溶解作用的盐岩在卸荷过程中其承载的偏应力明显比有溶解条件下盐岩的偏应力要大，而且相同应变情况下，盐岩的偏应力随溶解液流量的增加而逐渐减小，尤其当流量达到 10L/h 后盐岩的力学强度降低的尤为明显；在相同偏应力条件下，盐岩的轴向应变和径向应变则随流量的增大而增大。图 2.22 反映了盐岩的弹性模量和泊松比随流量的变化趋势，从图中可以看出，盐岩在无溶解卸荷实验中的弹性模量相较于流量为 4L/h 时降低了 14%，泊松比增加了 11.2%；在流量从 4L/h 增大到 10L/h 时，盐岩的弹性模量降低程度和泊松比增大趋势均越来越大。这说明盐岩在溶解作用下其力学强度在降低，变形能力在不断增强，而且流量越大，变化趋势也越明显。

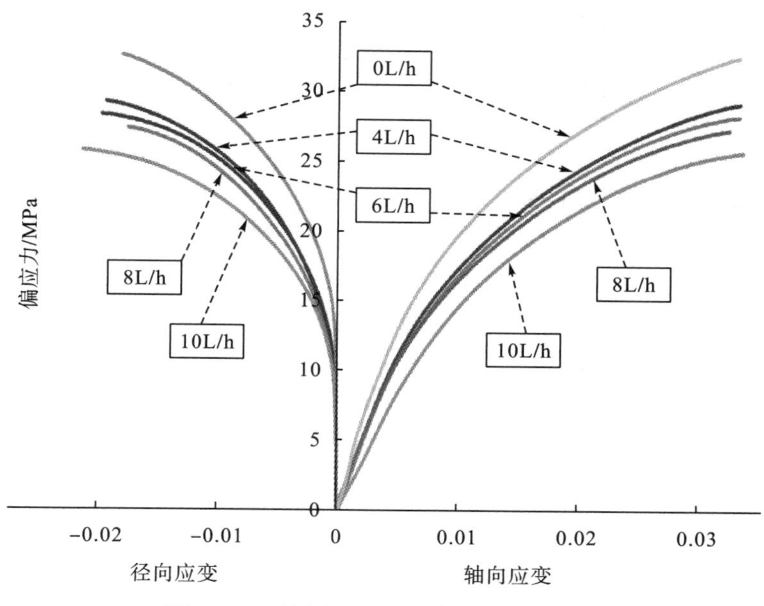

图 2.21　不同流量下盐岩的应力应变特征

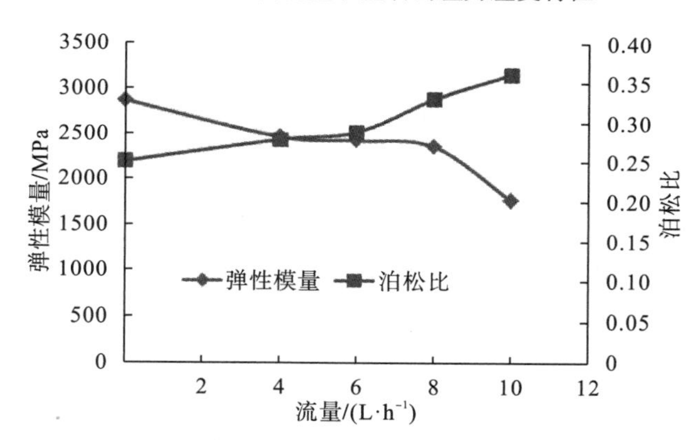

图 2.22　盐岩的弹性模量和泊松比与流量的关系

出现上述规律有两方面原因：一方面通水孔径在水分子的溶解作用下不断扩大，使得盐岩试件的有效承载面积减小，损伤加剧，抵抗变形的能力也相应降低，而且流量越大，这种趋势越明显；另一方面，在通水孔壁处存在着因后期钻孔产生的损伤裂隙以及盐岩自身的原生孔裂隙，这些导水裂隙表面的盐岩在水分子作用下不断溶解，使得其孔裂隙不断发育，盐岩损伤不断增大，强度被软化，尤其当流量增大时加速了溶解面上盐岩固体的溶解，致使盐岩强度劣化更加明显。结合前两节的分析可知，盐岩的应力和溶解是一个相互耦合作用的过程，二者相互影响，共同决定盐岩试件在卸荷溶解过程中的变化特征。

2.5.3　盐岩有效溶解面积模型

实验过程中，盐岩试样的溶解主要由两部分组成，一部分是通水孔壁处的盐岩由表及里的溶解，设此部分的有效溶解面积为 A_1；另一部分是在应力作用下盐岩内部孔隙、裂隙不断扩展贯通至通水孔壁，导致盐岩内部孔裂隙表面盐岩的溶解，设此部分的有效溶解面积为 A_2。而且，两部分有效溶解面积在卸荷实验过程中均是时间的函数，因此，可以得出下式：

$$A(t)=A_1(t)+A_2(t) \tag{2.8}$$

式中，$A(t)$是盐岩总的有效溶解面积。

如果假设在卸荷过程中，通水孔始终是一个理想圆柱体，只是在偏应力作用下其高度不断减小，在卤水溶解作用下其半径不断扩大。那么，$A_1(t)$满足下式：

$$A_1(t)=2\pi r(t)h(t) \tag{2.9}$$

式中，$r(t)$为 t 时刻通水孔的半径；$h(t)$为 t 时刻通水孔的高。

$$r(t)=bt+r_0 \tag{2.10}$$

$$h(t)=H-at \tag{2.11}$$

式中，b 为通水小孔内径扩展速率，单位为 cm/s；r_0 为通水孔初始半径；H 为通水孔初始高度；$a=0.2$mm/min 为试件轴向变形速率，等于轴向加载速率。

如图 2.23 所示，t 时间内卤水在 S 面积上的溶解深度为 L。由盐岩溶解速率定义——单位面积单位时间内溶解的盐岩质量，可知：

$$v=\frac{m_{\text{salt}}}{St}=\frac{\rho_{\text{salt}}SL}{St}=\rho_{\text{salt}}b \tag{2.12}$$

式中，v 为溶解速率，单位 g/(cm² · h)，在相同溶解条件下为常数。

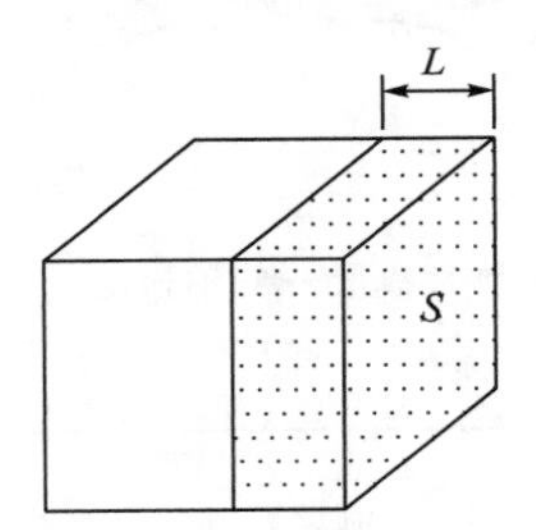

图 2.23　单位体积盐岩的溶解深度示意图

故，联立以上各式可得

$$r(t)=\frac{v}{\rho_{\text{salt}}}t+r_0 \tag{2.13}$$

$$A_1(t)=2\pi\left(\frac{v}{\rho_{\text{salt}}}t+r_0\right)(H-at) \tag{2.14}$$

由盐岩溶解速率定义可知：

$$A(t)=\frac{\mathrm{d}m}{v\mathrm{d}t} \tag{2.15}$$

卸荷溶解实验中，单位时间内流出试件的卤水质量可以由下式计算得出：

$$\mathrm{d}m=[\rho_1(t)-\rho_2]Q\mathrm{d}t \tag{2.16}$$

式中，$\rho_1(t)$为出水孔的卤水浓度，ρ_2 为进水孔的卤水浓度，这里为纯水，取 0g/mL；Q 为出水孔流量。

由式(2.15)和式(2.16)可得

$$A(t)=\frac{[\rho_1(t)-\rho_2]\ Q}{v} \tag{2.17}$$

那么，联立式(2.14)和式(2.17)，得

$$A_2(t)=\frac{[\rho_1(t)-\rho_2]\ Q}{v}-2\pi\left(\frac{v}{\rho_{\text{salt}}}t+r_0\right)(H-at) \tag{2.18}$$

由王春荣的溶解实验数据知溶解速率与流量存在如下关系式：

$$v=0.5832\mathrm{e}^{0.0031Q} \tag{2.19}$$

式中，Q 单位为 L/h，v 单位是 g/(cm^2 · h)。

故式(2.18)变为

$$A_2(t)=\frac{[\rho_1(t)-\rho_2]\ Q}{0.5832\mathrm{e}^{0.0031Q}}-2\pi\left(\frac{0.5832\mathrm{e}^{0.0031Q}}{\rho_{\text{salt}}}t+r_0\right)(H-at) \tag{2.20}$$

实验中，$\rho_2=0$，$\rho_{\text{salt}}=2.338\text{g/cm}^3$，$r_0=6\text{mm}$，$a=0.2\text{mm/min}$。结合表 2.4 中 8L/h 流量下 $\rho_1(t)$ 的拟合公式可得出该流量条件下盐岩内部有效溶解面积 $A_2(t)$ 的具体表达式如下：

$$A_2(t)=-1.28\times10^{-3}t^2+2.48t+23.88 \tag{2.21}$$

式中，$A_2(t)$ 的单位为 cm^2；t 的单位为 min；23.88cm^2 为盐岩未溶解时其内部微裂隙的有效溶解面积为 23.88cm^2。

图 2.24 为实验过程中 C2 试件的内部有效溶解面积、偏应力随溶解时间的变化趋势图。从图中可以看出，在溶解实验开始前盐岩内部已经产生了有效溶解面积，这部分有效溶解面积，主要是由盐岩通水孔钻孔时产生的损伤裂隙及原岩内部的原始孔裂隙组成。随着实验的进行，试件所受偏应力不断增大，盐岩内部的有效溶解面积也逐渐增大，在围压卸荷至 0 时，盐岩内部有效溶解面积达到最大值。

其他流量下盐岩内部有效溶解面积随时间的变化公式均可由以上方法推导得出。

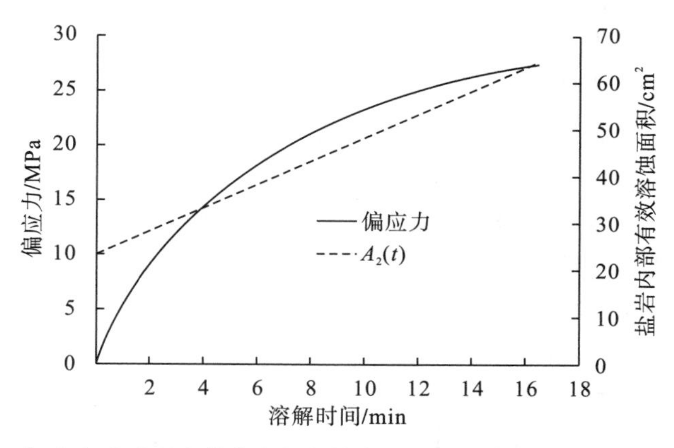

图 2.24　卸荷实验过程中盐岩内部有效溶解面积、偏应力与溶解时间的关系

第3章 盐岩水溶造腔理论基础及相似理论

3.1 盐岩水溶造腔技术研究进展

3.1.1 单井油垫法水溶造腔技术

盐岩是一种极易溶于水的物质，盐穴储气库建在地层沉积的盐丘或层状盐层中。现在，在世界范围内，地下盐穴的建造基本采用“单井油垫法”，“单井油垫法”的研究涉及多个学科的交叉，经过几十年的研究，在单井油垫法水溶造腔理论及技术方面已取得了大量成果。

在溶腔浓度场及流场方面：姜德义等(2012b，2014a)以湖北云应地区层状盐岩能源地下储气库建造工程为背景，利用相似理论建立了建腔期腔内浓度场相似实验平台，对含夹层盐穴建腔期腔内浓度场分布进行系统分析；杨骏六等(2005)采用有限分析法求解了浮羽流区域的湍流模型；陈结等(2012b)采用物理实验与数值实验相结合的方法，研究含夹层溶腔中的流体运移规律，在吴乘胜等(2003)的研究基础上，将溶腔中的流场区域划分为六个影响区，分别为边界溶蚀区、对流扩散区、浮羽流区、缓冲扩散区、饱和溶蚀区、瀑布流区；徐素国等(2010)研究了溶腔建槽期的流体运移规律并对建腔期边界区域的流场进行了模化研究。

在水溶造腔工艺优化方面：姜德义等(2012b)通过实验找到一种可用于模拟造腔的型盐，并开展了三组不同造腔工艺下的单井油垫法水溶造腔实验；王汉鹏等(2014)成功研制出盐穴造腔模拟与形态控制实验装置，该装置可进行多夹层盐岩在多场耦合条件下不同施工工艺和参数对盐穴造腔过程影响与形态发展可视化模拟；班凡生等(2012a、b)用氯化钠和泥土为材料制备了盐岩溶腔模型，并进行了物理模拟实验；Daniel 等(1986)通过室内实验研究了水溶造腔过程中油垫控制机理和滤洗工艺控制机理。田中兰等(2008)通过对储气库腔体形成过程的分析，从造腔工艺、腔体控制与检测方法等多方面提出了自己的看法；班凡生等(2010，2012b)采用数值仿真的手段，对影响水溶造腔的参数，如循环方式、管柱提升次数、排量、管柱组合等进行了优化；李银平等(2016)对不溶物在造腔流场中的运动状态及沉积特性开展理论研究，确立了不溶物颗粒在卤水中的沉积速度。

在盐矿水溶开采机理方面：吴乘胜等(2003)提出了单井对流法水溶开采的数学模型；赵志成等(2003，2004)根据物质平衡原理及 Fick 扩散定律，建立了盐岩溶蚀物理模型，根据流体力学基本原理、对流扩散理论及物质平衡原理，建立了溶腔溶质传输－流体流动数学模型；万玉金(2004)通过机理分析与模拟实验研究，探索了溶腔形状控制机理以及在盐层中建设储气库的形状控制技术；孟涛等(2002)分析了盐类矿床的水溶开采机理，盐岩在水溶液中的溶解机理与规律。

在水溶造腔夹层控制方面：施锡林等(2009a、b)针对我国层状盐岩所含的难溶夹层，开展了夹层力学特性实验研究，并建立了夹层垮塌及控制的力学模型；姜德义等(2014a)以云应盐矿中的泥质硬石膏夹层为研究对象，进行了不同浸泡时间下的单轴压缩和巴西劈裂软化实验研究，推导了基于浸泡时间的夹层损伤演化方程，建立了夹层轴向和径向的软化深度模型；班凡生等(2010)对多夹层盐穴腔体形态控制工艺进行了研究，研究认为，采用合理的腔体形态控制及夹层破坏工艺能够在含有夹层的盐层中建造符合要求的盐穴储气库；孟涛等(2015)以石膏夹层的周期垮塌为研究对象，通过建立圆环薄板力学模型，分析圆环薄板的非压曲和压曲破坏。

在水溶造腔数值仿真方面：Nolen(1974)对单井水溶过程进行了计算机模拟，对卤水浓度变化，腔体体积增长速率以及腔体形状进行了分析；任松等(2014)综合国内层状盐岩水溶造腔工艺特征，开发出能模拟含夹层盐岩水溶造腔的软件 Salt Cavern Builder V1.0，并通过模型实验对软件的实用性进行了验证；王文权等(2015)利用 Win Bbro 造腔数值模拟软件研究了盐穴储气库溶腔排量对排卤浓度及腔体形态的影响。

3.1.2　双井水溶造腔及其他造腔技术

针对单井油垫法在造腔上的不足，有一些学者对其他造腔方法进行了一些尝试性地探索。周俊驰等(2016)对盐穴储气库双井水溶造腔技术的现状及难点进行详细分析，认为双井水溶技术具有增大注水排量、降低能耗、增大腔体体积、缩短建库周期等优点，指出腔体形态设计与控制、腔体形态监测与工艺参数优化等是国内盐穴储气库双井水溶技术存在的主要问题；易胜利(2003)就全国井矿盐采区多年双井连通开采工艺技术，进行了系统的研究与总结，并提出了盐岩钻井水溶开采双井连通的各种开采工艺及其关键技术；梁卫国等(2004)建立了双井水溶开采的固-液-热-传质耦合数学模型，并对盐矿双井水溶开采过程进行了数值模拟。蒋翔等(2013)基于水平钻井的技术，提出多夹层盐穴水平定向对接连通井造腔的方法，并对这种造腔方法的可行性进行了分析；梁卫国等(2005)建立了群井水力压裂理论，该理论包括裂缝起裂方程、裂缝扩展准则、裂缝中水流运动方程、溶液溶质运移扩散方程及岩体变形方程。岳广义等(2012)对水平连通井水溶开采过程中的流场分布规律进行了研究，得到了不同情况下水平溶腔靠近边界处的流速，对于水平溶腔的不同发展阶段，存在一个理想的注水量；孟涛等(2013)对圆形截面水平溶腔和倒梯形截面水平溶腔分别按照不同的尺寸进行了稳定性分析对比，结果表明圆形截面更适合于水平溶腔。郝铁生等(2014)针对地下水平盐岩储库的结构特点，对其顶板界面处的滑移破损和强度破坏进行了分析，从力学基础理论出发，对水平型地下盐岩储库周围的应力分布进行理论解析。袁光杰等(2006)对盐岩溶蚀机理及快速造腔方法进行了分析，提出采用空化射流技术进行快速造腔；班凡生等(2012a、b，2015)针对我国盐岩品位低夹层多，造腔速度慢的问题，提出采用扩眼、快速工具促溶、大井眼造腔、双井造腔等四种造腔提速的方法。

从国内外研究现状可以看出，国内外学者对盐岩储库建造开展了大量研究，在水溶造腔溶蚀机理及流场运移规律、溶腔稳定性分析、造腔机理及其控制等方面均取得了很多建设性成果。但其中有关溶腔扩展及造腔控制等方面的研究成果均是针对单井油垫法水溶造腔，而针对双井水溶造腔特别是小井间距双井水溶造腔的基础理论方面却鲜有耳闻，特别是对小井间距双井水溶造腔效率、腔体形态扩展机理及控制方法、小井间距双井水溶造腔建成的溶腔围岩稳定性等方面基本没有哪个部门开展过系列研究。若欲实现我国能源战略储备建设的大步伐前进，就必须开展小井间距双井水溶造腔技术基础理论研究。只有这样才能完成国家中长期能源储备规划，促进我国盐穴储库造腔技术的进步。

3.2 盐岩水溶造腔理论基础

3.2.1 盐岩的溶解

盐岩水溶开采主要分为溶解法和溶浸法两种。溶解法常用于可溶性盐类矿床的开采，在开采过程中无化学反应发生，溶浸法则常用于金属矿床的开采，开采过程中常伴有化学反应的发生。无论溶解法还是溶浸法开采，水溶开采都是溶质溶入溶剂中，并在其中扩散和传质。在盐岩水溶建腔过程中，溶解是指可溶性矿物(盐岩)溶解于溶剂(水)的过程。

从化学动力学的观点来看，盐岩的溶解过程，可以看成是在盐岩与水界面(即固－液相界面)上发生的非均质反应。反应包括水与盐岩表面接触、水与盐岩的相互作用及溶解后的盐岩向水中扩散三个基本过程。溶液的浓度差是盐岩矿物溶解的动力。当浓度差为零时，扩散及相应的溶解就被中止(赵志成，2003)。从物理化学的角度来看，盐岩与水接触时，在固－液交界面及水溶液中，发生着两种相反的作用：盐岩的溶解作用与液态溶液的结晶作用。盐岩溶解初始阶段，盐岩水溶液浓度很小，溶解速度远远大于固结速度，因此表现为盐岩的溶解，即盐岩体积的缩小。随着溶解时间的增加，水溶液中盐岩的粒子逐渐增多，溶液的浓度增大，固结速度也随着增大，溶解速度减小。到一定程度时，溶解和固结的速度相当，即单位时间内从盐岩表面进入溶液的粒子数和从溶液中固结到盐岩表面的粒子数目相等，此时溶液也达到了饱和。如果要继续溶解，就得通过扩散或其他方式降低溶液的浓度。

另外，在水溶开采的过程中，常伴随热力学现象的发生，既有热量的释放又有热量的吸收。盐类矿物的溶解过程，是一个晶格破坏的过程，溶质离子与晶体分离并向溶液中扩散，这是一个需要吸收热量的物理过程；相反地，在溶液中溶质分子和水分子结合生成水化物是一个放热的化学过程。可见，盐类矿物溶解过程，是一个物理化学过程，与各项物理化学条件有密切的关系。

3.2.2 溶蚀边界层

盐岩在水溶造腔过程中，溶腔内壁的表面上存在着一个溶蚀边界层，溶剂和盐岩的质量交换，即盐岩的溶解过程就是通过边界层来完成的。

根据 Jessen 的研究(1970)，盐岩溶蚀边界层浓度分布剖面呈现抛物线形状规律。其溶蚀边界层浓度分布可用下式表示：

$$C-C_1=(C_0-C_1)\left(1-\frac{x}{\delta}\right)^2 \tag{3.1}$$

式中，C_0为盐岩壁面浓度；C_1为边界层以外溶液平均浓度；δ 为边界层厚度；x 为距盐岩壁面的距离。

溶蚀边界层内盐岩水溶液浓度分布特征曲线如图 3.1 所示，图中横坐标表示盐岩壁面法线方向的距离，纵坐标表示浓度。边界层厚度可以参考热对流中热边界层的定义来确定，即当某处浓度与盐岩壁面的浓度的差值达到溶液平均浓度与盐岩壁面浓度的差值的 99%时，可以认为该处为边界层的外缘。

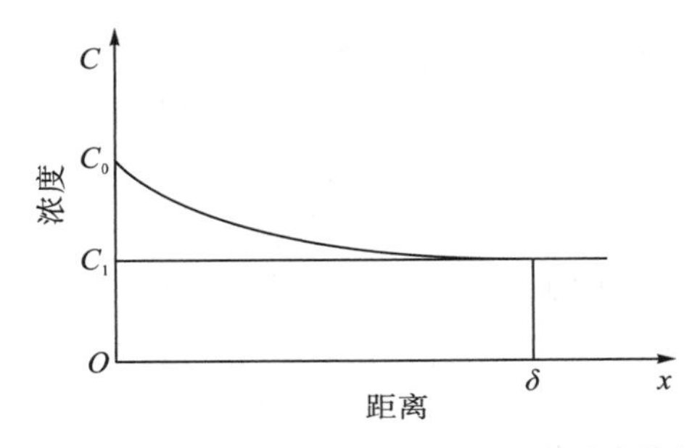

图 3.1 溶蚀边界层内盐岩水溶液浓度分布特征

3.2.3　对流扩散

1. 对流作用

在盐岩溶解过程中，除了存在扩散作用以外，还存在对流现象，对流现象促进盐岩溶液的输运，影响盐岩造腔，对流现象又可分为自然对流与强迫对流两种，分别描述如下(廖昉，2012；曹琳，2011)。

(1)当自然对流占主导地位的时候，由于重力作用的存在，溶腔内盐岩水溶液密度分布将会出现分层现象，溶液密度随着深度增加而增加，上层盐水浓度低，密度小，下层盐水浓度高，密度大；对于不同深度的溶液，不存在明显的分层界面，密度连续变化，且呈平衡分布特征。这种连续变化的密度平衡分布现象在自然界中广泛存在，如大气密度随海拔的变化以及海水含盐量随深度的变化，都是由流体密度变化引起自然对流作用的结果。流体温度或者浓度的不均匀分布都会导致流体密度的变化。对于盐岩溶蚀过程来说，盐岩水溶液浓度的变化主要是由于溶质浓度分布的不均匀所造成的。

(2)当强迫对流占主导地位的时候，由于流体的宏观流动，流体输运过程中表现出对流扩散特征，使得溶质分子在流体中不断扩散，对流作用的结果是不同浓度的盐水混合，使得溶腔内盐水浓度趋于均匀分布。这一过程可用一组非稳态对流扩散方程来描述，写成张量形式为(赵志成，2003)

$$\frac{\partial C}{\partial t}+\vec{v}\cdot\nabla C=D\,\nabla^2 C \tag{3.2}$$

式中，C 为物质的浓度($\mathrm{mol\cdot L^{-1}}$)；D 为扩散系数($\mathrm{cm^{-2}\cdot s^{-1}}$)；$\vec{v}$ 为水溶液的流

速(m · s^{-1})。

在盐岩的造腔过程中，溶腔内部流体的速度场和浓度场同时存在并相互影响、相互制约。一方面，物质输运过程中对流作用会引起浓度场变化；另一方面，浓度场的变化反过来又会影响输运过程中流体的速度场。

2. 扩散作用

因为盐岩致密性很好，所以盐岩的溶解作用主要发生在盐岩矿物表层，这样靠近矿物表层与远离矿物表层区域的溶液就存在一定的浓度差。根据溶质扩散原理，浓度差会促使高浓度卤水区域的盐类物质向低浓度的方向扩散，从而降低矿物表层附近区域溶液的浓度，增强其继续溶解的能力，直至整个溶液达到饱和，这就是盐岩溶解过程中的溶质扩散。盐岩水溶过程实际是盐岩分子在水中的扩散过程，扩散作用的动力是浓度梯度差，分子依靠本身的热运动，从高浓度带扩散到低浓度带，最后趋于平衡状态。扩散作用发生的条件是存在浓度差，即使在整个流体并无宏观流动的情况下也会发生。

多数盐类矿物的溶解都是按扩散动力学规律，通过扩散作用在水溶液中进行质量传递的。被溶解的盐类物质穿过盐岩(矿石)表面饱和卤水层扩散的速度，决定了整个溶解过程的速度。扩散的质量传递速率，即单位时间内通过单位面积的盐类物质的量，是由扩散系数与浓度梯度所决定。扩散作用的强弱可以用 Fick 第一扩散定律来表示，即单位时间内通过单位面积参考面的质量流与法向浓度梯度成正比，其比例系数称为溶质在溶剂中的扩散系数，一般情况下，扩散系数是与溶剂和温度有关的，可用下式表示(赵志成，2003)：

$$J = -D\,\frac{\partial C}{\partial \vec{n}} \tag{3.3}$$

式中，J 为扩散通量(mol · cm^{-2} · s^{-1})，即物质通过垂直于法线方向单位面积中的质量流；C 为物质的浓度(mol · L^{-1})；D 为扩散系数(cm^{-2} · s^{-1})；$\vec{n}$ 为参考面的法线方向矢量。

式(3.3)中“−”表示扩散方向是从浓度高的区域向浓度低的区域进行。

3.2.4 盐岩溶蚀模型

在掌握了盐岩的溶解机理及其溶解过程中的对流扩散作用机理的基础上，我们知道，盐岩溶蚀的过程是发生在溶蚀边界层内的物质交换过程，其基本形式为分子扩散，从盐岩壁面上溶蚀下来的盐岩分子通过扩散作用从边界层进入溶液中。盐溶过程中边界层内的物质交换是通过分子扩散完成的，根据 Fick 第一扩散定律，分子扩散的速率与边界层浓度梯度有关。盐岩壁面形态变化直接受盐岩溶蚀过程影响，所以可以根据盐岩溶蚀过程来建立盐岩溶蚀模型。

在工程应用的基础上，考虑溶蚀边界层的特征以及 Fick 第一扩散定律，可以建立如下盐岩溶蚀物理模型。设盐岩壁面的边界为 R，则 R 是一个与时间 t 有关的函数，即 $R=R(t)$。在盐岩溶蚀过程中，随着盐岩壁面的不断溶蚀，壁面的边界也在不断扩展，在工程上称之为动边界问题，即随着溶蚀过程的进行，边界不断向外扩展，如图 3.2

所示。

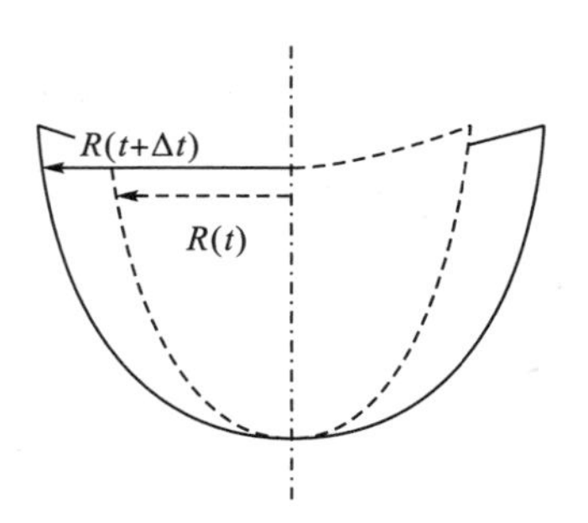

图 3.2　盐腔动边界示意图

根据以上溶蚀边界层的分析，可以得知盐岩溶蚀发生在边界层内，假设边界层内侧紧贴盐岩固体表面上有一层极薄的底层，底层内盐岩溶液浓度始终保持恒定不变，其值可以视为饱和浓度；底层以外称为扩散区，如图 3.3 所示。盐岩固体表面上溶蚀出来的盐岩分子经过边界层的底层进入扩散区，而底层内的物质总量始终在溶解与扩散之间维持着动态平衡，其过程示意图可以用图 3.4 表示，图中①表示盐岩固壁，②表示边界层底层，③表示边界层扩散区。

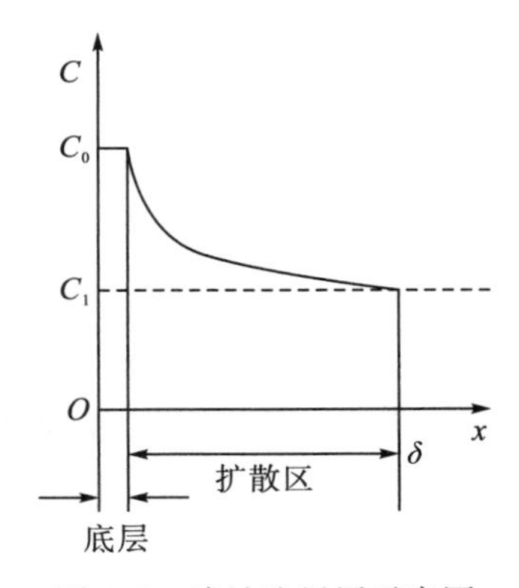

图 3.3　溶蚀边界层示意图

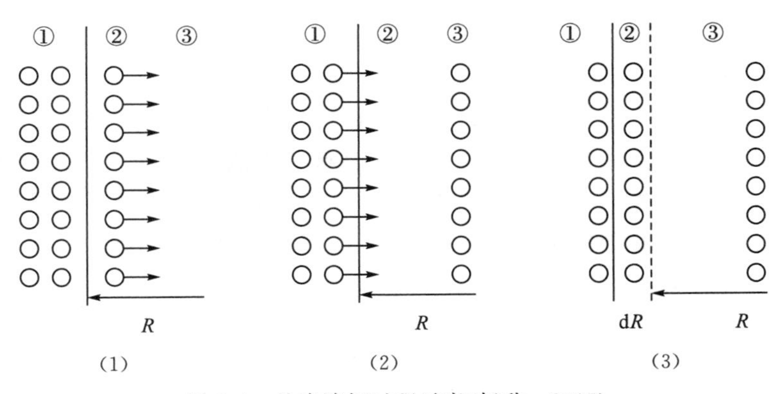

图 3.4　盐岩溶解过程示意(杨欣，2015)

溶蚀过程分为以下三步：

(1)在溶蚀边界层中，边界层底层内的盐岩分子经分子扩散作用进入边界层扩散区，底层内溶液浓度降低，低于饱和浓度；

(2)溶腔固体壁面盐岩溶蚀，溶蚀出来的盐岩分子进入边界层底层，补充底层内物质损失，使底层内溶液浓度重新达到饱和；

(3)由于盐岩溶蚀，盐岩壁面(连同所附着的边界层一起)向后退一段微小距离。底层在溶腔固体表面与扩散区之间维持动态平衡。

3.3 盐岩水溶造腔相似理论基础

在很多科研实验中，原型实验很难进行，或很多实验无法在现场开展，而实体实验和模型实验具有相似性，在很多性质特征上我们可以通过建立模型实验来研究实体实验中可能存在的问题(徐丹，2002；陈荣盛等，2008；李会知等，2005；王丰，1990；吴志勇等，2009)。但是，相似模型实验不是盲目的实验，也有其理论指导，相似模型实验的基础是相似理论(徐挺，1995；江守一郎，1986)。相似理论是从现象发生和发展的内部规律性(数理方程)和外部条件(定解条件)出发，以这些数理方程所固有的在量纲上的齐次性以及数理方程的正确性不受测量单位制选择的影响等为大前提，通过线性变换等数学演绎手段来得到自己的结论。相似理论的特点是高度的抽象性与宽广的应用性相结合。相似理论的基础是相似三定理。

3.3.1 相似理论的相关概念

1. 相似比

相似比是描述两个现象的各物理量(如长度、速度、时间、温度、应力等)之间互成的一定比例关系，即具有各自固定量值的比值，又称为“相似系数”、“相似常数”或“相似倍数”。

2. 相似指标

相似指标是指模型和原型中的相似常数之间的关系式。对于相似现象，其相似指标为1，但仅在对应时刻下的对应空间点成立。

相似指标是由相似现象各个表征量的各相似比所组成的数群，是无量纲量，它给出了各相似比之间的约束关系。相似指标的确定要求各相似比不能任意的取值，必须满足相似比方程；但在满足相似比方程的前提下，可以根据设计需要任意调整各相似比的取值。相似指标是由描述相似现象的方程组导出的，如果现象是由若干个相互独立的方程所描述，则该现象也将具有相应个数的相似指标。

3. 相似判据

将相似比中的各物理量代入相似指标中即可求出相似判据，相似判据是相似指标的另一种形式，又称相似准数或相似准则。相似判据是描述现象的各物理量所组成的一个综合量，与相似指标是等效的两种形式，也是无量纲量。对于相似的两个现象，在相同条件下，其相似判据的数量相等。如果现象是由若干个相互独立的方程所描述，则该现象也将具有相应个数的相似判据。

相似判据可以用以下两种方法获取：首先，当能够得到正确的描述物理现象的方程式时，不论该方程本身是否有解，可以通过对其进行相似常数的转换来推导出相似判据，并且该判据常常具有一定的物理意义，这种方法称之为方程分析法；当问题过于复杂且无法建立相应的物理方程时，就无法用方程分析法求相似判据，这时就可用量纲分析法求解相似判据，该方法是根据方程量纲均衡性原理进行的，并不要求建立该现象的物理方程式，只要求确定研究的对象涉及的物理量，以及这些物理量所采用的单位量纲。

3.3.2　相似三大定理

1. 相似第一定理

如果两个系统所发生的现象均可用一个基本方程式描述，并且其对应点上的各对应物理量之比为常数，则可称这两种现象为相似现象。由于自然界的各种现象总是服从于某一特定的规律，并可用微分方程来表示，所以，由相似常数的转换可知，当两个系统现象相似时，用微分方程转换所得的相似准则数相等。

用相似第一定理来指导模型实验时，首先要推导出相似准则，然后在模型实验中研究所有与相似准则有关的物理量，借此推断原型的性能。但这种研究与单个物理量粗略的研究不同，由于它们均处于同一相似准则之中，故在保证几何相似的前提条件下，可以依次找到各物理量相似常数间的比例关系。模型实验中的研究，就在于以有限实验点的测量结果为依据，充分利用这种比例关系，而不着眼于测取各物理量的大量具体数值。对于一些微分方程已知、方程形式简单的物理现象要找出它们的相似准则并不困难，但当微分方程无从知道，或者微分方程已经知道但很复杂时，导出相似准则就需要有相应的方法。

2. 相似第二定理

相似第一定理讨论了仅有一个相似准则数的情况，当相似准则数超过一个时，则应该运用相似第二定理进行讨论。

设在一个约束两个相似现象的物理系统中有 n 个物理量，它们的基本物理方程表示如下：

$$f(x_1, x_2, \cdots, x_n) \tag{3.4}$$

其中有 k 个物理量的量纲是相互独立的，则这 n 个物理量之间的基本物理方程可以用量纲分析的方法转换成相似判据 π 方程来表达的新方程，即

$$g(\pi_1, \pi_2, \cdots, \pi_n) \tag{3.5}$$

而且，这两个相似系统的 π 方程必须相同。

相似第二定理要求必须把实验结果整理成相似准则关系式，指出了如何整理实验结果的问题。但是，在它的指导下，模型实验结果能否推广，关键又在于选择的与现象有关的参量是否合理。对于一些复杂的物理现象，由于缺乏微分方程的指导，参量的选择

显得尤为重要。

3. 相似第三定理

对于同类物理现象，如果单值量相似，且由单值量所组成的相似判据在数值上相等，则称两个现象互相相似。所谓单值量是指单值条件下的物理量，而单值条件是将一个个体现象从同类现象中区分开来的条件，亦即将现象的通解变成特解的具体条件。单值条件主要包括几何条件(或空间条件)、介质条件(或物理条件)、边界条件和初始条件。现象的各种物理量实质上都是由单值条件引出的。

相似第一定理和相似第二定理是在假定现象相似的前提下得出的相似后的性质，是现象相似的必要条件。相似第三定理由于直接同代表具体现象的单值条件相联系，并且强调了单值量的相似，显示了它在科学上的严密性。三个相似定理构成了模型实验必须遵循的理论原则。

当利用相似三大定理指导模型实验时，首先应立足于相似第三定理，正确、全面地确定现象的参量，然后通过相似第一定理确定的原则建立起该现象的全部相似准则项，最后将所得的准则项按相似第二定理的要求组成 π 关系式，以用于模型设计和模型实验结果的推广，其应用关系流程图如图 3.5 所示。

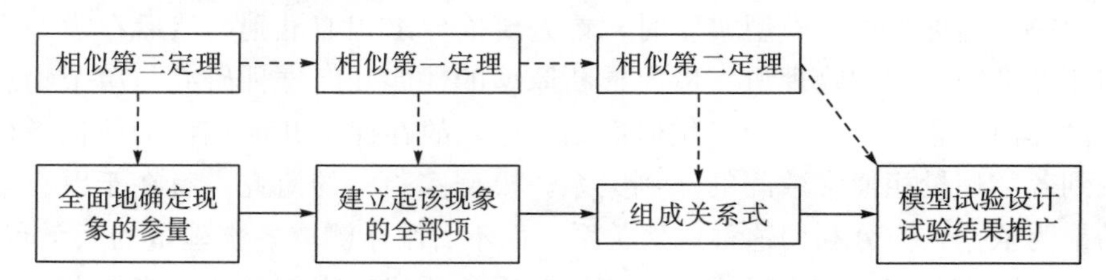

图 3.5　相似三定理在模型实验中的应用关系流程图

但在一些复杂的现象中，很难确定现象的单值条件，仅能凭借经验判断哪个参量为系统最主要的参量；或者虽然知道单值量，但很难找到模型和原型中由这些单值量组成的，并且在数值上能保持一致性的某些相似准则，这就使相似第三定理难以真正实行，并使得模型实验的结果带有近似的性质。如果相似第二定理中各 π 项所包含的物理量并非来自某类现象的单值条件，或者参量的选择不够全面、正确，那么，当将 π 关系式所得的实验结果加以推广时，自然也就难以得出准确的结论。这个事实说明，离开对参量(特别是主要参量)的正确选择，相似第二定理便失去了它存在的价值。因此，对于一些复杂的物理现象，最重要的工作就在参量的正确选择上。

第 4 章　单井水溶造腔流场相似实验研究

地下盐岩储气库造腔的方法是采用水溶开采方法。盐岩水溶开采是一个不可见的过程，盐岩造腔过程中卤水的运移过程影响盐岩造腔过程，对腔体形状扩展及腔体稳定性有着重要的影响，研究不同造腔工艺下腔体内流场分布规律对盐岩造腔过程的影响有着重要的意义。

4.1　流场相似理论分析

流场相似模型实验的相似原理是指模型上重现与原型相似的物理现象，即要求模型达到几何相似、运动相似和动力相似(杨春和等，2009)。影响盐岩造腔流场分布的因素很多，关系复杂，故本实验选择量纲分析法来建立相似模型。

在盐岩水溶造腔过程中腔体内流场分布研究中，有关的影响参数有：几何尺寸 l，盐岩的溶解速率 ω，流体的流速 v，溶液的浓度 c，温度 T 以及注水流量 q，则有

$$f(l,\ \omega,\ v,\ c,\ T,\ q)=0 \tag{4.1}$$

各参量的量纲分别为

$$\begin{gathered}[l]=[\mathrm{L}],\ [\omega]=[\mathrm{M}][\mathrm{L}]^{-2}[\mathrm{T}]^{-1},\ [v]=[\mathrm{L}][\mathrm{T}]^{-1}\\ [c]=[\mathrm{M}][\mathrm{L}]^{-3},\ [T]=[0],\ [q]=[\mathrm{L}]^{3}[\mathrm{T}]^{-1}\end{gathered} \tag{4.2}$$

其中，有 3 个基本量纲(L，M，T)，$r=3$，由 π 定理知，有 3 个独立的相似判据 π。选取 $l[\mathrm{L}]$，$v[\mathrm{LT}^{-1}]$和 $\omega[\mathrm{ML}^{-2}\mathrm{T}^{-1}]$为量群，则

$$\pi_1=\frac{\rho}{l^{\alpha}v^{\beta}\omega^{\chi}}=\frac{\mathrm{ML}^{-3}}{[\mathrm{L}]^{\alpha}\ [\mathrm{LT}^{-1}]^{\beta}\ [\mathrm{ML}^{-2}\mathrm{T}^{-1}]^{\chi}} \tag{4.3}$$

为无量纲，即 $\chi=1$，$\beta=-1$，$\alpha=0$，所以：

$$\pi_1=\frac{cv}{\omega} \tag{4.4}$$

同理：

$$\pi_2=T,\ \pi_3=\frac{q}{l^2v} \tag{4.5}$$

取原型为 p，模型为 m，相似比用 K 表示，几何相似比为

$$K_l=l_p/l_m \tag{4.6}$$

其他参量相似比类似，则其相似比的关系为

$$\frac{K_cK_v}{K_\omega}=1,\ K_T=1,\ \frac{K_q}{K_l{}^2K_v}=1 \tag{4.7}$$

4.2 流场相似模型实验平台的搭建

能源地下盐岩储库造腔期流场相似模拟实验平台的搭建以相似理论为指导，全面地模拟真实造腔环境下腔体流场，重点观察分析注水速度、套管间距、夹层赋存状态对流场的影响。目前，我国拟建的储气库设计单腔高度为 80～120m，腔体平均直径为 60～100m，矿柱宽度 230m 左右。造腔注水流量一般取 45～120m³/h，外套管半径为 175.0mm，中心管半径为 122.2mm。由于真实溶腔为轴对称几何体，且上表面为油垫层、下端为沉井空间，所以取腔体剖面来观察腔内流场，所以模型腔体为高 1.0m、宽 0.6m，厚 0.05m 的长方体近似二维腔体模型，如图 4.1 所示。实验过程中，腔体底部 0.05m×0.6m 面和两侧 1.0m×0.05m 面铺有厚 5cm 的盐砖，当需要模拟夹层时，在两侧面中部几处用薄玻璃片隔开模拟，以保证腔体边界条件和初始条件的相似。相似模型实验平台装置如图 4.2 所示。

图 4.1　相似模型腔体

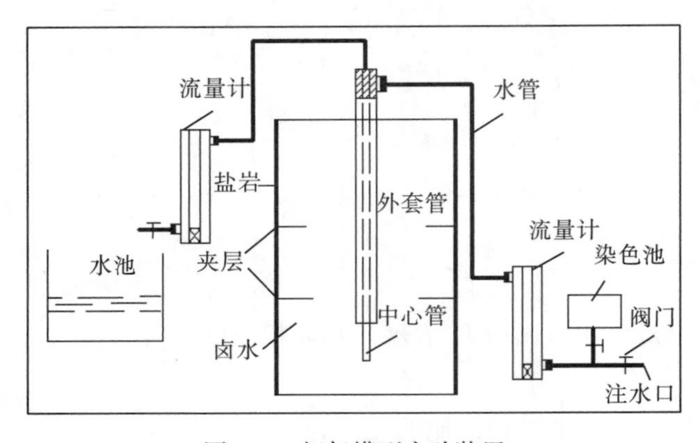

图 4.2　相似模型实验装置

本实验盐岩试件取自巴基斯坦喜马拉雅山区天然盐岩，其埋深为 2000～3000m。图

4.3 所示为制作加工好的规格为 5cm×10cm×20cm 的盐砖，主要供实验所用。盐岩试样多为白色或淡红色。其主要成分为 NaCl，其中可溶物含量可达 98%，密度为 2338kg/m³，由于盐岩质脆、遇水极易溶解，因此，取样过程和试件加工过程均严格按照实验规范进行。实验的时候，连接好所有套管，将淡水经染色池染色后经过流量计控制注入进水管，在模型腔体内预先充满了无色的卤水，染色的淡水进入模型腔体后能观察到其流动情况，然后将整个过程用高清摄像机记录。取不同时刻的卤水分布图进行对比，分析其流场分布规律。

图 4.3　盐岩试件

4.3　流场相似模型实验的设计

为了研究不同条件下盐岩造腔的流场分布特征，设计了四组实验分别研究了不同造腔工艺及条件下的流场分布情况，分别如下。

1. 注水流量对流场的影响

1) 实验参数的确定

根据现场造腔工艺参数和造腔监测数据的分析，造腔中期腔体内流场明显且对整个造腔过程来说很重要，而且有利用实验操作，所以选取建腔中期作为实验对象，另外，由于真实造腔过程主要为反循环，所以本实验主要应用反循环造腔工艺，没有考虑正循环。因为在真实的盐岩造腔中，造腔中期的腔体平均直径约为 90m。由建腔中期腔体平均直径及模型腔体尺寸可确定几何相似比为 150，在现场其套管间距一般选择 5～30m，此时选取造腔中期，取中间值 15m，所以实验的套管间距为 10cm，实验用的盐岩为天然盐岩，所以其溶解速率相似比 K_{ω} 为 1，卤水的溶液百分浓度相似比 K_c 为 1，为了保证原型和模型相似，温度相似比 K_T 取 1，注水流速相似比 K_v 取 1，根据相似理论(4.7)式得到流量相似比 K_q 为 22500。在现场造腔过程中，选取的流量一般为 45～120 m³/h，根据实际造腔的流量范围，选取三个合适大小的流量，根据流量相似比计算得到的模型实验流量如表 4.1 所示，通过这三种不同注水流速来研究流速对流场的影响。

表 4.1　流量对比表

阶段编号	工程/($m^3 \cdot h^{-1}$)	模型/($mL \cdot min^{-1}$)
1	40	30
2	68	50
3	95	70

2)实验过程

(1)取 6 块加工好的盐砖，用石蜡将盐砖的 5 个面密封留 5cm×20cm 面以待溶解，盐岩试件如图 4.3 所示。将密封后的盐砖分别放在模型装置的两侧，每侧 3 块，待溶面面向腔体，其余面紧贴装置。试件放好后，用玻璃胶将装置顶部密封。

(2)调整中心管及外套管位置，使中心管距底部长度为 20cm，套管间距为 10cm。

(3)注入淡卤水模拟造腔环境，打开注水口阀门，先向模型腔体内注入事先配制好的淡卤水(卤水浓度较低，较接近真实造腔期上部淡卤浓度)，向模型装置注入淡卤水直至水位高度达到 70cm。

(4)注入淡水模拟造腔过程，将进水口流量计调到 30mL/min，打开染色池阀门，使染色后的淡水以 30mL/min 注入腔内，同时打开出水口阀门，保持水位高度始终为 70cm。

(5)用高分辨率 CCD 摄像机记录有色淡水在装置中的流动情况。

(6)将进水口流量计调到 50mL/min、70mL/min 重复上述步骤。

2. 套管间距对流场的影响实验

1)实验参数的确定

在其他造腔工艺技术不变的情况下，通过改变套管间距研究建腔期套管间距对腔内流场的影响规律。在该相似模型实验中，取中心管距底部 20cm，注水速度为 50mL/min，始终保持水位高为 70cm；套管间距分别取 5cm、15cm、25cm(中心管位置不变，提升外套管位置)来研究套管间距对流场的影响，对应真实原型的间距对比如表 4.2 所示。

表 4.2　套管间距对比表

阶段编号	工程/m	模型/cm
1	7.5	5
2	22.5	15
3	37.5	25

2)实验过程

(1)取 6 块加工好的盐砖，用石蜡将盐砖的 5 个面密封，留 5cm×20cm 面以待溶解。将密封后的盐砖分别放在模型装置的两侧，每侧 3 块，待溶面面向腔体，其余面紧贴装置。试件放好后，用玻璃胶将装置顶部密封。

(2)调整中心管及外套管位置，使中心管距底部长度为 20cm，套管间距为 5cm。

(3)注入淡卤水模拟造腔环境，打开注水口阀门，先向模型腔体内注入事先配制好的淡卤水(卤水浓度较低，较接近真实造腔期上部淡卤浓度)，向模型装置注入淡卤水直至水位高度达到 70cm。

(4)注入淡水模拟造腔过程，将进水口流量计调到 50mL/min，打开染色池阀门，使染色后的淡水以 50mL/min 注入腔内，同时打开出水口阀门，保持水位高度始终为 70cm。

(5)用高分辨率 CCD 摄像机记录有色淡水流动情况。

(6)将第 2 步中的套管间距改为 15cm、25cm，重复上述步骤。

3. 夹层赋存状态对流场的影响实验

我国盐岩分层多，单层厚度薄，盐岩体中一般含有众多夹层，如硬石膏层、泥岩层和钙芒硝层等。在造腔过程中，夹层赋存状态对腔体内流场分布影响较大。

1)实验参数的确定

在其他造腔工艺技术不变的情况下，通过改变夹层赋存状态研究建腔期夹层赋存状态对腔内流场的影响规律。

在该相似模型实验中，取中心管距底部 20cm，注水速度为 50mL/min，始终保持水位高为 70cm，套管间距取 15cm；分别进行了夹层对比实验和夹层影响实验两组，在夹层对比实验中，夹层赋存状态为一边无夹层，一边含夹层，这样可以清楚地看出夹层存在对流场的影响，在夹层影响实验中，通过改变夹层位置来观测夹层位置对流场的影响，具体的夹层位置见结果分析。

2)实验过程

(1)取 6 块加工好的盐砖，用石蜡将盐砖的 5 个面密封，留 5cm×20cm 面以待溶解。将密封后的盐砖分别放在模型装置的两侧，每侧 3 块，在设计位置放置 5cm×10cm 玻璃板模拟夹层，待溶面面向腔体，其余面紧贴装置。试件放好后，用玻璃胶将装置顶部密封。

(2)调整中心管及外套管位置，使中心管距底部长度为 20cm，套管间距为 15cm。

(3)注入淡卤水模拟造腔环境，打开注水口阀门，先向模型腔体内注入事先配制好的淡卤水(卤水浓度较低，较接近真实造腔期上部淡卤浓度)，向模型装置注入淡卤水直至水位高度达到 70cm。

(4)注入淡水模拟造腔过程，将进水口流量计调到 50mL/min，打开染色池阀门，使染色后的淡水以 50mL/min 注入腔内，同时打开出水口阀门，保持水位高度始终为 70cm。

(5)用高分辨率 CCD 摄像机记录有色淡水流动情况。

(6)按设计需求改变夹层位置重复上述步骤。

4.4　实验结果分析

4.4.1　注水速度对流场的影响

(1)注水速度为 30mL/min 时，用图像分析软件提取的实验图像如图 4.4 所示，图片下方的框图是对应实验图像的时间(下同)。

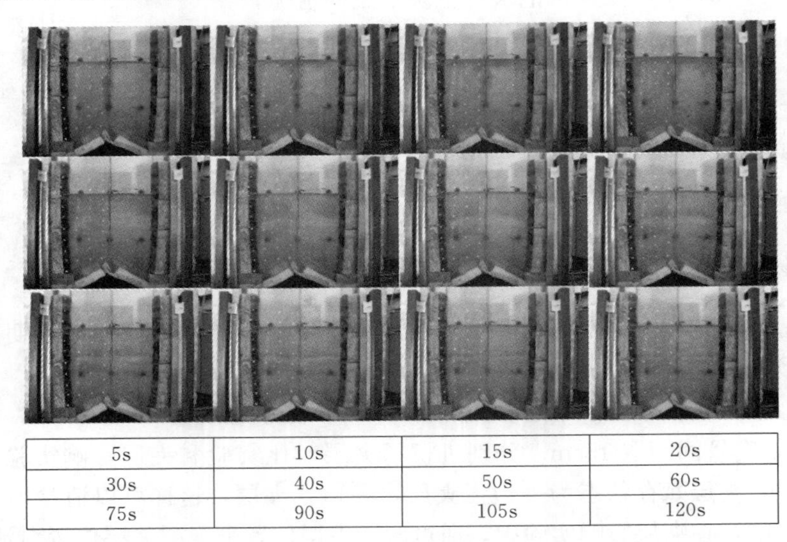

5s	10s	15s	20s
30s	40s	50s	60s
75s	90s	105s	120s

图 4.4　实验图

如图 4.4 所示，在惯性力、浮力、扩散驱动力共同作用下注入淡水先向下运动一段距离，当向下的速度降为零时转而向上运动直至顶部卤水界面(同时伴随着横向缓慢的扩散运动)，再快速向两侧运动，速度也逐步减小，一直运动到盐壁，然后向下沉降扩散。同时浮羽效应形成的上升流对周围的卤水产生向上的卷吸作用，而边界的饱和卤水因快速下沉对周围卤水产生向下的卷吸作用，两种相反的卷吸作用使得此区域内淡卤水与浓卤水以较快速度运动并相互扩散，是盐岩腔体溶解扩展的主要区域。

(2)注水速度为 50mL/min 时，用图像分析软件提取的实验图像如图 4.5 所示。

(3)注水速度为 70mL/min 时，用图像分析软件提取的实验图像如图 4.6 所示。

从图 4.4～图 4.6 可以看出，有色淡水从套管注入腔体后，淡水向下运动一小段后由于受到浮力作用，迅速向腔体上方运动，同时由于扩散作用的存在，有色淡水也会向两侧缓慢扩散。当有色淡水到达腔体顶部时，淡水迅速沿着腔体顶部的壁面向两侧运动直到淡水到达两侧壁面位置。到达腔体两侧壁面位置的淡水受到壁面的约束转而向下运动，与此同时，腔体顶部的有色淡水由于扩散作用将向下运动，但是明显可以看出，在腔体两侧的运移速度明显要高于扩散速度。分析发现反循环造腔阶段腔内流场根据流场运移的成因及运移形态大致分为五个作用区域，即浮羽流区、对流扩散区、边界溶蚀区、缓冲扩散区和饱和沉淀区，在存在夹层的时候，在夹层处会形成瀑布流区，即六个区域。

5s	10s	15s
20s	30s	40s
50s	60s	70s

图 4.5　实验图

5s	10s	15s
20s	25s	30s
40s	50s	60s

图 4.6　实验图

从图中可以看出，有色淡水以不同注水速度进入腔内，其运移的轨迹及趋势是相同的，但是随着注水流量增加，注入淡水的运动速度增加，其运动的速度也增加了。另外，由于注水速度的增加，淡水向下运移的距离也增大了，使得浮羽流区作用范围相应增大，同时加快了对流扩散的速度，但是当淡水运动到最低位置以后其向下扩散速度变化不大。所以，流量的增加对整个腔内的流动趋势没有影响，但流量由小变大会增加淡水向下运移的距离，同时也加快了对流扩散的速度，最终降低对流扩散区整体卤水浓度，起到加速溶解的作用。

4.4.2　套管间距对流场的影响

(1)套管间距为 5cm 时，用图像分析软件提取的实验图像如图 4.7 所示。

5s	10s	15s	20s
30s	40s	50s	60s
75s	80s	90s	100s

图 4.7　实验图

(2)套管间距为 15cm 时，用图像分析软件提取的实验图像如图 4.8 所示。

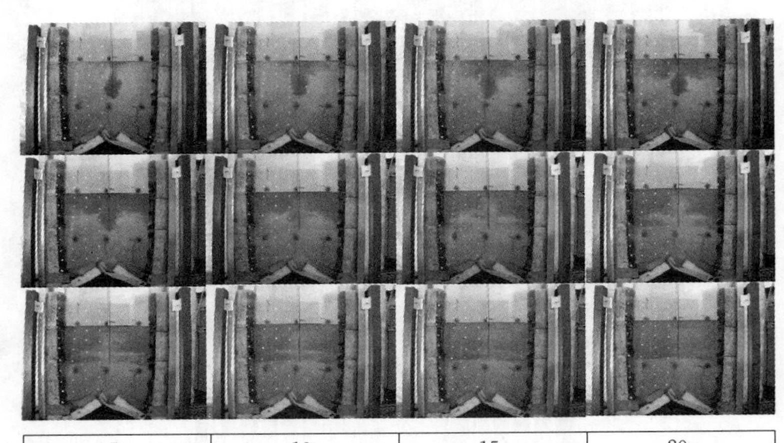

5s	10s	15s	20s
30s	40s	50s	60s
75s	80s	90s	100s

图 4.8　实验图

(3)套管间距为 25cm 时，用图像分析软件提取的实验图像如图 4.9 所示。

从图 4.7～图 4.9 可以看出在相同时间内不同套管间距条件下流场的分布情况，套管位置越高，即注水位置越靠近上方，相当于减小了注入水流的作用范围，注入淡水的作用区域集中上移，最终加速上部盐岩层溶解。套管空间位置的变化会明显改变流场作用范围，注水套管由下向上提升过程中，减少了注入流在轴向的运动距离，使淡水快速运动到顶部并迅速向两侧运动，因此套管上部区域淡卤水运移作用加强，加速上部盐岩的溶解。同时浮羽区和对流扩散区的作用范围将随套管提升而减小，而缓冲扩散区将增大，但对饱和沉淀区和边界溶蚀区影响不大。

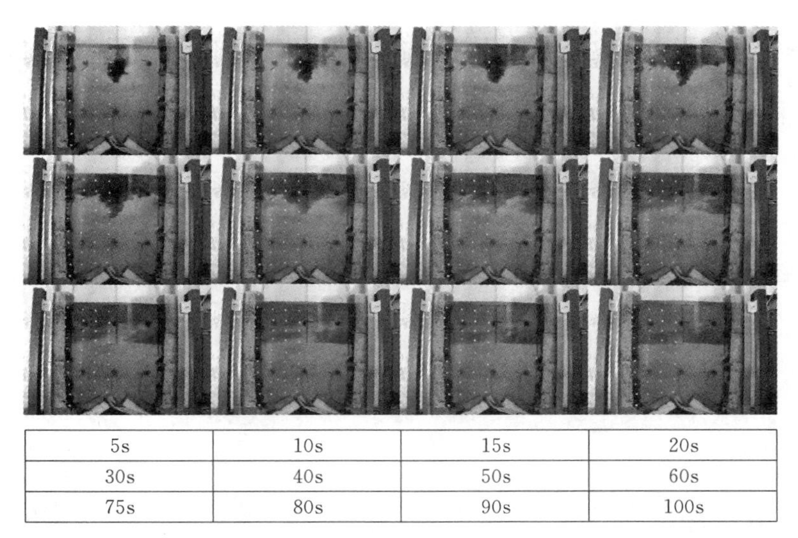

5s	10s	15s	20s
30s	40s	50s	60s
75s	80s	90s	100s

图 4.9　实验图

4.4.3　夹层对流场的影响

(1)当存在夹层时，对比夹层存在和不存在时的差别，在腔体右边分布了夹层，在腔体左边没有夹层。其实验结果用图像分析软件提取的实验图像如图 4.10 所示，实验编号 3041。

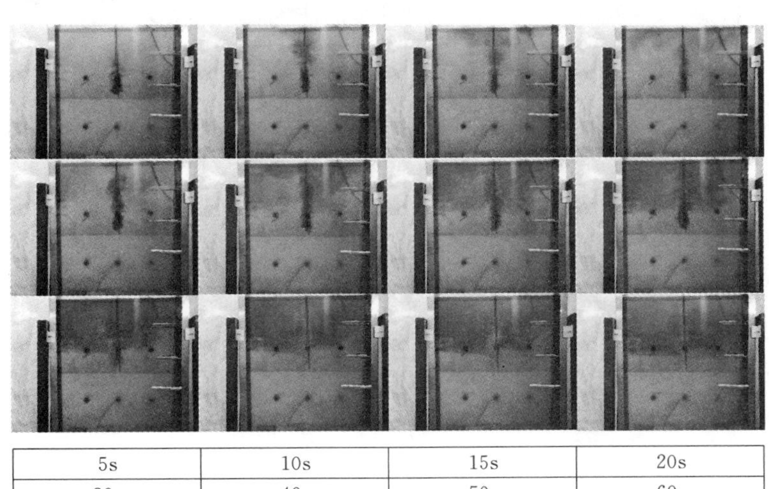

5s	10s	15s	20s
30s	40s	50s	60s
75s	80s	90s	100s

图 4.10　实验图

从图 4.10 可以看出，夹层的存在影响了腔体卤水的运移，在淡水迅速运动到腔体并沿顶部壁面运动后，在注入水流继续岩两侧壁面向下运动的时候，左边没有夹层的地方能正常下移，但在腔体右壁，其夹层的存在阻挡了水流的向下运动，水流沿夹层面向右移动绕过夹层后向下运移，同时向右扩散，这对夹层下方的卤水运移起到阻碍作用。同时，如果夹层过长，将会影响注水水流向上到达顶部壁面的运动，也就是影响了浮羽流区的卤水运移。

(2)考虑夹层位置影响的实验，为了研究不同夹层位置对流场的影响，做了三组实验，分别编号为实验3050，实验3055，实验3060，其实验结果用图像分析软件提取的实验图像如图4.11、图4.12和4.13所示。

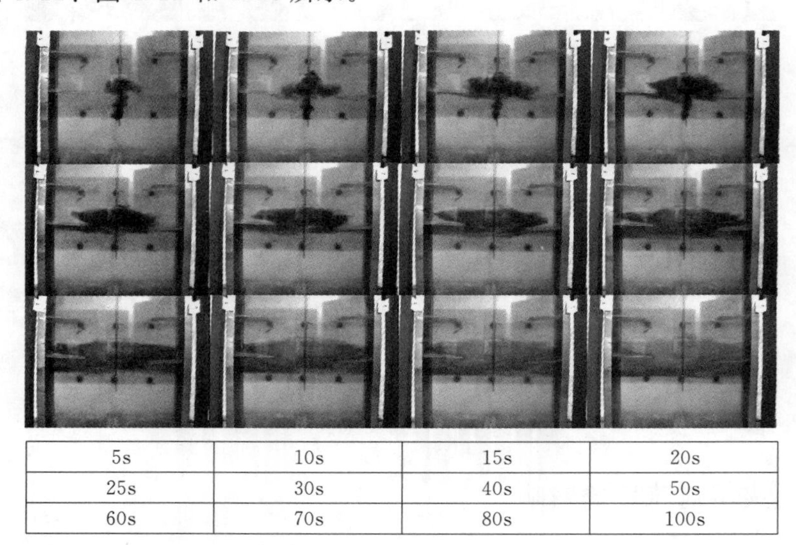

5s	10s	15s	20s
25s	30s	40s	50s
60s	70s	80s	100s

图4.11　实验图

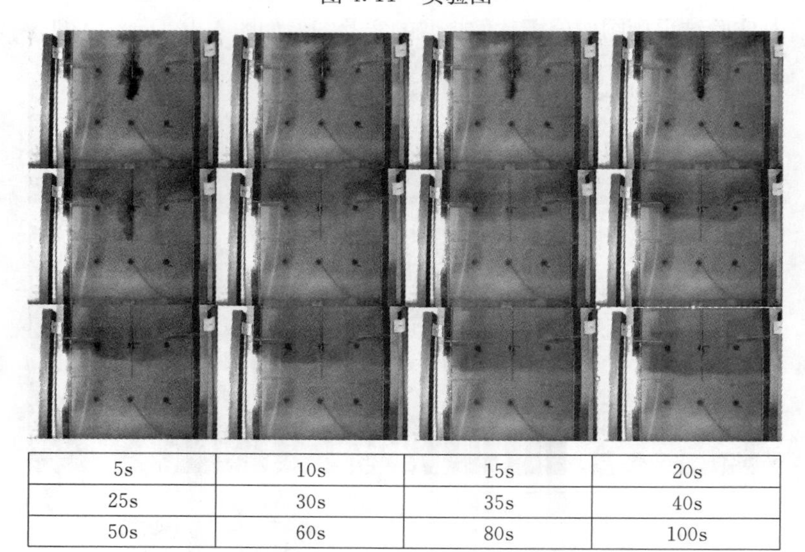

5s	10s	15s	20s
25s	30s	35s	40s
50s	60s	80s	100s

图4.12　实验图

从图4.11～图4.13可以看出，当夹层位置位于注入水流位置的上方时，若夹层位置离注入水流位置距离越大，此时情况对应图4.12和图4.13；若夹层不是很长，则对于流场的影响主要是阻碍腔体壁面向下运动的边界质量流，在夹层处会形成分流并在夹层上下面产生涡旋流，这样会加速夹层上部对流扩散和夹层下部盐岩的溶解，最终在夹层上下形成两个对流扩散区，加速盐岩溶蚀。若注入水流位置离夹层位置距离很小，如4.11所示，夹层的存在将会影响到浮羽流区的卤水运移。从相同时间内不同夹层赋存状态条件下流场的分布图可以看出，随着夹层数量的增加，腔内卤水运动状态越复杂，注入水流与边界质量流相互影响更明显。夹层的存在会影响流场流动的趋势和作用范围，一般夹层位于注水最低位上部时，而当夹层处注水最低位下部时，夹层主要对边界质量流产生影响，卤水在下移时遇到夹层的阻挡而形成回旋流，加速横向扩散，同时在夹层下方形成涡流，同样会加速盐岩溶解。

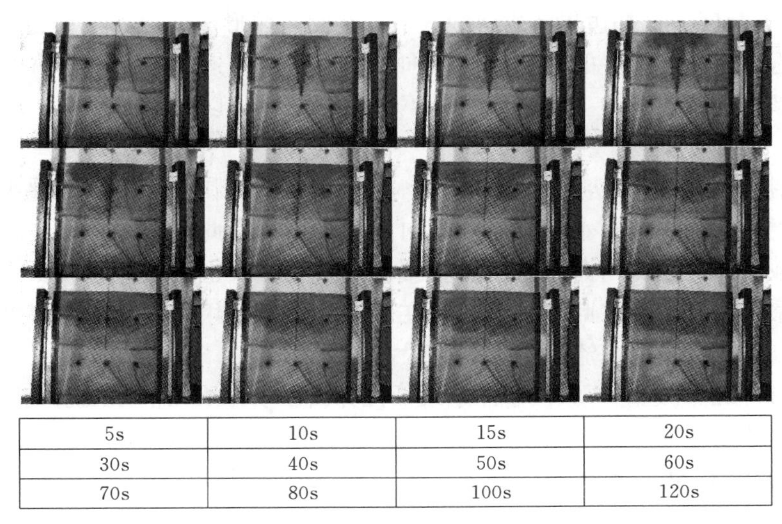

5s	10s	15s	20s
30s	40s	50s	60s
70s	80s	100s	120s

图 4.13　实验图

4.4.4　盐岩储气库建造期流场分布规律

根据上面实验结果及分析发现建腔期形成的流场可分为 5～6 个作用区域，具体划分情况如下图 4.14 所示。

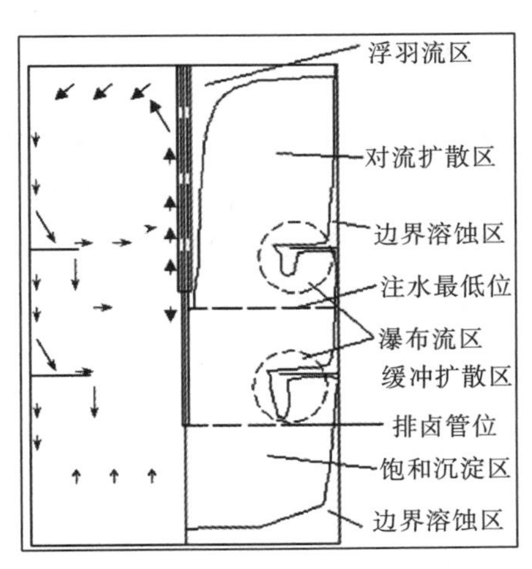

图 4.14　建腔期流场区域划分图

注：注水最低位指注入水进入腔体后在竖直方向能达到的最大距离

(1)浮羽流区：在惯性力、浮力及扩散驱动力共同作用下，注入淡水先减速向下运动一定的距离，运动距离的大小与注入水流的速度和浮力大小有关，由于存在浮力的作用，注入水流速度不断减小直到向下的速度为零，此时淡水到达注水最低位，之后转而向上运动直到腔体顶部界面，在向上运动的过程中同时存在有横向的扩散运动，但扩散运动很缓慢。水流运动到顶部后转而快速向两侧运动，由于边界层黏性力的作用，速度将会逐渐减小，浮羽流区是注入淡水的主要作用区域，所以在这一区域的卤水浓度比较低，导致这一区域的盐岩溶解速最快。

(2)边界溶蚀区：这是边界盐岩溶蚀区域，在此区域形成的饱和盐水会由于重力作用向下运动，也会受浓度梯度的影响而向横向扩散，其溶解速度和卤水下沉速度与卤水浓度成反比关系，通常表现为上部浓度高，下部浓度低，所以上部的溶解一般来说要快于下部。

(3)对流扩散区：边界溶蚀区的饱和盐水向下卷吸其周围的卤水，而浮羽流区的上升流将会向上卷吸其周围的卤水，这两种逆向的卷吸作用使此区域的卤水混合很快，此区域的范围比较大，且区域内卤水浓度比较接近，浓度一般也比较低，所以成为盐岩腔体溶解扩展的最主要区域，在此区域同时存在对流和扩散作用。当此区域有夹层时，流场将会变得复杂，此时的卤水流动多为紊流。

(4)缓冲扩散区：这一区域位于注水最低位界面以下，所以上浮淡水流已不能影响此区域，只受因浓度差而产生的浓度驱动力和排卤管排卤吸力的影响。正是由于此区域卤水这样的流动状态，所以此区域的浓度在竖向基本上是成线性分布，而横向上浓度相差不太大。这样的浓度分布，使盐岩溶蚀形状为上大下小的倒梯形。

(5)饱和沉淀区：这一区域的卤水仅有微弱的扩散运动，通常视为静止状态，所以，此区域夹层的存在也基本上不会影响卤水的运移。因为此区域卤水浓度基本上已达到饱和，所以盐岩几乎不会溶解。

(6)瀑布流区：夹层的存在使夹层上下端的流场很不一样，边界溶蚀区形成的饱和卤水由于重力作用向下运动，其横向的扩散运动将远远小于下沉速度，当饱和卤水下沉到夹层处时，会在夹层上部形成饱和卤水冲击带，这层冲击带将会降低其附近盐岩的溶解速率。而在夹层的下方时，夹层会对上升淡卤流产生阻碍作用，在夹层下部形成瀑布状流动，并在附近形成一定的涡流，涡流的存在会加速夹层下部的卤水与附近淡卤的对流扩散，从而使夹层下部盐岩的溶解速率加快。需要强调的是，上述六个区域作用范围的分界面并不是固定不变的，它会受套管位置、流速、夹层位置及腔体大小的影响，另外夹层的位置及夹层的长度可能会影响其他区域的流长分布，当不存在夹层时，瀑布流区就不会存在。

第 5 章　单井水溶造腔浓度场相似实验研究

对于能源储库的建造，我们最关心的是腔体形状。而盐岩能源地下储库建造过程中，盐岩的溶解速率直接影响造腔速度和腔体形状，我们知道，与盐岩溶解速率有重要关系的是溶液的浓度，因此腔内浓度场的分布情况是影响腔体形状的关键因素，浓度的差异将影响盐岩的溶解速率。

5.1　浓度场相似理论分析

相似模型要求达到几何相似、运动相似和动力相似。量纲分析法是以量纲方程为核心，以方程的齐次性为依据而进行，量纲方程的主要优点表现在物理方程尚未掌握时，通过对物理现象的分析来建立需要的表达方程，以此来建立对应的相似模型。正是基于这些优点，量纲分析法成为一种应用广泛的相似准则推导方法，因此选择量纲分析法建立了盐岩水溶建腔浓度场相似实验平台(徐挺，1995)。

影响盐岩水溶造腔有关的参数：几何尺寸 l，盐岩的溶解速率 ω，流体的流速 v，溶液的浓度 c，温度 T，注水流量 q，则

$$f(l,\ \omega,\ v,\ c,\ T,\ q)=0 \tag{5.1}$$

各参量的量纲分别为

$$\begin{gathered}[l]=[\mathrm{L}],\ [\omega]=[\mathrm{M}][\mathrm{L}]^{-2}[\mathrm{T}]^{-1},\ [v]=[\mathrm{L}][\mathrm{T}]^{-1}\\ [c]=[\mathrm{M}][\mathrm{L}]^{-3},\ [T]=0,\ [q]=[\mathrm{L}]^{3}[\mathrm{T}]^{-1}\end{gathered} \tag{5.2}$$

其中，有 3 个基本量纲(L，M，T)，$r=3$，由 π 定理，则有 3 个独立的相似判据 π。选取 $l[\mathrm{L}]$，$v\ [\mathrm{LT}^{-1}]$ 和 $\omega[\mathrm{ML}^{-2}\mathrm{T}^{-1}]$为量群，则

$$\pi_1=\frac{\rho}{l^{\alpha}v^{\beta}\omega^{\chi}}=\frac{\mathrm{ML}^{-3}}{[\mathrm{L}]^{\alpha}\ [\mathrm{LT}^{-1}]^{\beta}\ [\mathrm{ML}^{-2}\mathrm{T}^{-1}]^{\chi}} \tag{5.3}$$

为无量纲，即

$$\chi=1,\ \beta=-1,\ \alpha=0 \tag{5.4}$$

所以：

$$\pi_1=\frac{cv}{\omega} \tag{5.5}$$

同理：

$$\pi_2=T,\ \pi_3=\frac{q}{l^2 v} \tag{5.6}$$

取原型为 p，模型为 m，相似比用 K 表示，几何相似比为

$$K_l=l_p/l_m \tag{5.7}$$

其他参量相似比类似，则其相似比的关系为

$$\frac{K_c K_v}{K_\omega}=1，K_T=1，\frac{K_q}{K_l^2 K_v}=1 \tag{5.8}$$

为了得到建腔过程中腔体内浓度场分布情况，腔体选取真实建腔过程中的建造中期腔体形状作为参照对象，这一阶段腔体形状足够大，流场和浓度场分布具规律性，同时也是造腔的关键阶段，腔体半径尺寸平均值约为 45m。根据相似理论式(5.7)的相似比定义，我们取模型半径为 0.3m，几何相似比 K_l 为 150，实验用的盐岩为天然盐岩，所以其溶解速率相似比 K_ω 为 1，为了保证原型和模型相似，温度相似比 K_T 为 1，卤水流速相似比 K_v 取 1，根据相似理论式(5.8)得到流量相似比 K_q 为 22500，卤水的溶液百分浓度相似比 K_c 为 1。

5.2　相似实验平台的搭建

目前，我国拟建的储气库设计单腔高度为 80～120m，腔体平均直径 60～100m，矿柱宽度 230m。造腔注水流量一般取 45～100m^3/h，外套管半径 175.0mm，中心管半径 122.2mm。

盐岩的水溶建腔是一个复杂的三维模型，腔体形状多为不规则的倒梨型或椭圆形，但是在空间位置上多为对称的，而且在分步建腔过程中，是通过提升套管位置来实现控制腔体的形状，所以在建腔的每一阶段，其溶解范围近似为一个对称的圆柱形状，为了便于观察和测量腔体内的浓度场分布，取圆柱的一部分，建立一个柱状楔形体的实验模型。

整个实验装置的主体是由一个高 42cm，三个面宽度分别为 30cm、30cm、10cm 的透明玻璃制成的柱状楔形腔体模型，其中 42cm ×10cm 的一面是盐岩溶蚀面(利用盐转拼接而成)，其物理模型图见图 5.1。在观测面(42cm ×10cm 面)从上到下均匀设置了 6 行，从左到右设置了 4 列，一共 24 个采卤监测点，为了实验方便，记第一列从上到下为 1～6 号位置。

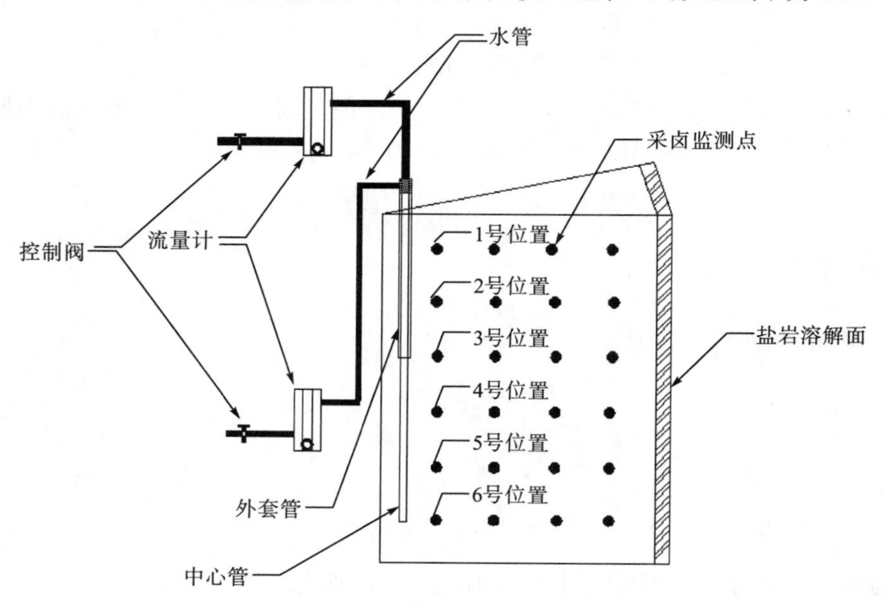

图 5.1　相似模型实验装置图

5.3　浓度场相似模型实验

盐岩溶腔建造过程中多采用油垫法建造溶腔，加油垫的目的是为了控制上溶，因为盐岩上溶速度大于侧溶、下溶速度，为了更有效地建造出形状规则的稳定腔体，建腔过程中主要是侧溶。用于建腔实验的盐砖尺寸是 20cm×10cm×5cm，先将两块盐砖烘干，然后密封盐砖不需要参与溶解的面，只保留其中一个 20cm×10cm 的溶解面，其他五个面都用稠度较高的黄油密封，因为黄油与水不相溶，将两块盐砖竖直紧贴楔形腔体较宽一端，盖上玻璃盖(中间夹有密封条防止漏气)，玻璃盖可以起到油垫作用不让其上溶，装上注采套管，调整好套管位置，连接好流量计，用来控制注水流量，密封好整个装置后，按照预设的注水流量注水模拟盐岩水溶造腔的注采过程，每隔一段时间从各个采卤检测点处采出少量卤水，用盐度计测量各个点处的浓度并记录，观测流场分布和盐岩溶解面的情况。第一次采出卤水时间为溶解 15min 后，以后每隔 30min 采一次卤水测量，得到其浓度，分析其浓度变化情况。实验装置图如图 5.1。

5.4　实验结果分析

5.4.1　注水流量对盐岩造腔浓度场的影响研究

1. 水平方向浓度分布

注水流量对造腔浓度场影响实验，其进水口在 3 号位置，出水口在 6 号位置，通过五个不同流量的实验(30mL/min、40mL/min、50mL/min、60mL/min、70mL/min)得到的出水口位置在各个时刻水平方向上的浓度分布如图 5.2 所示，除边界层外，卤水浓度在水平方向上基本上是均匀分布的，即同一高度上的卤水浓度基本上相等。流量的变化对于腔体内同一高度上卤水均匀分布的这一特性没有影响。

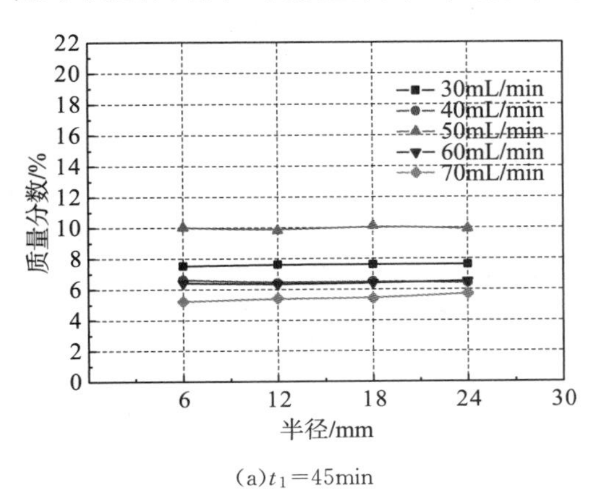

(a)t_1=45min

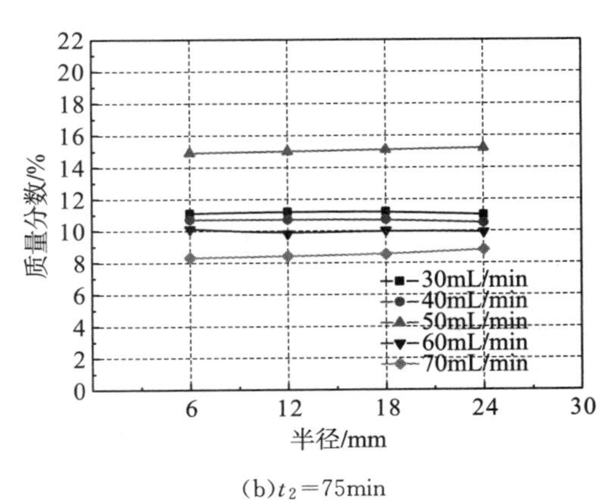

(b)t_2=75min

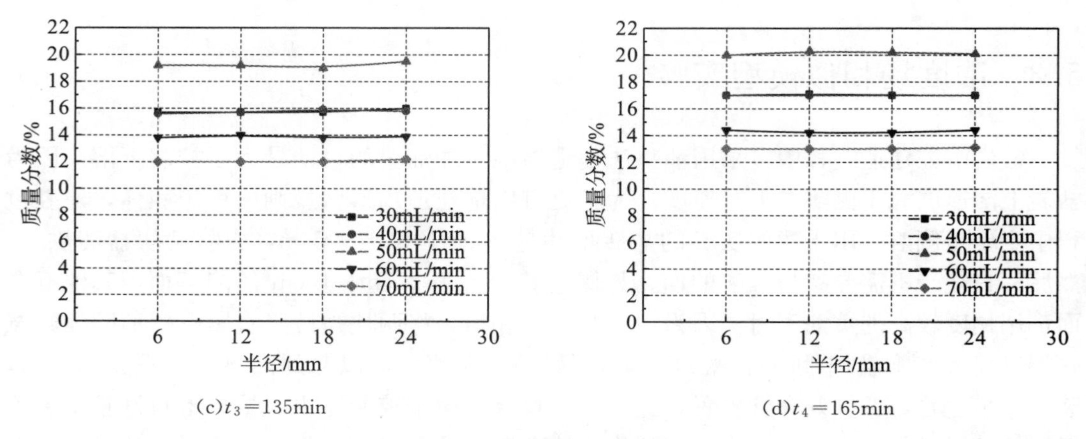

(c) t_3 = 135min (d) t_4 = 165min

图 5.2 水平浓度分布图

2. 竖直方向上浓度分布

不同流量下不同时刻浓度在竖直方向上的分布如图 5.3 所示，研究发现，注水流量对腔体内浓度场的分布影响表现在竖直方向上，腔体底部的卤水浓度随流量的增加而先增加后减小，当腔体内流场趋于稳定，流量为 50mL/min 时，腔体底部卤水的质量分数

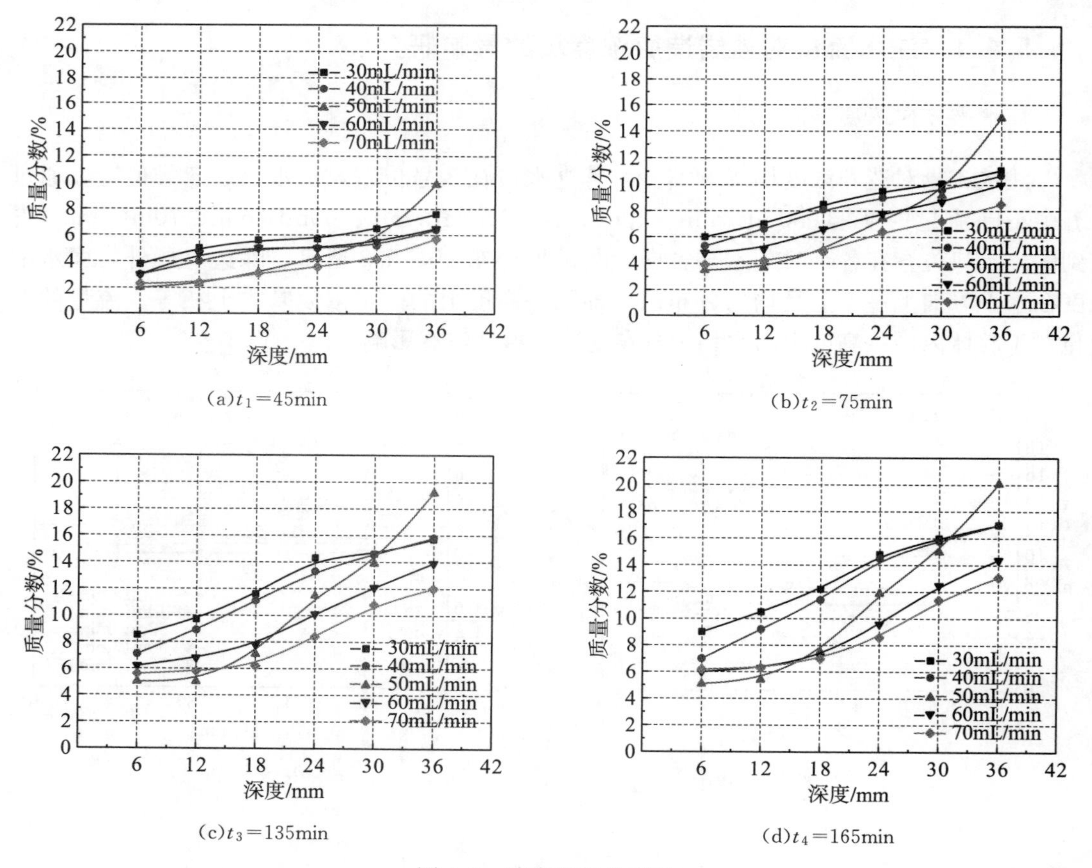

(a) t_1 = 45min (b) t_2 = 75min

(c) t_3 = 135min (d) t_4 = 165min

图 5.3 浓度纵向分布图

达到了 20.1%，为同组实验中的最大值。腔体顶部的浓度随流量的增加而先减小后增加，流量为 50mL/min 时其卤水质量分数为 5.2%，为同组实验中最小值。盐岩的溶解速率随流量的增加而增加，在流量较低的时候，由于流量增加而溶解的盐量多于对流扩散后从采卤口流出的盐量时，溶腔底部的卤水浓度随流量增加而增加，但是，随着注水流量的增加，单位时间从出水口采出的盐量增加，当采出的盐量大于由于流量增加而溶解的盐量时，腔体底部的卤水浓度随流量增加而减小。分析得知，在注水流量为 50mL/min 时，腔体内流场在竖直方向上浓度梯度最大。

5.4.2　套管间距对盐岩造腔浓度场的影响研究

本组实验是在流量为 50mL/min 不变的情况下，保持中心管位置在腔体底部(6 号位置)，不断提升外套管的位置，从 5 号位置到 2 号位置，套管间距分别为 6cm、12cm、18cm、24cm，其腔体浓度趋于稳定时(t=165min)竖直方向上的卤水浓度分布曲线如图 5.4 所示。

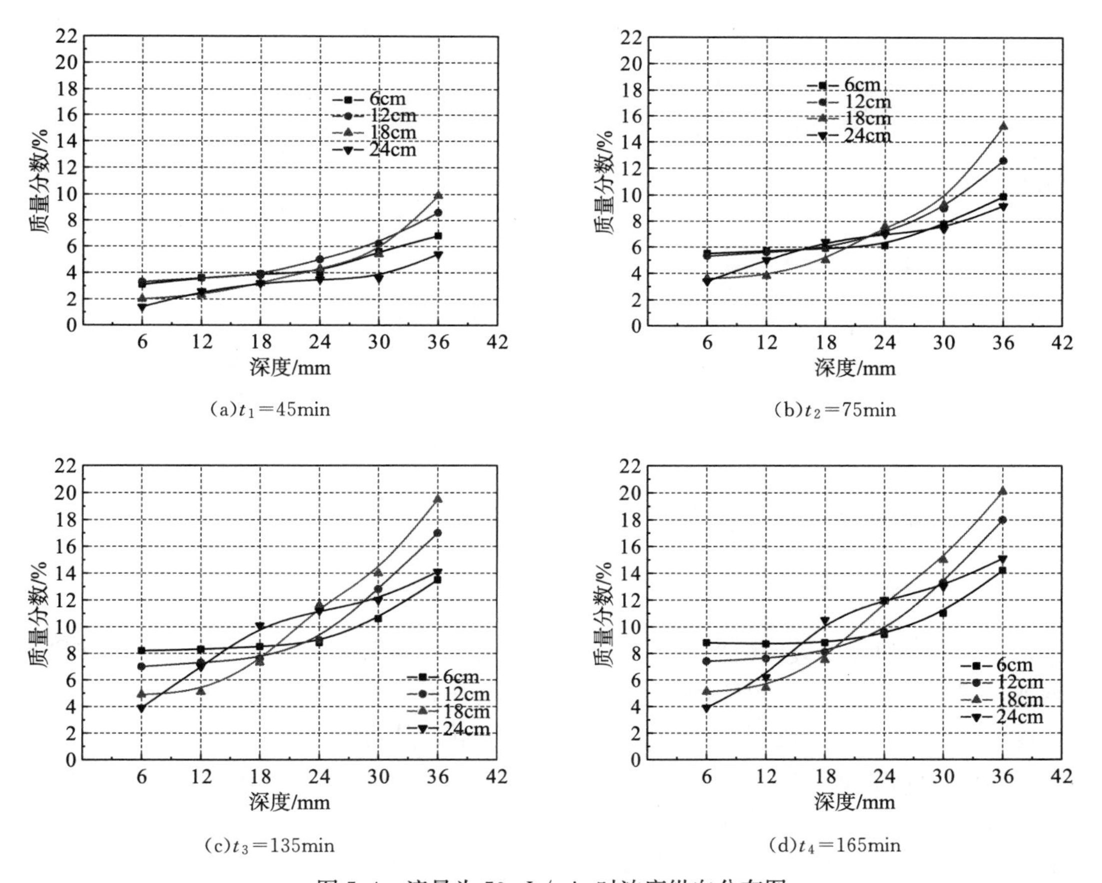

(a)t_1=45min　(b)t_2=75min

(c)t_3=135min　(d)t_4=165min

图 5.4　流量为 50mL/min 时浓度纵向分布图

分析得到，在流量为 50mL/min、套管间距为 18cm 时腔体底部的浓度达到同期最大值 20.2%，腔体底部位置浓度随着套管间距增大而先增大后减小，腔体顶部位置浓度随着套管间距的增大而减小，这是由注入淡水的作用影响范围不同造成的。在实际的造腔过程中，我们希望采出的卤水浓度尽可能高，这可以加速盐岩的溶解，套管位置的选择对腔体形状的影响很大，在造腔过程中，可以通过多次提取套管位置造出理想的腔体形状，所以选择合适的套管间距是要考虑的综合要素，在本次实验过程中，套管间距取 18cm。

5.4.3　循环方式对盐岩造腔浓度场的影响研究

盐岩的造腔过程包括建槽期和建腔期，在盐岩造腔的建槽期是采用正循环的注采方式，在建腔期是采用反循环的注采方式，不同的循环方式下，盐岩腔体内卤水浓度在竖直方向上的分布规律不一样，图 5.5 是不同循环方式下卤水浓度在腔体竖直方向上的分布图，对应的套管位置为 3 号和 6 号。从图 5.5 中可以得到，在采用反循环注采方式时，腔体内卤水浓度在竖直方向上呈梯度分布明显，腔体底部的浓度明显高于顶部。当采用正循环方式时，腔体内浓度梯度很小，大致呈均匀分布。所以除了建槽期为了防止中心管堵塞而采用正循环，在后续的造腔阶段都是采用反循环方式进行水溶建腔。

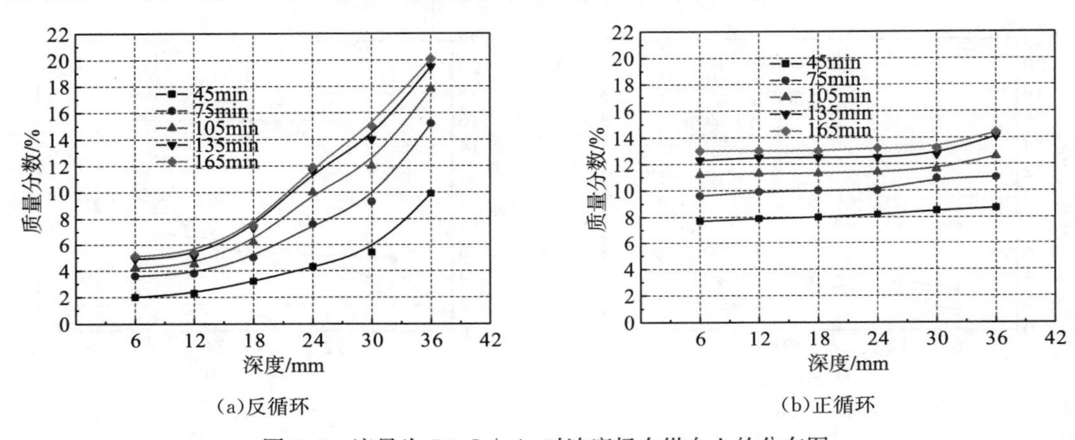

(a)反循环　　(b)正循环

图 5.5　流量为 50mL/min 时浓度场在纵向上的分布图

5.4.4　夹层对盐岩造腔浓度场的影响研究

1. 夹层对浓度变化趋势的影响

含夹层造腔对比实验的浓度分布如图 5.6 所示，溶腔内卤水浓度大体上随时间增加而增加，但浓度变化率却随时间增加而减小，直至减为零，此时腔内卤水浓度也达到平衡。这可解释为：在溶解初期，溶腔内卤水浓度较低，其内壁盐岩溶解速率远大于采盐速率，即进入腔内的盐溶质多于排出的盐溶质，所以腔内卤水浓度会随时间增加而增加。但腔内卤水浓度的升高，会使边界层与腔内扩散区的浓度差减小，从而减小腔体内壁盐岩溶解速率，腔内卤水浓度变化率也随之减小。最后腔内盐溶速率等于采盐速率，腔内卤水浓度达到稳定。

当溶腔内没有夹层时，比较各排采卤口卤水在同一时间的浓度变化率(稳定前)可知，卤水浓度变化率基本上随深度的增加而增加，这是由于盐分子在重力的作用下会产生自上而下的沉降运动(包括边界层质量流的沉降以及腔内扩散区盐分子的沉降)，使溶腔下部单位时间增加的盐分子要比上部多，造成下部的卤水浓度变化率要比上部高。当在进水口下方有一个夹层时，溶腔内卤水浓度变化率规律基本和无夹层时相似，但由图5.6(b)中的第四、五排采卤口卤水浓度变化率可以看出，夹层上下方的卤水在同一时间的浓度变化率大小基本是相同的，说明夹层阻碍了其上下方卤水的扩散运动。

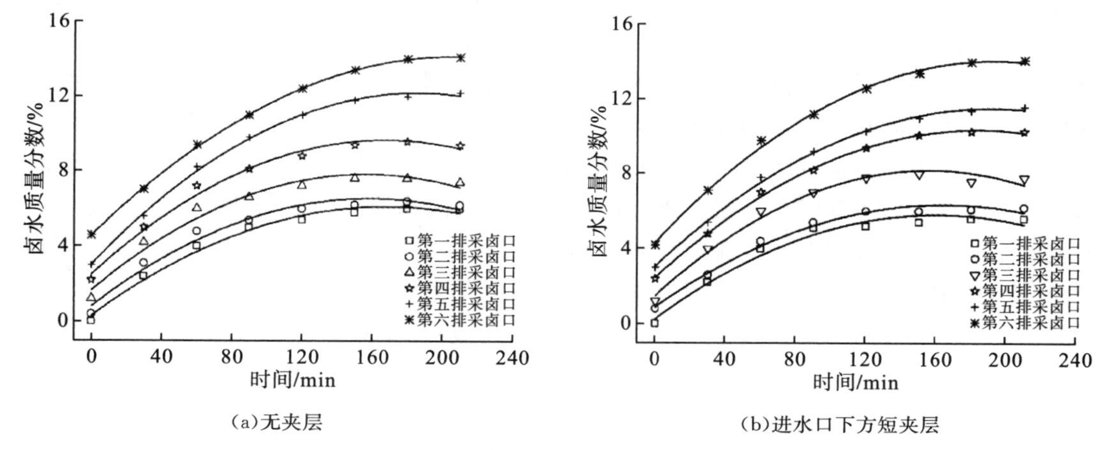

(a)无夹层　　(b)进水口下方短夹层

图5.6 腔内卤水浓度随时间变化图

2. 夹层对水平浓度的影响

边界溶蚀区形成的高浓度卤水在重力作用下沿壁面向下运动，当下沉遇到夹层时，会受到夹层的阻碍作用，从而改变卤水原有运动方向转为沿夹层流动，形成卤水冲击带。而在夹层的下部会产生涡旋流，加速夹层下部卤水的扩散作用。由图5.7可看出，平衡后的卤水浓度，不管是处在夹层上方，还是处在夹层下方，其在同一水平面上的浓度基本上是均匀分布的，这种均匀性并不受卤水冲击带以及涡旋流的影响。这是因为溶腔内的卤水在横向上的扩散作用非常迅速，正是由于这种扩散作用，造夹层上下方局部的浓度集中难以形成。

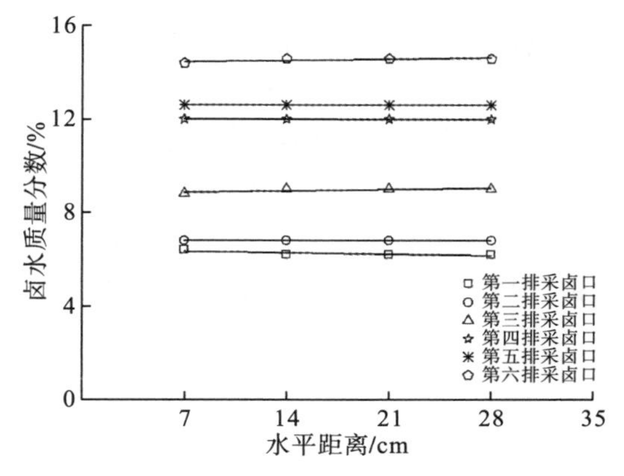

图5.7 腔内卤水水平浓度分布图

注：腔内含双夹层，且卤水浓度为平衡后的浓度。

3. 夹层对竖直方向卤水浓度的影响

1)夹层位置对竖直方向卤水浓度的影响

腔内竖直方向卤水浓度会由于夹层的存在而有所改变，夹层的不同赋存状态对其影响程度不相同。当考虑夹层位置对竖直方向卤水浓度的影响时，需要分夹层位于进水口上部和下部两种情况。由图 5.8 可看出，当夹层处于进水口上部时，腔内夹层上下方的卤水浓度较无夹层时有所降低，而进水口下部的浓度基本和无夹层腔内卤水浓度相同。这是因为进水口淡水在浮力的作用下会向上运动，一部分运动至腔体顶部，一部分将会沿着夹层的上下面运动，所以夹层上下方的卤水浓度会由于淡水流的涌入而降低。然而，当夹层位于进水口下部时，夹层上下方卤水浓度受到淡水流的影响很小，其主要受到边界质量流的作用，夹层对质量流的阻碍作用使夹层上方的卤水浓度增加，即图中深度在 24cm 处的腔内卤水浓度增加。边界质量流经过夹层后，在夹层下方形成涡旋流，涡旋流会加速夹层上下方卤水的扩散作用，造成夹层下方浓度梯度降低。

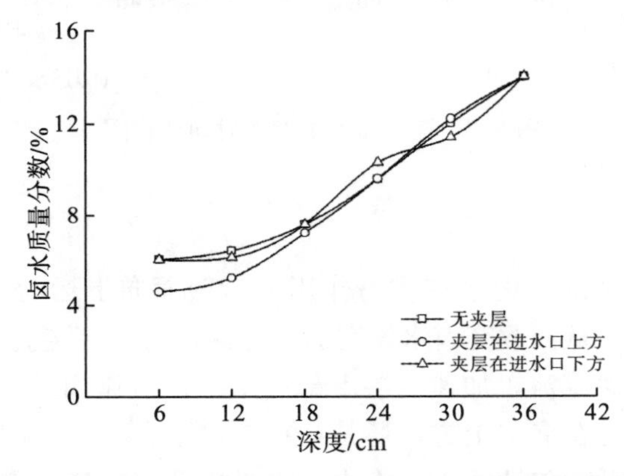

图 5.8　不同夹层位置对应腔内竖直方向卤水浓度分布图

2)夹层数量对竖直方向卤水浓度的影响

在真实造腔中，夹层的数量不定，腔体内的卤水浓度分布会随夹层数量的变化而变化，如图 5.9 所示，当腔内含有一个夹层时，夹层的上下方卤水浓度会受其影响，但对其他区域的卤水浓度影响不大。当腔内的夹层数量增加到两个时，夹层不仅会对夹层上下方卤水浓度有相应的影响，同时也会增加整个溶腔内卤水的浓度，这是因为夹层数量越多，夹层对溶腔内卤水的流动限制就越大，从而减缓了卤水的上下扩散运动，使边界质量流的高浓度卤水不会很快到达腔体底部，从而使整个腔体卤水浓度增加。

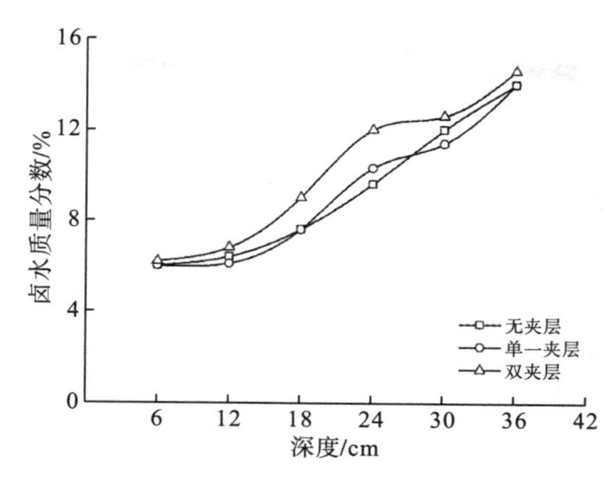

图 5.9　不同夹层数量对应腔内竖直方向卤水浓度分布图

注：此处单一夹层为进水口下方短夹层。

3)夹层长度对竖直方向卤水浓度的影响

在真实造腔中，随着水溶造腔的进行，难溶夹层会暴露于腔体中，此时悬空夹层受到卤水的长期浸泡，其力学特性会发生弱化，最终将发生大面积的垮塌，垮塌前后夹层长短不一样。由图 5.10 可看出，当夹层处在相同位置时，夹层的长短对卤水浓度沿深度的变化趋势影响不大，但长夹层会使腔内卤水浓度整体提升，这是因为夹层长度越长，对边界层质量流的阻碍作用越大，且使腔内竖直方向有效的扩散面积减小，所以腔内卤水浓度会由于夹层长度的增加而增大。

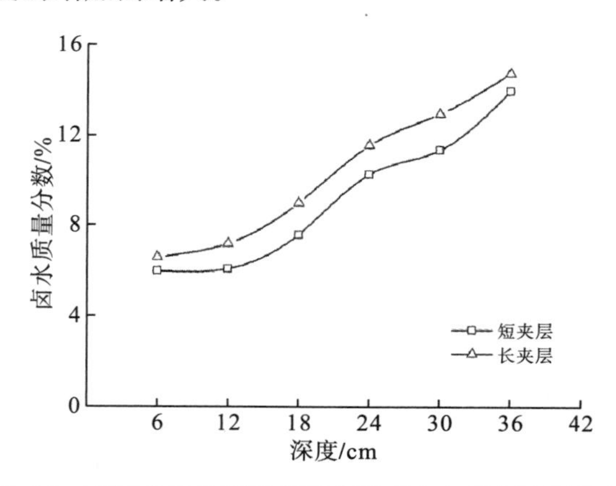

图 5.10　不同夹层长度对应腔内竖直方向卤水浓度分布图

在真实单井水溶造腔中，为了加快造腔速度且获得较高浓度的排卤口卤水，一般将中心管底部置于腔底附近，通过提升外套管来进行分步造腔。在某一时刻，外套管将会被提升到夹层上部，由于此时夹层为长夹层，腔体的卤水浓度将会比无夹层时高，造腔时间也会延长，所以可以适当地增大注水流量，加快盐岩的溶解。夹层在卤水的浸泡下会发生部分垮塌，腔内平衡的卤水浓度将发生改变，最后又重新达到一个新的平衡，此时可以通过监测排卤口卤水浓度对注水流量做相应的调整。整个造腔过程需要利用声呐探测技术进行监测，特别是对夹层附近的腔体形状需要特别关注。

5.5　浓度场分布规律分析

5.5.1　腔体浓度分布

1. 浓度随时间变化关系

在流量为 50mL/min，淡水从 3 号位置注入，卤水出口设置在 6 号位置时，此时为反循环建腔，实验得到的各个位置的浓度随时间变化关系如图 5.11 所示。从图 5.11 得出，造腔过程中卤水浓度随时间增加而增加，但是增加速度在不断减小，直到腔体浓度场稳定。在溶解的初始阶段，溶液的浓度很低，盐岩的溶解速率快，溶液的浓度增长速度快，但是，随着溶液浓度的增加，盐岩的溶解速率降低，溶液浓度的增长速度降低，直到整个腔体的溶液浓度达到稳定状态。

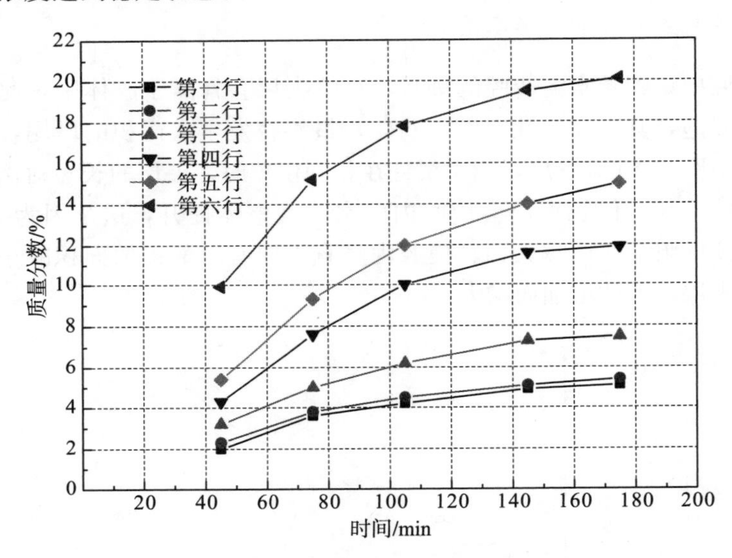

图 5.11　流量为 50mL/min 各个位置的浓度变化图

2. 浓度与位置关系

在流量为 50mL/min，淡水从 3 号位置注入，卤水出口设置在 6 号位置时，此时为反循环建腔，实验得到的各个时刻的浓度分布如图 5.12 所示，从图 5.12 中可以得出，除边界层外，腔体内同一平面内的卤水浓度基本上是均匀分布的，在竖直方向上卤水浓度呈现梯度分布，随着腔体深度的增加而增大。从进水口注入的淡水受惯性力影响在浮力的作用下先向下运动一段距离后转而向上运动到腔体顶部，而后沿腔体顶部壁面运动到边界，在质量流作用下岩两边壁面转而向下运动，同时伴随向四周扩散到盐岩溶解面，在盐岩壁面发生溶解，在盐岩壁面附近形成一层很薄的边界层，边界层的卤水浓度要明显高于同一高度其他位置的浓度。在重力作用下，盐岩壁面的水流向下运动，同时由于边界层的浓度高于同一高度其他位置的浓度，形成对流扩散，直到同一高度其他位置浓度达到相同水平。

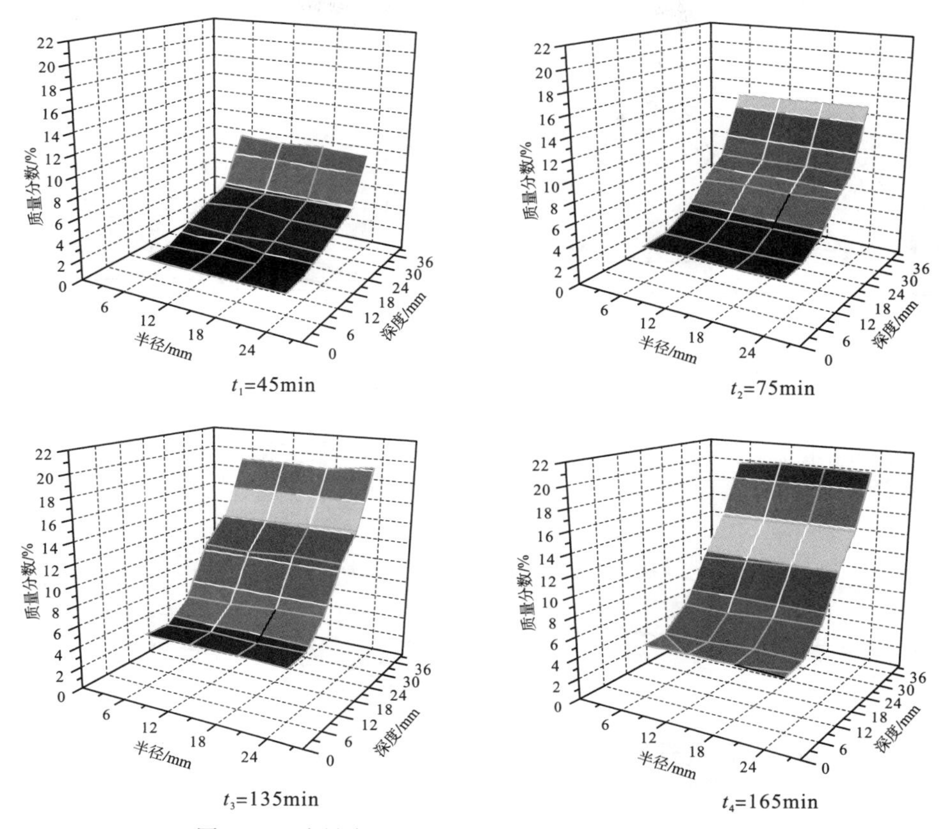

图 5.12　流量为 50mL/min 各个时刻的浓度场分布图

5.5.2　腔体竖直方向上浓度梯度分析

反循环造腔时，盐岩造腔期不同流量下其浓度梯度分布曲线如图 5.13 所示，不同进水口位置(套管间距)下其浓度梯度分布曲线如图 5.14。对图 5.13 和 5.14 分析发现，从浓度梯度变化情况来看，反循环造腔时，盐岩的水溶建腔期(反循环)腔内浓度分布情况可以总结为：可以将腔内浓度场分为四个区域，从下往上分别为饱和沉淀区，缓冲扩散区，对流作用区和扩散作用区。在不同外部条件影响下，各个区的大小不一样，影响分区的因素有：注入淡水的流量，进水口和出水口的位置，以及循环方式。一般来说，腔体内的溶液浓度是从上到下先后达到稳定状态的，而且流量越大，饱和沉淀区达到平衡所需时间越长，浓度梯度越大，在流量过大的情况下，出水口对浓度场的影响作用表现明显，导致在缓冲扩散区的浓度梯度最大值出现在出水口和进水口中间位置。

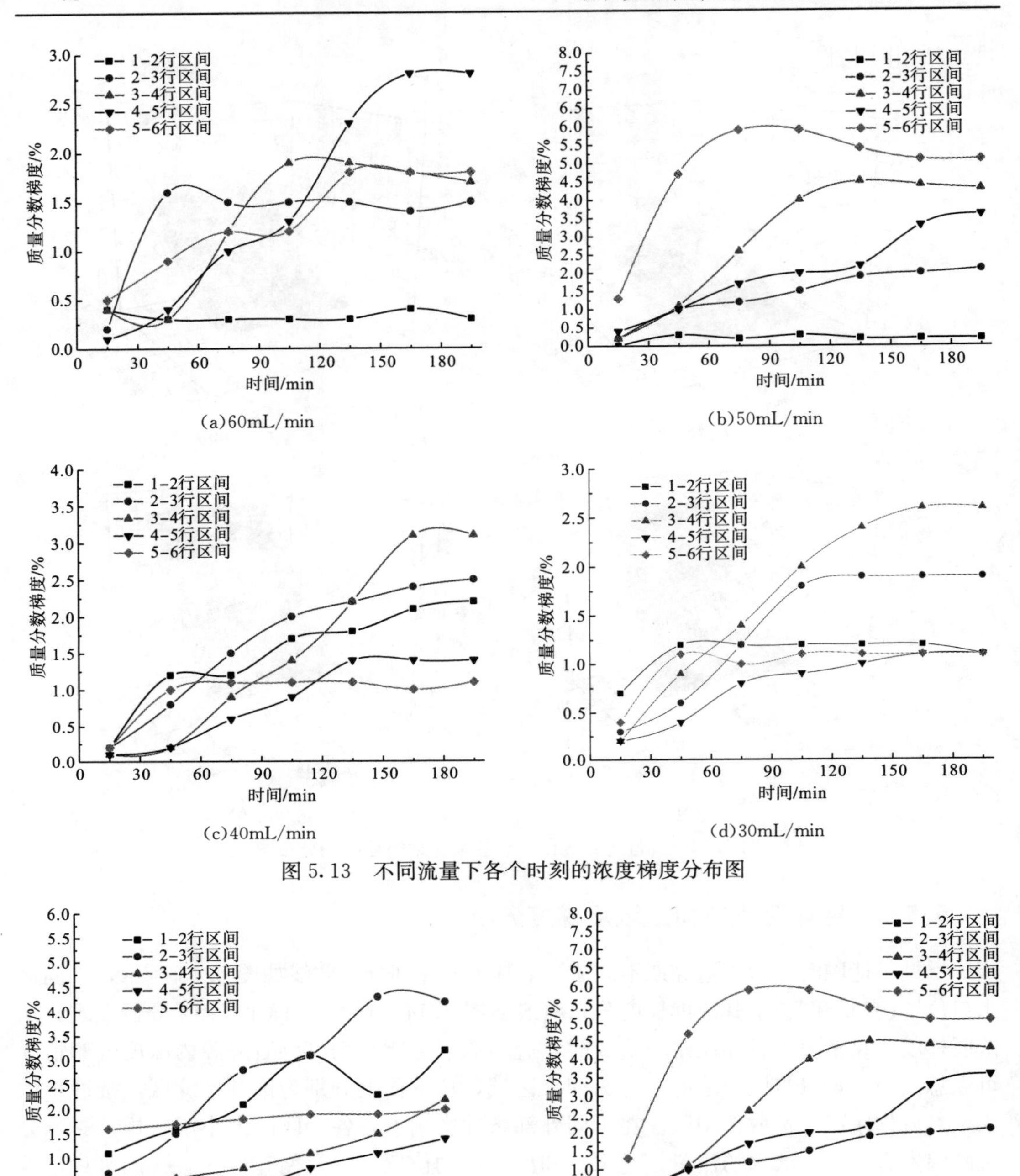

(a)60mL/min

(b)50mL/min

(c)40mL/min

(d)30mL/min

图 5.13 不同流量下各个时刻的浓度梯度分布图

(a)进水口在 2 号位置

(b)进水口在 3 号位置

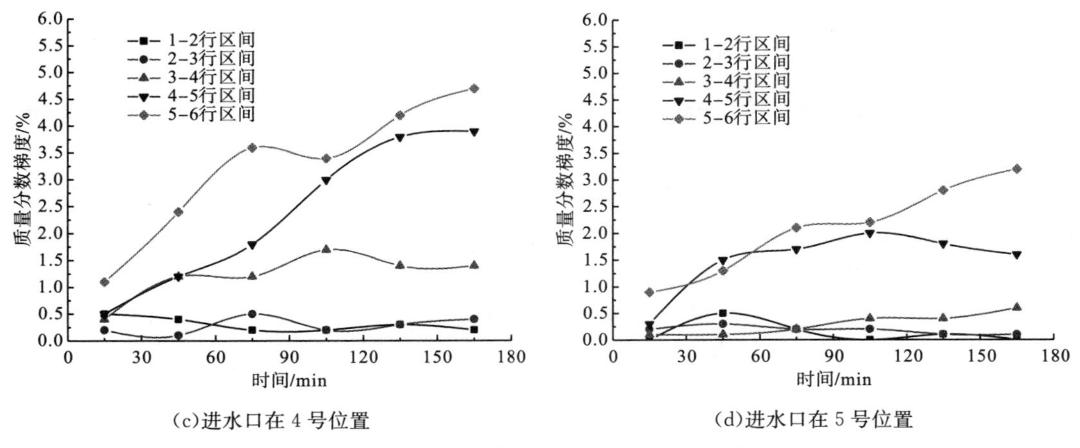

(c)进水口在 4 号位置　　(d)进水口在 5 号位置

图 5.14　进水口在不同位置时各个时刻的浓度梯度分布图

我们知道，在盐岩造腔过程中，随着时间的增加，腔体的浓度随之增加，直到达到稳定状态，在腔体底部的卤水浓度要高于其上部浓度，根据上面的分析，可以得到卤水浓度的表示为如下：

$$C=C'+a\frac{h}{H}e^{\frac{t}{T}}+b\frac{t}{T}e^{c\frac{h}{H}} \tag{5.9}$$

式中，C'为最高点卤水浓度；a 和 b 为浓度系数；h 为测样点的高度；H 为卤水总高度；t 为造腔时间；T 为浓度达到饱和时的时间；C 为对流作用区浓度变化之差。

1)饱和沉淀区

在饱和沉淀区，其卤水基本上不再进行对流扩散，卤水浓度基本上达到饱和状态，盐岩基本上不溶解，该区域位于腔体的底部，在该区域的浓度是一个定值，即饱和浓度。饱和沉淀区的定义是相对造腔进行了一定时间，在饱和沉淀区达到饱和之前，其浓度可以用式(5.9)表示。

2)缓冲扩散区

在饱和沉淀区上面是缓冲扩散区，该区域主要是扩散作用，注入淡水对其影响很小，所以在该区域的浓度分布在重力作用下随着深度的增加而线性增加，该区域的浓度梯度基本不变，此时 $b=0$，有

$$C=C'+a\frac{h}{H}e^{\frac{t}{T}} \tag{5.10}$$

当该区域的卤水分布达到稳定状态时，即 $t=T$

$$C=C'+ae\frac{h}{H} \tag{5.11}$$

假定 $M=\frac{ae}{H}$，则有

$$C=C'+Mh \tag{5.12}$$

3)对流作用区

对流作用区浓度分布较复杂，由于受到注入淡水的影响，在竖直方向上的浓度梯度并不是一个定值，在对流作用区的浓度场分布，可以将其划分为上区和下区，分界点为进水口的位置，在上区，浓度梯度随着时间的增长而增加直到浓度梯度达到一个稳定值，浓度梯度随深度的增加而增加，在出水口位置达到最大值，所以在上区，$c>0$，浓度随时间增长而越快增加，直到浓度达到稳定。在下区，浓度梯度随时间增长而增大直到浓度梯度达到一个稳定值，浓度梯度随深度增加而减小，在下区，$c<0$，浓度随时间增长而加速增加，直到浓度达到稳定值。当对流作用区的卤水浓度达到稳定时，即 $t=T$，式(5.9)可以表示为

$$C=C'+a\mathrm{e}\frac{h}{H}+b\mathrm{e}^{c\frac{h}{H}} \tag{5.13}$$

设 $M=\frac{a\mathrm{e}}{H}$，则有

$$C=C'+Mh+be^{c\frac{h}{H}} \tag{5.14}$$

将浓度表达式对 h 求导，即是卤水浓度在竖直方向上的梯度表达式，为

$$\frac{\partial C}{\partial h}=\frac{a}{H}\mathrm{e}^{\frac{t}{T}}+\frac{bc}{H}\mathrm{e}^{c\frac{h}{H}} \tag{5.15}$$

4)扩散作用区

对流作用区上面还有一个基本上不受注入淡水影响的一个扩散作用区，该区域的浓度分布特点和缓冲扩散区一样，但是在竖直方向上的浓度梯度要比缓冲扩散区小。所以，在扩散作用区，其浓度分布表达式和缓冲扩散区有同一个形式，但其 C'，M 的值不一样。

上面的分区和各区的浓度分布规律都是在反循环作用下的浓度分布特征，正循环时的浓度分布没有这么复杂，不同循环方式下浓度梯度分布如图 5.15，此时套管位置分别位于 2 号和 6 号，注水流量为 50mL/min，从图中可以看出，除了进水口浓度梯度稍大于其他位置处的浓度梯度，其他位置的浓度梯度达到稳定时基本是一个很小的定值。

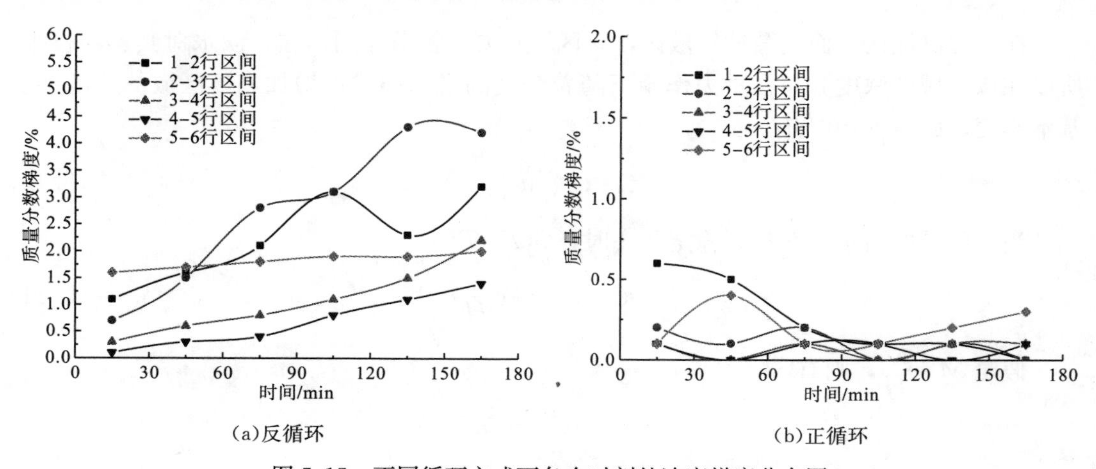

(a)反循环　　(b)正循环

图 5.15　不同循环方式下各个时刻的浓度梯度分布图

第 6 章　双井水溶造腔流场和浓度场相似实验研究

6.1　相似理论分析

在双井水溶造腔过程中，注水流量、顶板高度等对溶腔的浓度以及流场分布有着重要的影响，但影响规模以及发展规律却不得而知，需要进行一系列实验来研究注水流量对溶腔浓度场以及流场的影响。引入相似理论，通过建立现场与物理模型实验的关系，从而建立起现场注水流量、顶板高度等因素与实验控制因素相似关系。

影响盐岩水溶造腔有关的参数有，几何尺寸 l，盐岩的溶解时间 t，盐岩的密度 ρ，溶解速率 ω，腔内卤水的浓度 c，温度 T，注水流量 q。各参数的量纲如表 6.1 所示。

表 6.1　参数一量纲表

参数	量纲
l	L
t	T
ρ	ML^{-3}
ω	$ML^{-2}T^{-1}$
c	ML^{-3}
T	Θ
q	L^3T^{-1}

其中，有四个基本量纲 L、M、T、Θ。L 为长度量纲，M 为质量量纲，T 为时间量纲，Θ 为温度量纲。所以由相似第二定理可知，此系统有 3 个相似准则。选取 l、t、ω、T 为基本物理量，其他 3 个物理量可用基本物理量来表示，而本次实验需要确定的物理量为注水流量，它可表示为

$$q = l^{\alpha} t^{\beta} \omega^{\lambda} T^{\gamma} \tag{6.1}$$

由方程量纲齐次的原则，可得 $\alpha=3$，$\beta=-1$，$\lambda=0$，$\gamma=0$，则与 q 有关的 π 项为

$$\pi_q = \frac{qt}{l^3} \tag{6.2}$$

同理：

$$\pi_\rho = \frac{\rho l}{t\omega}, \quad \pi_c = \frac{lc}{t\omega} \tag{6.3}$$

参数的相似比用 K 表示时，几何相似比可表示为

$$K_l = \frac{l_p}{l_m} \tag{6.4}$$

其中，l_p 表示原型尺寸；l_m 表示模型尺寸。其他参量相似比类似，则式(6.2)和式(6.3)中各参量相似比的关系可表示为

$$\frac{K_q K_t}{K_l^{\ 3}}=1,\ \frac{K_\rho K_l}{K_t K_\omega}=1,\ \frac{K_l K_c}{K_t K_\omega}=1 \tag{6.5}$$

通过式(6.5)，可以得到各相关参数的比值。

表 6.2　相似比参数

水平连通井	腔体直径/m	盐岩密度/(kg·m⁻³)	盐岩溶蚀速率 ω/(g·cm⁻²·h⁻¹)	造腔时间/h	卤水浓度/(g·mL⁻¹)	流量/(mL·min⁻¹)
原型	200	2160	3.68(50℃)	—	—	—
模型	1.2	2177	2.09(30℃)	—	—	—
相似比(K)	167	1	1.76	94.8	1	49129.4

表 6.2 已经建立了现场与模型流量之间的关系，一般而言现场的注水流量为 $30m^3/h$～$150m^3/h$，选取三个水平流量 $30m^3/h$、$60m^3/h$、$90m^3/h$。由此可以推出实验的三个水平流量 10mL/min、20mL/min、30mL/min。

6.2　实验平台的搭建

大型可视化双井水溶腔体装置模型由重庆大学资源及环境科学学院按照相似理论进行搭建，通过可视化模型观察溶腔内流场运移，按操作改变溶腔入口流量、顶板高度、井间距、井型，探究多因素下双井流场变化特性。实际造腔理想腔体为轴对称几何体，上顶板为油垫层，下壁为不溶物沉积层，两侧壁为褶皱状椎侧面，要实现全腔体的流场三维模型较难。但双井溶腔内流体流动平均雷诺数较低，且理想腔体形状沿两管连接平面对称，因此可通过研究注水管与出水管连接的截面，研究整个腔体的流场。物理实验模型采用长宽高为 1300mm×210mm×650mm 的长方体，如图 6.1 所示，套管间距 600mm，模拟现实管距 100m。通过可视化装置，以期获得双井溶腔中心轴的二维垂直断面流场特性。

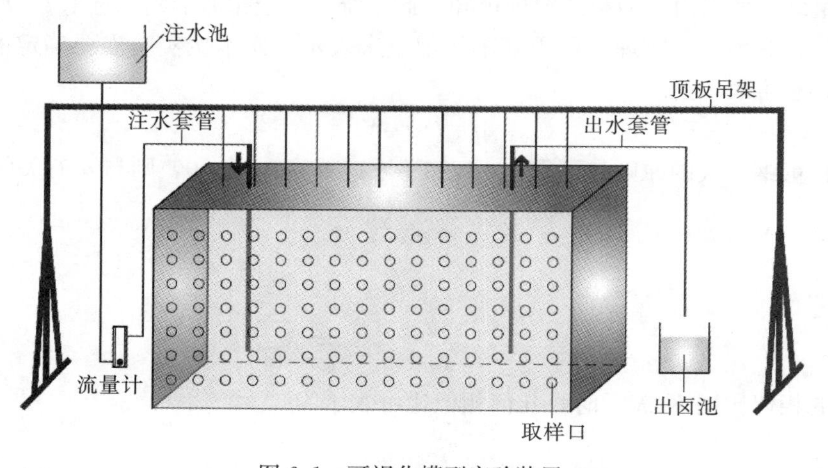

图 6.1　可视化模型实验装置

选用 DK800－6 玻璃转子流量计控制入口流量。注水池高度高于装置顶面；正视面设置高分辨率 CCD 摄像机拍摄；背面设置取样小口，测取流场浓度；套管直径 4mm 薄钢管。

6.3　水平溶腔流场分布规律及演化特征

为了探究大尺寸岩溶溶腔流场普遍规律，实验选取实际造腔期模型参数，模拟造腔中期，顶板高度设置 360mm，注水管流量设置为 30mL/min，顶部和侧壁分别用盐壁模拟溶盐过程。在流场稳定流动后，注入染色剂，采用高清摄像机进行流体跟踪，得到流场运移图(图 6.2)。利用图像合成技术，选取流场各阶段跟踪图片，制成溶腔流场随时间变化特征图，根据流体流动的不同特征，可把腔体内流体运动区域划分为：羽流区、射流区、底部区、边界层，如图 6.3 所示。

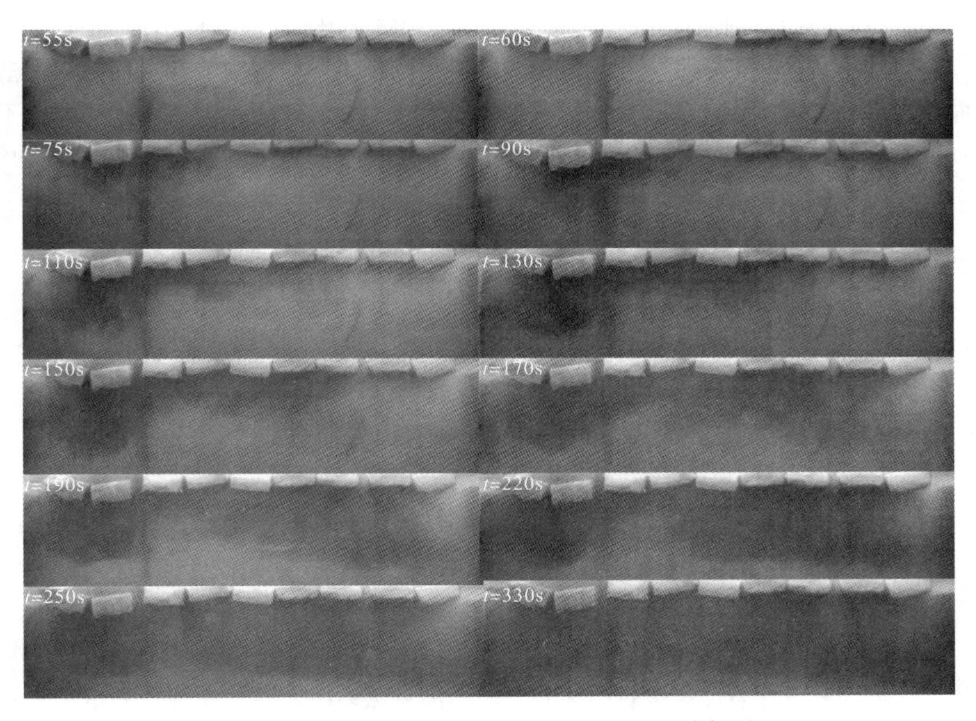

图 6.2　顶板高度 360mm、流量 30mL/min 流场图

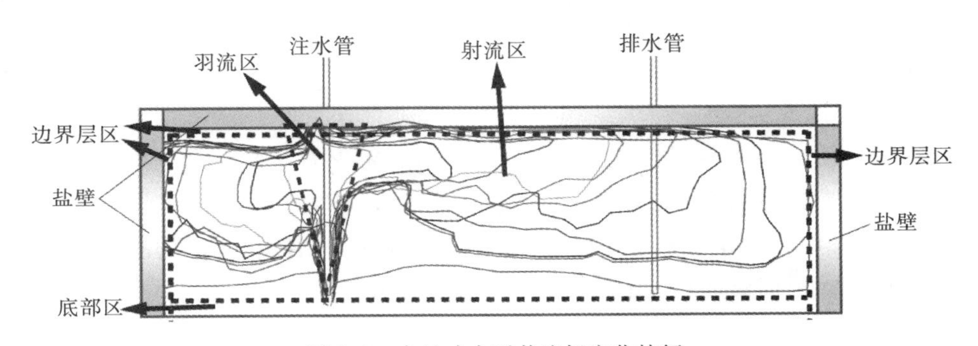

图 6.3　大尺寸水平井流场变化特征

6.3.1 羽流区流场特征及积分模型

从图 6.2、图 6.3 可以看出，腔体内部流体注水开始，在羽流区，不考虑黏性力的情况下，染色剂流动受浮力羽流和对流扩散驱动。根据流体力学，淡水从注水管鞋流出，其密度远小于周围卤水密度，浮力远大于轻水自身重力，因此，淡水在管口以一定初速度流出，形成小范围冲刷区域，如图 6.4 所示。浮力产生加速度逐渐减缓轻水速度，随后淡水开始上升，形成羽流。初始动量和浮力的共同作用使得淡水流体微团弯曲向上，由于浓度差的存在，在上升过程中不断卷吸较重的周围流体，淡水微团本身逐渐变重，相应的周围流体往高处变得越轻，向上的浮力越来越小，乃至最后浮力反方向，动量减小，直至达到顶板平面。同时，流体微团在浮力羽流上升过程中，卷吸作用使微团浓度升高，横向浓度差会产生横向推动力，使得分子向羽流中心线两边扩散，遇顶板平面形成“顶棚射流”效应。羽流区中心区域(速度 u_m 附近大片区域)会冒出液面，冒出的液体浓度相对周边流体较低，在重力和液面表面张力的约束下，形成液体表面波，即涟波。涟波向四周散开，强制扰动该区域流体。但顶板形成的顶板效应又与传统顶棚射流不同，传统顶板射流流体流动速度非常快，而大尺寸溶腔中的顶板射流流体向两端运动速度缓慢。

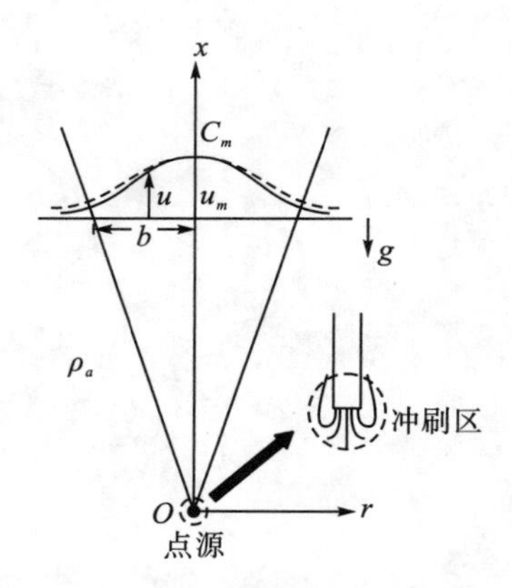

图 6.4 浮羽流区示意图

值得一提的是，在有油垫密封顶板时，溶腔内流体羽流不会直接到达油垫最高平面，染色剂达到羽流极限高度就开始向两边扩散。而无油垫时，盐岩顶板溶解的上溶速率约为侧溶的两倍，因此，羽流极限高度相对油垫法有所上升，垂直方向上顶部边界层区相邻流体浓度差很小，对流扩散不明显，羽流的强迫对流占主导地位，驱动腔体盐溶液横向流动。

出水管冲刷区域远小于整个浮羽流区，可把羽流简化为有限空间点源浮羽流。忽略黏性切应力，采用柱坐标系，设羽流上升方向为 x 轴，径向方向为 r 轴，对应轴向速度为 u，径向速度为 v，半羽流特征厚度为 b。取浮羽流区微团控制体，其密度为 ρ，ρ_a 表示周围环境密度。根据质量守恒定理，控制体连续性方程为

$$\frac{\partial u}{\partial x}+\frac{1}{r}\frac{\partial}{\partial r}(rv)=0 \tag{6.6}$$

引入卷吸假定，即认为羽流卷吸速度 v_e 与轴线流速 u_m 成比例，即 $v_e \propto u_m$。卷吸系数为 α。则浮羽流连续性积分方程为

$$\frac{\mathrm{d}}{\mathrm{d}x}\int_0^b \rho u \mathrm{d}r = \alpha \rho_a u_m \tag{6.7}$$

沿轴向羽流流量等于单位长度被卷吸流量，因此单位卷吸流量为

$$\frac{\mathrm{d}}{\mathrm{d}x}\int_0^\infty u \cdot 2\pi r \mathrm{d}r = 2\pi b \alpha u_m \tag{6.8}$$

引入鲍辛奈斯克(Boussinesq)近似，密度差与浓度差联系起来：

$$\rho_a - \rho = \rho\beta(c_m - c) \tag{6.9}$$

其中，β 为水的体积膨胀系数，$\beta = 2.08 \times 10^{-4}$。质量力只有重力，和射流一样，采用边界层方程，则羽流微元控制体运动方程为

$$u\frac{\partial u}{\partial x} + v\frac{\partial u}{\partial r} = \frac{\rho_a - \rho}{\rho}g - \frac{1}{r}\frac{\partial}{\partial r}(r\overline{u'v'}) = \beta(c_m - c)g - \frac{1}{r}\frac{\partial}{\partial r}(r\overline{u'v'}) \tag{6.10}$$

相似性假定羽流各断面流速分布、浓度分布存在自相似性，并服从高斯分布，即

$$\frac{\mu}{\mu_m} = \exp\left[-\left(\frac{r}{b}\right)^2\right] \tag{6.11}$$

$$\frac{\Delta\rho}{\Delta\rho_m} = \exp\left[-\left(\frac{r}{\lambda b}\right)^2\right] \tag{6.12}$$

λ 为浓度分布于流速分布的厚度比。对于式(6.10)，当 $r=0$、$r=\infty$时，$\overline{\mu'v'}=0$，$v=0$。将式(6.11)和式(6.12)代入式(6.10)，积分整理得运动微分方程为

$$\frac{\mathrm{d}}{\mathrm{d}x}\left(\frac{\pi}{2}u_m^2 b^2\right) = \pi\frac{\Delta\rho_m}{\rho}g\lambda^2 b^2 \tag{6.13}$$

若羽流中某控制体浓度 C 与周围浓度 C_a 之差为 ΔC，则浓度扩散方程为

$$u\frac{\partial \Delta C}{\partial x} + v\frac{\partial \Delta C}{\partial r} = -\frac{1}{r}\frac{\partial}{\partial r}(r\overline{u'\Delta C'}) \tag{6.14}$$

注水流体流出浮羽流区后，流体不断受卷吸作用影响，顶板射流会向两端蜿蜒扩散，由于远端效应，在出口端流体流动速度更快。射流横向流动一段距离后，会慢慢卷吸下沉，形成不同尺度涡旋，并继续横向流动。注水管左边流体卷吸下沉速度快，会优先到达管鞋平面，注水管右边流体由于出水管的存在，染色剂相对较稀，缓慢移动至右端侧盐壁。沉降作用和对流扩散的影响下，溶腔内浓度分布会出现不均匀现象，溶腔染色流体会率先充满上部溶腔，而后慢慢地下沉至两管鞋平面。

6.3.2 边界层流场特征

在边界层区域，盐层跟溶腔内流场流体质量交换，侧壁溶解会使得边界层卤水浓度增大，密度升高，流体沿岩壁向下流动，在顶板射流平面附近，横向扩散速度较快，流体的扩散在小部分边界层形成紊动壁面浮射流区。顶板边界层区域受羽流影响，也受射流影响。若不考虑盐壁粗糙度，则边界层流体三种运移方式示意图如图 6.5 所示。

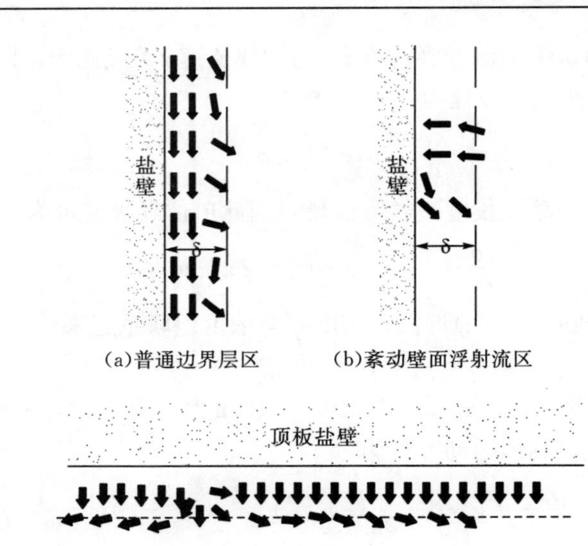

图 6.5　边界层区流体运移图

普通边界层，即竖直盐壁面溶解过程区域，服从经典边界层理论，该边界层内浓度和速度分布(图 6.6)为

$$C=C_d\left(1-\frac{y}{\delta}\right)^2 \tag{6.15}$$

$$U=U_1\frac{y}{\delta}\left(1-\frac{y}{\delta}\right)^2 \tag{6.16}$$

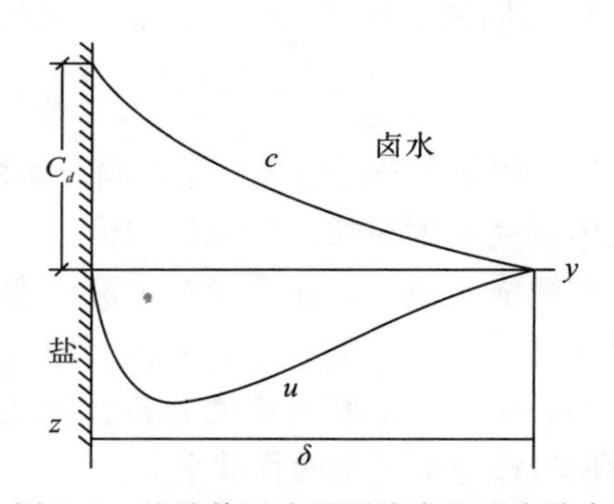

图 6.6　盐壁普通边界层浓度和速度分布

其中，δ 为边界层厚度，C_d 为淡水直接接触的盐表面含盐量与淡水浓度的差值，y 为厚度方向，z 为盐壁高度。

如图 6.7，通过双井多阶段造腔腔体扩展实验结果可看出，在实际造腔过程中，腔内溶解主要受浮羽流引起的强制对流扩散作用，紊动壁面浮射流区会不断冲刷盐壁，使壁面冲刷区域溶解速度加快。紊动壁面浮射流区直接影响实际盐腔最大直径，如图中虚线圈中区域，约束腔体的形状。

图 6.7 双井溶腔腔体三维扫描图

壁面浮射流区内外边界层，存在不同的流动特征，对于无紊动射流影响的垂直壁面普通边界层，侧壁盐岩溶解方程：

$$\begin{cases} w=\dfrac{2v}{3.93}C_d^{\frac{5}{4}}\left(\dfrac{v}{D}\right)^{-\frac{3}{4}}\left(\dfrac{g\beta}{v^2}\right)^{\frac{1}{4}}z^{-\frac{1}{4}}(\cos\theta)^{\frac{1}{4}}(\theta>0) \\ w=-B\sin\theta+\dfrac{2v}{3.93}C_d^{\frac{5}{4}}\left(\dfrac{v}{D}\right)^{-\frac{3}{4}}\left(\dfrac{g\beta}{v^2}\right)^{\frac{1}{4}}z^{-\frac{1}{4}}\dfrac{\theta+90}{90}(\theta<0) \end{cases} \tag{6.17}$$

式中，w 为溶解速度；g 为重力加速度；D 为扩散常数；z 为盐壁高度；θ 为溶腔侧壁与竖直方向夹角；β 为溶积膨胀系数；v 为动力黏度系数；C_d 为淡水与盐表面直接接触的含盐量和淡水浓度之间的差值；$B=1.44w_0$。

紊动壁面浮射流边界层溶解较为复杂，但根据格劳特壁面射流理论(射流力学)，近似服从经典边界层理论，同时，该区域具有壁面效应。

顶板边界层有沉降作用和射流共同作用，非羽流影响区域符合经典边界层理论，注水管周边羽流最大速度影响区域对顶板盐壁冲击影响较大，在注水管周边形成“上凸”状，流体流动较复杂。

6.3.3 射流区流动特征

从图 6.2 可知，射流区染色流体流动先是向两端扩散，扩散离注水管一定距离会发生明显的下沉现象，最终管鞋平面以上都被染色流体覆盖。以注水管为界，靠近排水管一端为主流区，另一端为逆流区。选取射流向两边流动的稳定期，示意图如图 6.8 所示，根据拉格朗日方法，选取主流区微元控制单元，单元体内流入质量等于流出质量。

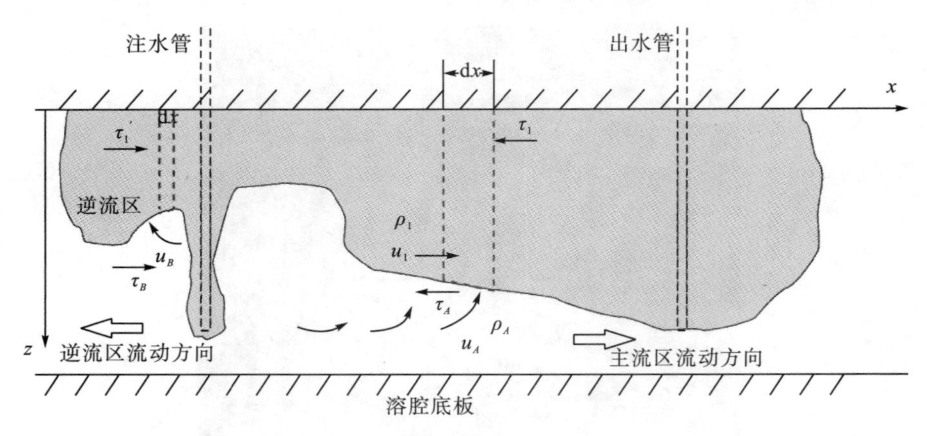

图 6.8　射流区二维示意图

定义单元体流动速度为 u_1，射流区流体平均速度为$\overline{u_1}$，密度为 ρ，控制体温度为 T_1，卷吸速度为 u_A，引入卷吸假定，即卷吸速度与流速差成比例，设卷吸系数为 α，以顶板盐壁为 x 轴，垂直方向为 z 轴，则射流区连续性方程为

$$\int_{x_0}^{x}\alpha\rho_A(\overline{u_1}-u_A)\mathrm{d}x=\int_{z_0}^{z}\rho_1u_1\mathrm{d}z \tag{6.18}$$

设单元间的剪切摩擦力为 τ_A，单元与盐壁的摩擦阻力为 τ_1，则流体单元的动量方程为

$$\int_{x_0}^{x}\alpha\rho_A(\overline{u_1}-u_A)u_A\mathrm{d}x+\int_{z_0}^{z}\frac{\partial p}{\partial x}\mathrm{d}z-\tau_1-\tau_A=\int_{z_0}^{z}\rho_1u_1{}^2\mathrm{d}z \tag{6.19}$$

同理，设逆流区卷吸系数为 α'，卷吸速度为 u_B，单元间的剪切摩擦力为 τ_B，单元与盐壁的摩擦阻力为 $\tau_1{}'$。则逆流区连续性方程及动量方程分别为

$$\int_{x_0'}^{x}\alpha'\rho_B(\overline{u_1'}-u_B)\mathrm{d}x=\int_{z_0'}^{z}\rho_2u_2\mathrm{d}z \tag{6.20}$$

$$\int_{x_0'}^{x}\alpha'\rho_B(\overline{u_1'}-u_B)u_B\mathrm{d}x+\int_{z_0'}^{z}\frac{\partial p}{\partial x}\mathrm{d}z-\tau_1'-\tau_B=\int_{z_0'}^{z}\rho_2u_2{}^2\mathrm{d}z \tag{6.21}$$

6.3.4　底部区特征

底部流体在浓度分层稳定后，浓度趋向饱和静置分层盐溶液，在轴向上近似呈线性分布，最终会在管鞋平面以下形成饱和区域。根据沉降扩散平衡理论，垂直方向上，浓度差导致垂直向上的扩散运动；重力下，溶液垂直向下沉降运动。静置盐溶液近似服从线性关系，即

$$\frac{\mathrm{d}\rho_a}{\mathrm{d}y}=\mathrm{cont} \tag{6.22}$$

底部区浓度高，区域内盐壁溶解速度慢，流速慢，造腔期完成后，最终接近饱和分层状态。实际水平井中，不溶物沉淀在底部，溶腔内流场稳定后，底部区腔体形状固定，扩展量基本保持不变。

值得一提的是，流体在溶腔内的湍流运动，随着时间的增加，其动能不断衰减，同时质量的传递会使整个溶腔内流体浓度升高，最终流场出现非线性分层稳定状态。各分

区之间没有特定分界面，取决于进入腔体内流体的初始特性。

6.3.5 实验结论

(1)基于染色法及相似理论开展流场、浓度场的室内模拟研究，认清了流场与浓度场在腔体内的分布规律及演化特征根据流体流动的不同特征。可把腔体内流体运动区域划分为：羽流区、射流区、底部区、边界层。淡水进入腔体经过羽流驱动腔体流体宏观流动，根据羽流极限高度可控制油垫的摄入，腔体高度超过羽流极限高度时，不加油垫也能起到控制上溶的作用。

(2)边界层区可分为普通边界层区、紊动壁面浮射流边界层、顶板边界层，紊动壁面浮射流边界层影响腔体最大直径，控制腔体形状，对腔体造腔技术而言，如何控制紊动壁面浮射流边界层是值得讨论的问题。顶板边界层在羽流中心最大速度区域运移速度快。

(3)射流区可分为主射流区和逆射流区，利用拉格朗日方法，建立连续性方程、动量方程、能量方程，根据连续性方程可估算流经腔体全过程所需要的时间。底部流体在浓度分层稳定后，浓度在深度方向近似呈线性关系，但分层后长期饱和。

6.4 溶腔浓度特征

如图 6.9 和图 6.10，分别为无油垫水平井溶腔浓度分布和有油垫水平井溶腔浓度分布。图中对比可得，油垫水平井造腔流场稳定后，浓度分层现象明显，垂直方向上，管鞋平面以上浓度变化较小；管鞋平面以下浓度梯度大，浓度近似线性垂直分布，最终底部区饱和，浓度最小值为 12.4%，最大值为 20.4%。而无油垫水平井溶腔内液体呈现复杂浓度分布，顶板盐壁的存在使得流场对流扩散作用变得复杂化，溶解实验已经得出上溶速率是侧溶速率的 2 倍左右，因此在顶板盐壁周边流体对流扩散作用强度大于侧壁，加上溶解后盐溶液本身自重的增加，沉降作用使得大质量流体从顶部慢慢下沉到底部区，改变溶腔浓度分布，无油垫溶腔实验内浓度最小值为 20.8%，最大值为 22%，对比油垫溶腔变化最大梯度 8%，无油垫水平井溶腔内浓度变化最大值为 1.2%，顶部盐壁对溶腔整体浓度影响大，会使得溶腔内各区域浓度差锐减。

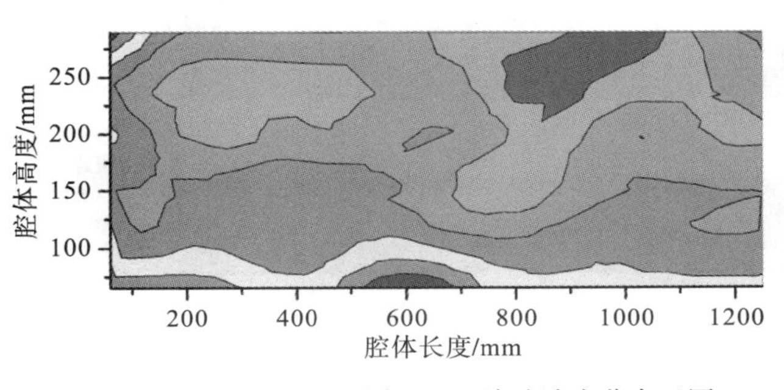

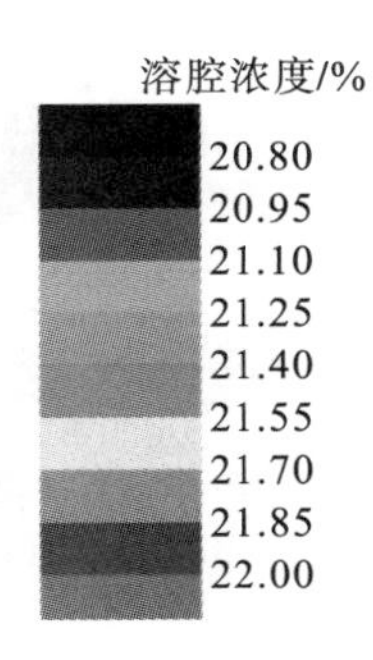

图 6.9　溶腔浓度分布云图

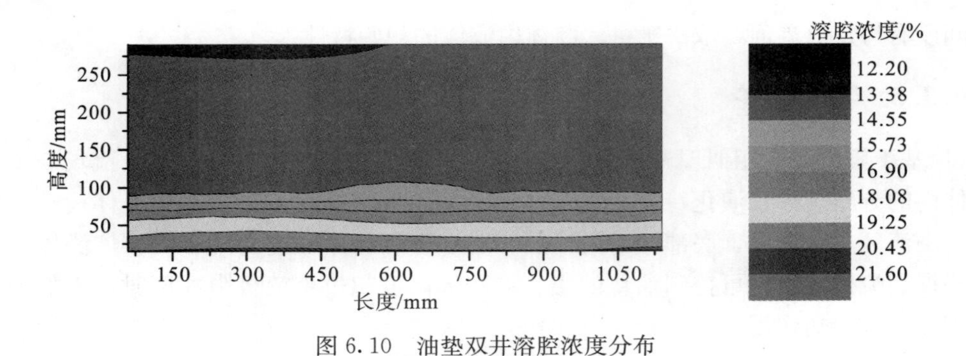

图 6.10　油垫双井溶腔浓度分布

6.5　多因素条件下流场变化特征

6.5.1　不同造腔阶段溶腔流场运移特征

水平溶腔溶离分为建槽期和生产期；选取流量 30mL/min，把生产期分为四个阶段，对应四次梯段溶腔高度。造腔期参数如表 6.3 所示。

表 6.3　不同时期造腔高度

工程实际/m	20(初期)	40(中前期)	60(中后期)	80(后期)
相似实验/m	0.12	0.24	0.36	0.48

截取流场高清影像，整合成全过程流场运移特征，得到各阶段染色剂流经流场直观图（图 6.11～图 6.14）。

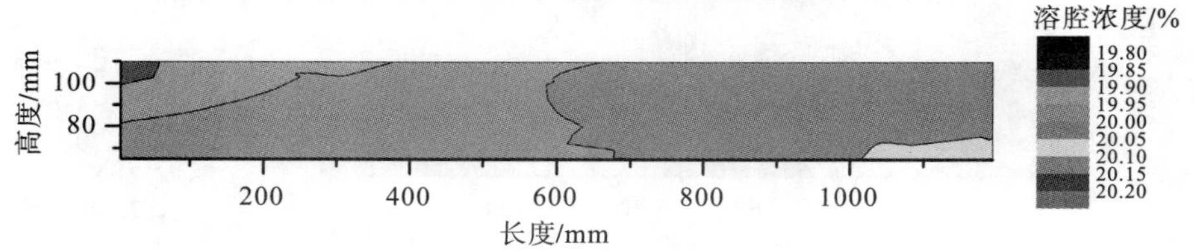

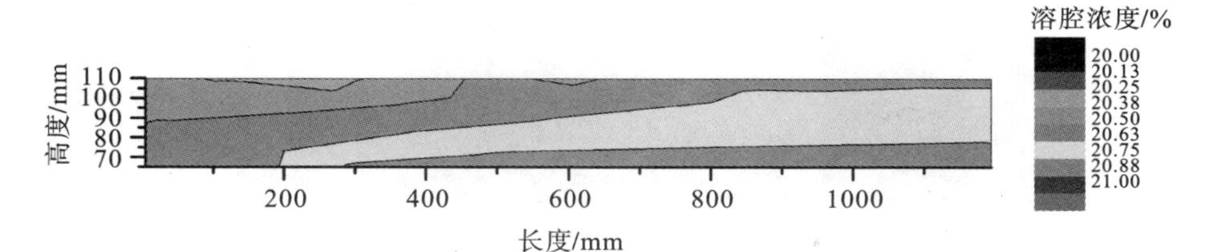

图 6.11　造腔初期流场运移图及浓度分布

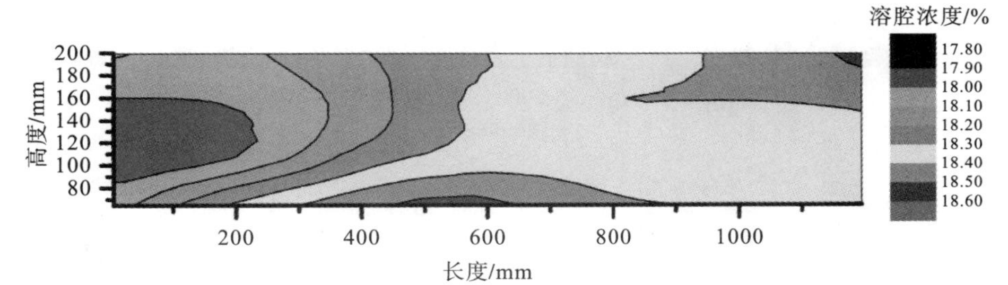

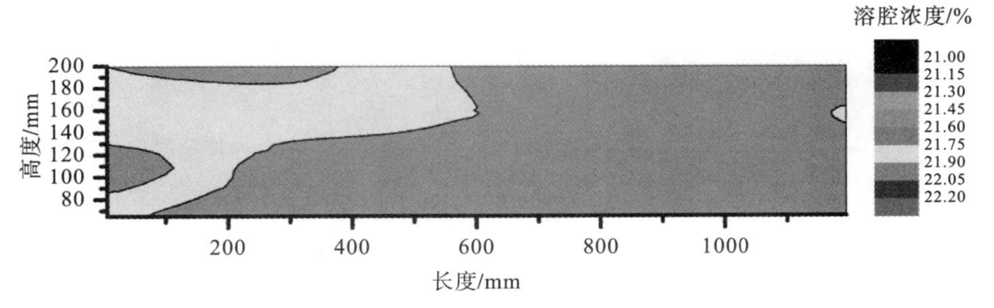

图 6.12　造腔中前期流场运移图

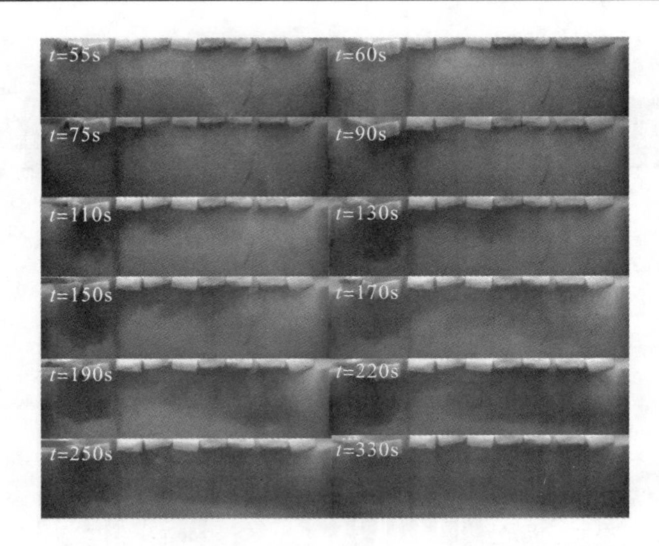

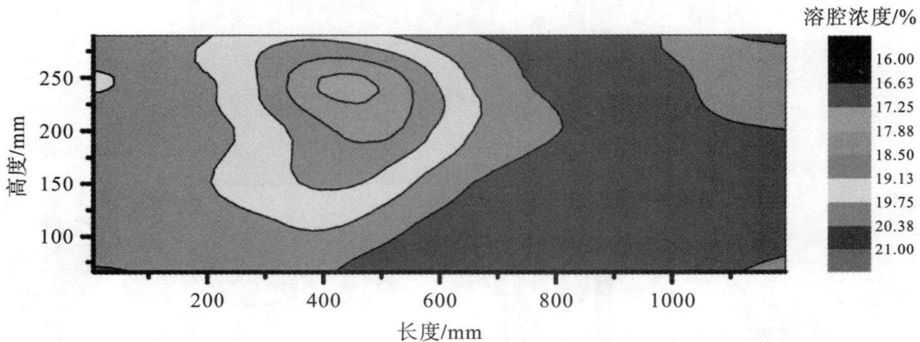

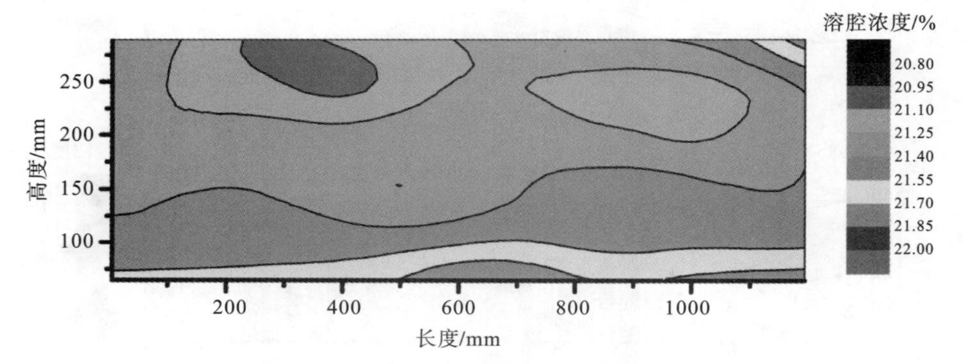

图 6.13　造腔中后期流场运移图

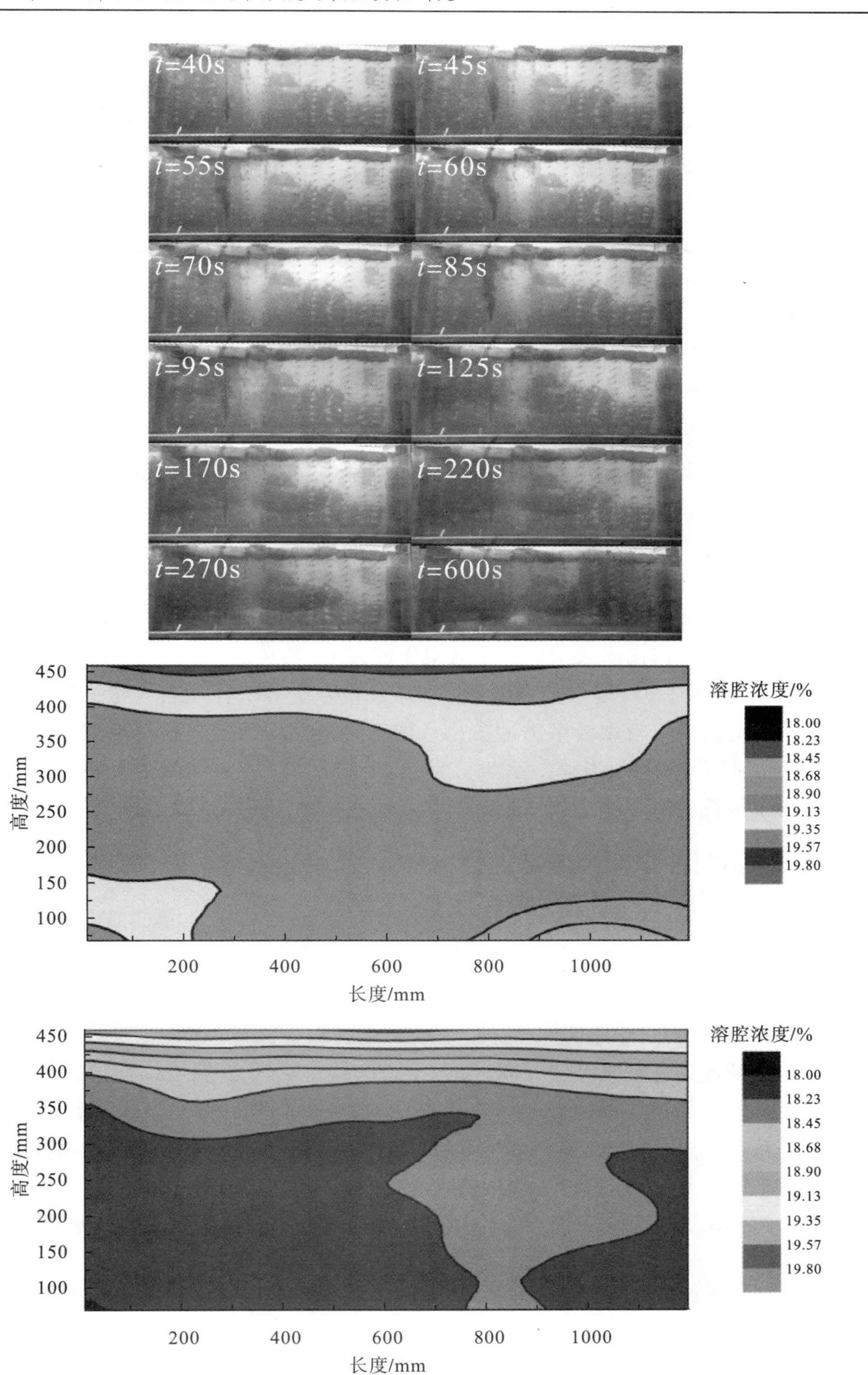

图 6.14　造腔后期流场运移图

结合型盐模拟现场工艺实验，从流体运移角度及浓度数据出发，分析不同造腔阶段，流场呈现的不同的运动特征。

造腔初期(图 6.11)，淡水注入腔体，随浮羽流上升路程短，迅速到达顶板平面，淡水上升未到羽流极限高度，即受顶板约束形成“喇叭式”强制对流，沿顶板壁面射流向两端快速流动，染色剂充满腔体时间最短。此阶段浓度梯度最大为 0.4%，整个腔体浓度较为平均，无分层现象，自然对流扩散作用小，强制对流在腔体内占主导，顺射流区平均浓度也略高于逆射流区。顺射流和逆射流沿顶板向两端流动速度快，注水管垂直方向上流动速度达到最大值，在套管周边区域会形成马鞍形的凸出部分，顶板溶蚀速度快，难以准确控制腔体形状，此阶段控制上溶，必须降低注水流量，加油垫或气垫等隔离措施减缓顶板盐砖溶蚀速率，或者注水管注入一定浓度卤水，削弱腔体内的对流扩散速度。

随着造腔过程的进行，卤水与盐体间的传质作用使得溶腔扩展，溶腔顶板高度上升，如图 6.12、图 6.13 所示，在造腔中前期及中后期，注水后流动特征与前期相似，注入的淡水依然能快速地到达顶板，并沿顶板散射，顺射流区浓度略高于逆射流区，但淡水上升到顶板的时间明显增加，且顺射流区内流体往出水管方向流动时，下沉更快，说明淡水在运动过程中与周围高浓度卤水卷吸作用更加明显；随着腔体扩展，腔体体积增加，浓度分层效果显现，造腔中前期和中后期浓度最大梯度分别为 0.4%、0.6%，造腔中后期浓度分层效果较为清晰，垂直深度方向上呈现顶部浓度变化大的特点。因此，此阶段在流量一定时，注入淡卤水采卤比油垫效果更好。

造腔后期(图 6.14)，淡水上升到羽流极限高度，受卷吸作用自身浓度增大，沿羽流极限高度水平面流动，对顶板溶蚀冲击小；浓度特征表现为明显的分层现象，浓度最大差值为 1%，顶部区浓度变化大；此时，注入淡水流经腔体时间较为缓慢，对流作用较弱，顶板各个位置上溶速率差异性小，因此，即使不加油垫也能通过改变流量控制上溶。

6.5.2　不同井组溶腔流场变化特征

不同井组对双井溶腔流动区域化会有直接关系，如图 6.15 所示，双竖井溶腔内流体从注水管流出，近似为点源羽流上升，顺射流区往排水管端流动过程中下沉慢，产生明显的蜿蜒“腋下效应”，直至顺射流流经右侧盐壁，染色剂充满全部腔体时间约为 160s。底井井组流场流动基本区域不变，但在流经羽流区后，流体在顺射流区呈推进式运移，旋度低于双竖井，染色剂流经全腔体时间为约 290s。斜水平井斜度(与竖直方向的夹角锐角)设为 45°，流体特征与溶腔普遍特征整体差异性小，但斜井井组顺射流区“腋下效应”相对双竖井较弱，染色剂流经整个腔体时间为 120s，流动更加均匀化。从不同井组实验现象，笔者推测，井组的类别实际上就是注水角度的不同，注水角度的变化改变了流入腔体内淡水的初始速度方向，而浮力作用产生的羽流势必会使得淡水宏观垂直向上流动，初始速率相同时，斜度越大，淡水上升速率相对越小，因此在同样路程内，底井流经全腔体时间最长，卷吸作用使淡水自身流经过程加重效果变强，旋度降低。结合实际工艺，要实现控制上溶，从井组方面，底直井是最理想的井组，但底直井在生产过程中容易产生堵管，甚至顶板局部塌陷引起的管体弯曲，且底直井组维修难，因此，在实际过程中，选择井组控制上溶时，需提高水平井斜度，选择拐角弯曲型“L”管。

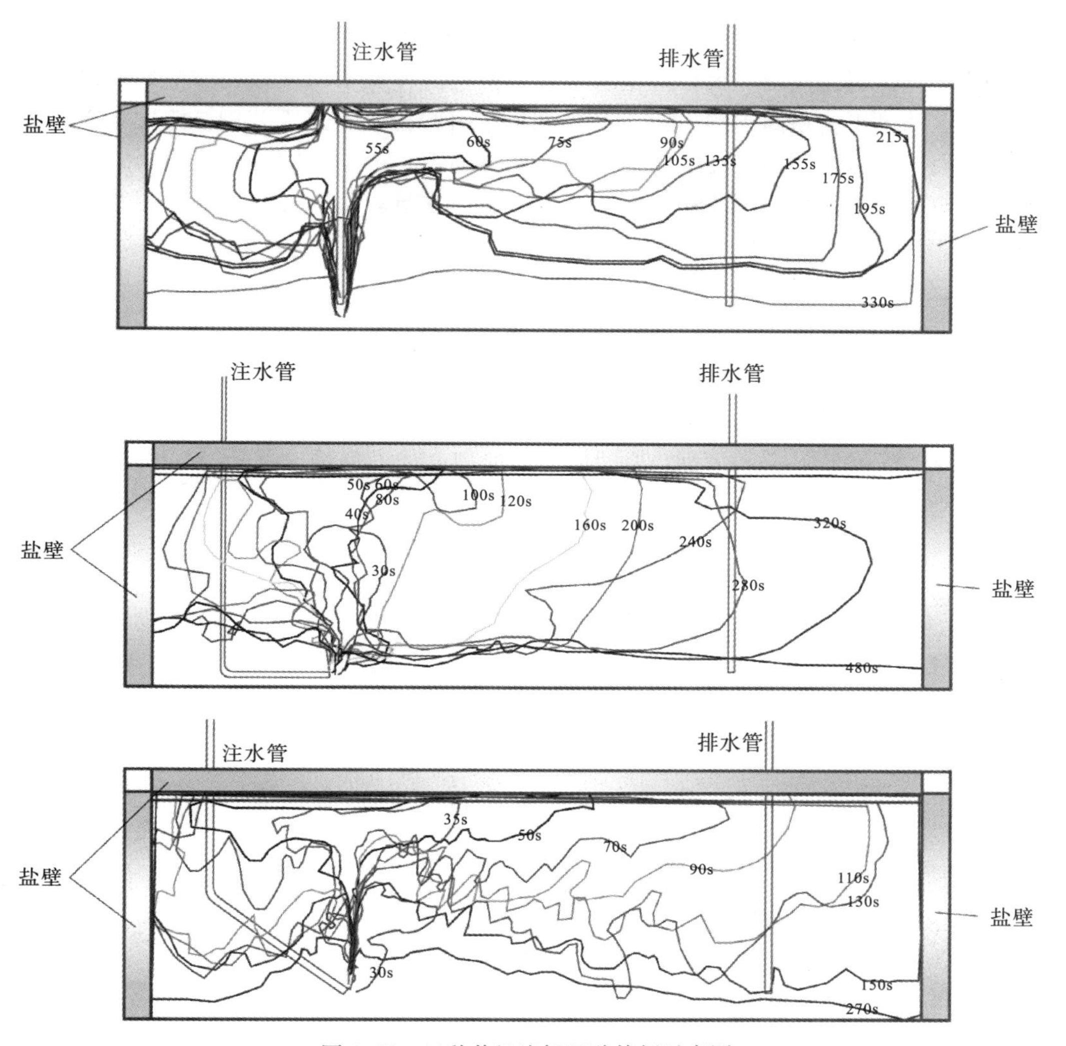

图 6.15　三种井组流场运移特征示意图

选取能降低上溶速率的斜井井组，对造腔中期浓度特征进行分析，溶腔高度选取为高 240mm，流量为 30mL/min，稳定期浓度分布如图 6.16 所示。

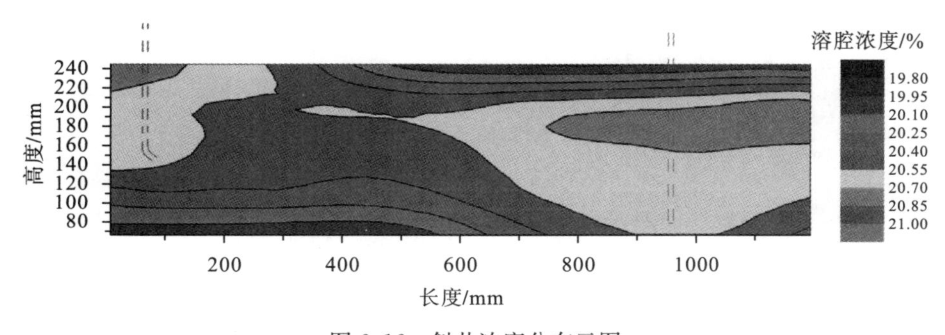

图 6.16　斜井浓度分布云图

浓度最大梯度为 0.8%，稳定后分层现象明显，顺射流区浓度场在垂直方向上相对分层稳定，而出水管口逆射流区则相对紊乱，这也是流场宏观强制对流流动产生的旋度不同的影响，逆射流区旋度大，甚至有宏观涡旋，流体流动雷诺数相对顺射流区大，因此逆射流区浓度平均略高于顺射流区平局浓度。溶腔控制上溶工艺中，浓度场相对于流场不会有明显的分区，但造腔中期(造腔时间最长阶段)分层效果明显，腔内浓度差较小，水平方向自然对流扩散作用相对较弱，强制对流占主导，垂直方向上自然对流和沉降作用占主导。

第 7 章　大尺寸型盐材料的压制

7.1　型盐材料的性质实验研究

由于盐岩位于深部底层的地质特点，要开展现场盐岩造腔模拟实验难度较大。相似材料模型实验自 1937 年在苏联全苏矿山测量科学研究院首次用于研究岩层与地表移动问题，就作为室内研究的一种重要手段(任松等，2008；李晓红等，2007；屠兴，1989；任松等，2011a)。从有关相似材料的研究可以看出，利用相似材料，建立相似模型，模拟盐岩造腔是可以探索的一种新方法。目前，在进行型盐力学特性研究时，对相似材料自身的影响因素方面考虑不是很详尽，没有系统性地对型盐力学特性和溶解特性进行全面的研究分析。因此，本节拟基于相似理论，运用量纲分析法，推导考虑盐岩力学特性的相似模型，以国内盐粉为主料，分析压制力、盐粉含水率、盐粉粒径、盐粉不溶物含量这四个因素对力学特性的影响，并把温度纳入盐岩溶解特性中，系统地从力学和溶解这两方面来研制可用于造腔实验的型盐相似材料。

7.1.1　型盐材料的相似模型研究

1. 量纲分析法及分析步骤

基于模型实验，通过相似理论和量纲分析(毛根海等，2006；杨俊杰，2005)合理的简化实验，获得需要的相似材料。对于某个物理现象，如果存在 n 个变量互为函数关系，而这些变量中含有 m 个基本量，则这个物理过程可由 n 个物理量组成的$(n-m)$个量纲为一的数所表达的关系式来描述，即

$$F(\pi_1, \pi_2, \cdots, \pi_{n-\mathrm{m}})=0 \tag{7.1}$$

π 定理分析步骤：

(1)找出物理过程有关的物理量，写出函数关系式：

$$f(x_1, x_2, \cdots, x_n)=0 \tag{7.2}$$

(2)确定基本量，从 n 个物理量中选取 m 个基本物理量作为基本量纲的代表。

(3)确定 π 数的个数 $N(\pi)=n-m$，写出其余物理量与基本物理量组成的 π 表达式：

$$\pi_i=x_1^{a_i}x_2^{b_i}x_3^{c_i}\cdots x_i(i=1, 2, \cdots, n-m) \tag{7.3}$$

式中 x_1，x_2，x_3 为基本物理量。

(4)确定量纲为一的 π 数中的各指数。

(5)将各 π 项代入 π 定理式(7.1)，求得一个 π 参数。

2. 盐岩单轴力学相似模型

设原型为 p，模型为 m，各参数的相似比为 K。力学参数有应力 σ、应变 ε、弹性模量 E、泊松比 μ、几何尺寸 l、重度 γ、重力加速度 g、时间 t，则有

$$f(\sigma, \varepsilon, E, \mu, l, \gamma, g, t)=0 \tag{7.4}$$

各参数量纲分别为

$$\begin{aligned}&[\sigma]=[\mathrm{ML^{-1}T^{-2}}],\ [t]=[\mathrm{T}]\\&[E]=[\mathrm{ML^{-1}T^{-2}}],\ [\gamma]=[\mathrm{ML^{-2}T^{-2}}]\\&[g]=[\mathrm{LT^{-2}}],\ [l]=[\mathrm{L}],\ [\varepsilon]=[\mu]=[l]\end{aligned} \tag{7.5}$$

式中，M、L、T 为量纲符号，M 表示质量；L 表示长度；T 表示时间。

式(7.5)中共有 8 个物理量，选 E、γ、t 为基本量，并代入式(7.5)中，令其他参数于基本量相除，得

$$f(\pi_1, \pi_2, \pi_3, \pi_4, \pi_5)=0 \tag{7.6}$$

则

$$\pi_1=\frac{\sigma}{E^a\gamma^b t^c}=\frac{\mathrm{ML^{-1}T^{-2}}}{[\mathrm{ML^{-1}T^{-2}}]^a[\mathrm{ML^{-2}T^{-2}}]^b[\mathrm{T}]^c} \tag{7.7}$$

因为 π_1 为量纲一的量，所以 $a=-1$，$b=0$，$c=0$，即

$$\pi_1=\frac{\sigma}{E} \tag{7.8}$$

同理可得

$$\begin{aligned}&\pi_2=\varepsilon,\ \pi_3=\frac{gE}{\gamma t^2}\\&\pi_4=\frac{l\gamma}{E},\ \pi_5=\mu\end{aligned} \tag{7.9}$$

由于相似模型中原型和模型 π 方程式相同，所以

$$\begin{aligned}&\frac{\sigma_p}{E_p}=\frac{\sigma_m}{E_m},\ \varepsilon_p=\varepsilon_m,\ \frac{g_pE_p}{\gamma_p {t_p}^2}=\frac{g_mE_m}{\gamma_m {t_m}^2}\\&\frac{l_p\gamma_p}{E_p}=\frac{l_m\gamma_m}{E_m},\ \mu_p=\mu_m\end{aligned} \tag{7.10}$$

那么，各参数相似比关系为

$$\begin{aligned}&K_\sigma=K_EK_\varepsilon=K_\mu=1\\&K_gK_E=K_\gamma K_t^2K_E=K_lK_\gamma\end{aligned} \tag{7.11}$$

7.1.2 型盐材料的压制方法

1. 实验参数的选定

本次实验选取的参照对象是江苏金坛盐岩地下储气库中埋深约 1000m 的盐岩。各项参数相似比选取如下：几何相似比 $K_l=1$，重度相似比 $K_\gamma=1$，重力加速度比 $K_g=1$，$K_\varepsilon=K_\mu=1$，由式(7.11)可得 $K_E=1$，$K_\sigma=1$。

对比国内盐岩单轴压缩力学参数(李林等，2011；李银平等，2006；刘江等，2006)，

由相似比可以确定相似材料的单轴压缩力学参数，见表 7.1。

表 7.1　国内盐岩和相似材料的常规力学参数

材料类型	峰值应力/MPa	屈服应力/MPa	弹性模量/GPa	泊松比
国内盐岩	18.50～23.10	10.70～15.74	2.60～7.51	0.210～0.410
金坛盐岩	19.46	12.00	3.99	0.240
相似材料	19.46	12.00	3.99	0.240

2. 实验材料和试件制备

本次实验的材料选用重庆北碚区天然盐矿(不经任何加工处理，直接按实验要求研磨成粉末状)，为深咖啡色，其主要矿物成分和质量百分含量见表 7.2 所示，其中可溶物含量约为 84%。实验主要考虑压制力、含水率、盐粉粒径、不溶物含量这四个相似材料配比因素。考虑到后期制备大尺寸型盐(一般直径为 300mm，高 500mm)时的压制条件限制，文中型盐试件的压制力选取为 80MPa、100MPa、120MPa；含水率是通过对试件进行烘干处理来改变。通过前期大量实验，试件烘干时间与含水率的关系见表 7.3 所示；盐粉粒径选择 12 目、14 目和 16 目三种情况，通过盐粉粒径的筛选，盐粉的可溶物含量变约为 91%，见表 7.2。为了反映不同含盐率盐岩，拟通过加入石膏粉来改变试件的不溶物含量，型盐试件的不溶物含量选定为 30%、20%、8%这三种情况。

表 7.2　北碚盐粉的成分　　(单位：%)

	可溶物			不溶物	
	NaCl	Na_2CO_3	K_2SO_4	石沙	泥质
未筛选	80	2	2	14	2
筛选后	91	0.5	0.5	7.5	0.5

表 7.3　试件烘干时间和含水率的关系

试件烘干时间/h	试件含水率/‰
0	21～19
0.5	16～14
1	11～9
1.5	4～5
24	1.1～0.9

压制试件之前，先选择所需粒径的盐粉，根据试件的不溶物含量来选择需加入石膏粉的量。压制材料选好之后，根据所需压制力来压制盐粉成型。根据实验仪器的要求和相关规范，实验采用直径为 50mm 的圆柱钢筒模具，之后缓慢加载至所需的压制力，再保压 30min，最后脱模获得所需型盐试件。将型盐试件再加工为直径 50mm，高 100mm 的标准圆柱形。脱模过程和试件加工严格按照实验规范进行，加工出来的试件尺寸误差能够保证在 0.2mm 以内。

7.1.3　型盐的力学实验研究

1. 实验步骤

考虑压制力、含水率、盐粉粒径、不溶物含量这四个因素制备试样，然后进行单轴力学实验，实验步骤如下：

(1)用筛网选择所需粒径的盐粉；

(2)根据需要的盐粉不溶物含量来选取一定量的石膏粉，材料选择完毕；

(3)把盐粉放入105～110℃的烘干箱，根据所需的试件含水率选择相应的烘干时间；

(4)选择所需的压制力来压制材料成型，缓慢加载，保压30min；

(5)人工打磨试样成标准试件；

(6)将试件放置于实验机压头上，装好径向变形仪，保证试件于上、下压头接触紧密并处于同一条轴线上；

(7)试件加载，并获得全过程应力－应变曲线。

试件分成A、B、C、D四个大组来进行实验，其分组情况见表7.4，压制出的型盐如图7.1所示。

表7.4　实验分组情况

编号	压制力/MPa	试件含水率/‰	盐粉粒径/目	不溶物含量/%
A1	80	1	16	8
A2	100	1	16	8
A3	120	1	16	8
B1	100	20	16	8
B2	100	15	16	8
B3	100	10	16	8
B4	100	5	16	8
B5	100	1	16	8
C1	100	1	12	8
C2	100	1	14	8
C3	100	1	16	8
D1	100	1	16	30
D2	100	1	16	20
D3	100	1	16	8

注：为确保实验的严密性，以上每种规格的试件各做3个进行实验，其编号在后缀加入1、2、3，例如A1-1、A1-2、A1-3

图7.1　型盐试件图

2. 实验结果及分析

对压制且加工好的型盐试件进行常规单轴压缩实验，其实验结果如表 7.5～表 7.8 所示。不同配比方案压制的型盐应力－应变曲线如图 7.2 所示。从表 7.5～表 7.8 可分析出以下结论：

(1)在保持盐粉粒径(16 目)、型盐含水率(1‰)、型盐不溶物含量(8%)相同的情况下，采用 80MPa、100MPa、120MPa 这三种压制力进行实验。随着压制力的提高，型盐单轴抗压强度增加，屈服点强度增加，弹性模量增加，泊松比降低。

(2)在保持盐粉粒径(16 目)、压制力(100MPa)、盐不溶物含量(8%)相同的情况下，选取含水率为 20‰、15‰、5‰、9‰、1‰的型盐进行实验。在含水率 20‰～15‰时，随着型盐含水率的降低，型盐的单轴抗压强度增加，屈服点强度增加，弹性模量降低，泊松比增加；在含水率 15‰～1‰时，随着型盐含水率的降低，型盐的单轴抗压强度增加，屈服点强度增加，弹性模量增加，泊松比降低。

(3)在保持压制力(100MPa)、型盐含水率(1‰)、型盐不溶物含量(8%)相同的情况下，选用 12 目、14 目、16 目这三种粒径的盐粉压制成型盐进行实验。随着盐粉粒径的减小，型盐单轴抗压强度增加，屈服点强度增加，弹性模量增加，泊松比增加。

(4)在保持盐粉粒径(16 目)、型盐含水率(1‰)、压制力(100MPa)相同的情况下，在盐粉中加入石膏粉来制成不溶物含量约为 30%、20%、8%的型盐进行实验。随着型盐不溶物含量的降低，型盐单轴抗压强度增加，屈服点强度增加，弹性模量增加，泊松比增加。

表 7.5　A 组常规力学参数

试件编号	峰值应力/MPa	屈服应力/MPa	弹性模量/GPa	泊松比
A1-1	12.7	10.31	1.41	0.371
A1-2	17.78	15.22	1.47	0.374
A1-3	15.21	13.1	1.51	0.36
平均值	15.23	12.88	1.39	0.368
A2-1	20.62	16.44	2.31	0.217
A2-2	23.29	18.59	2.24	0.251
A2-3	21.34	17.41	2.91	0.231
平均值	21.75	17.48	2.49	0.233
A3-1	27.81	23.83	2.67	0.104
A3-2	25.88	21.17	3.95	0.152
A3-3	29.57	25.16	3.79	0.211
平均值	27.75	23.39	3.47	0.156

表 7.6　B 组常规力学参数

试件编号	峰值应力/MPa	屈服应力/MPa	弹性模量/GPa	泊松比
B1-1	7.5	6.2	0.39	0.112

续表

试件编号	峰值应力/MPa	屈服应力/MPa	弹性模量/GPa	泊松比
B1-2	8.9	6.8	0.49	0.174
B1-3	8.1	6.5	0.44	0.191
平均值	8.2	6.5	0.44	0.159
B2-2	9.7	7	0.26	0.445
B2-2	9.9	6.9	0.28	0.495
B2-3	9.9	6.8	0.38	0.645
平均值	9.8	6.8	0.31	0.528
B3-1	13.3	10.4	0.62	0.412
B3-2	13.3	10.1	0.43	0.61
B3-3	14.7	11.8	0.57	0.521
平均值	13.8	10.8	0.54	0.514
B4-1	16.9	14	2.04	0.499
B4-2	15.6	13.1	2.08	0.517
B4-3	17	14.5	2.17	0.501
平均值	16.5	13.9	2.1	0.505
B5-1	20.62	16.44	2.31	0.217
B5-2	23.29	18.59	2.24	0.251
B5-3	21.34	17.41	2.91	0.231
平均值	21.75	17.48	2.49	0.233

表 7.7 C 组常规力学参数

试件编号	峰值应力/MPa	屈服应力/MPa	弹性模量/GPa	泊松比
C1-1	14.63	12.82	2.12	0.121
C1-2	12.99	10.76	1.65	0.109
C1-3	15.35	13.5	1.72	0.151
平均值	14.32	12.36	1.83	0.127
C2-1	16.17	13.7	2.45	0.177
C2-2	11.82	9.93	1.78	0.164
C2-3	19.92	17.55	2.26	0.198
平均值	15.97	13.72	2.16	0.18
C3-1	20.62	16.44	2.31	0.217
C3-2	23.29	18.59	2.24	0.251
C3-3	21.34	17.41	2.91	0.231
平均值	21.75	17.48	2.49	0.233

表 7.8 D 组常规力学参数

试件编号	峰值应力/MPa	屈服应力/MPa	弹性模量/GPa	泊松比
D1-1	9.71	8.05	1.59	0.091
D1-2	5.69	4.75	1.13	0.087

续表

试件编号	峰值应力/MPa	屈服应力/MPa	弹性模量/GPa	泊松比
D1-3	8.64	7.51	2.21	0.101
平均值	8.01	6.77	1.64	0.093
D2-1	15.81	13.05	1.98	0.106
D2-2	16.93	12.58	2.31	0.112
D2-3	16.14	11.94	2.57	0.187
平均值	16.29	12.52	2.29	0.135
D3-1	20.62	16.44	2.31	0.217
D3-2	23.29	18.59	2.24	0.251
D3-3	21.34	17.41	2.91	0.231
平均值	21.75	17.48	2.49	0.233

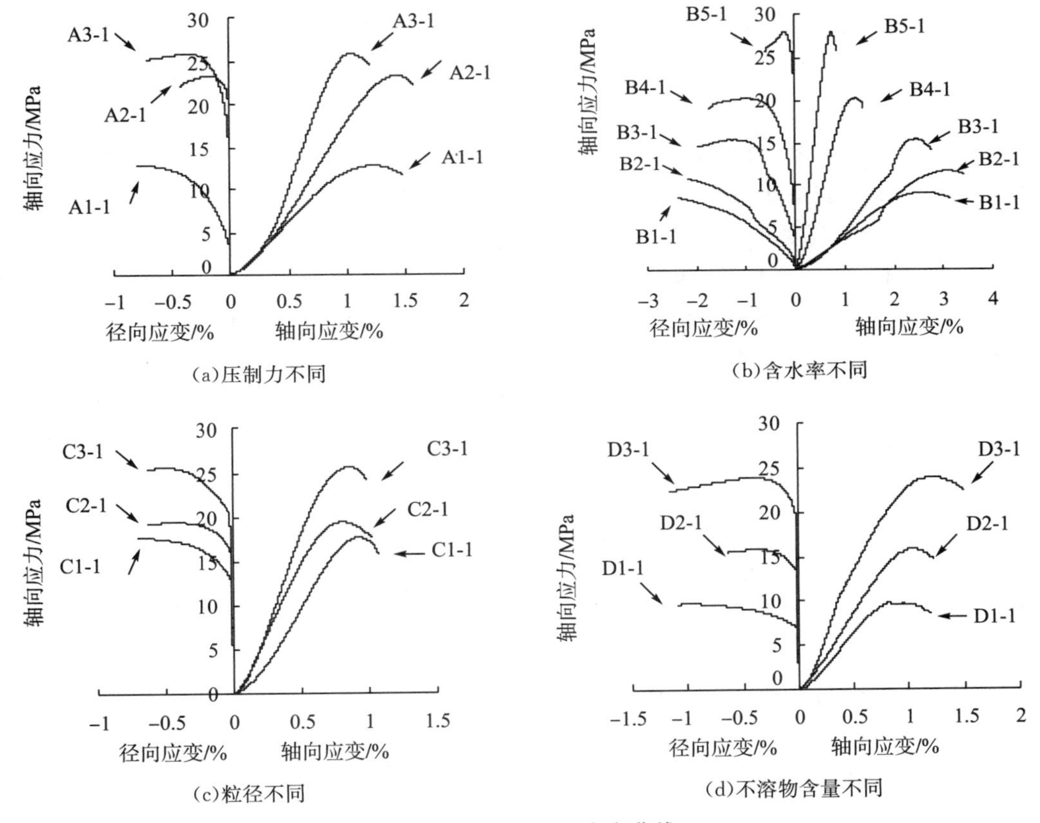

图 7.2 型盐应力一应变曲线

为了较好分析型盐的力学特征，现将图 7.2 中型盐和图 7.3 中金坛盐岩的应力一应变曲线进行详细对比，即将应力一应变曲线分为四个阶段分别进行对比，以便获得能反映天然盐岩物理力学特性的型盐。

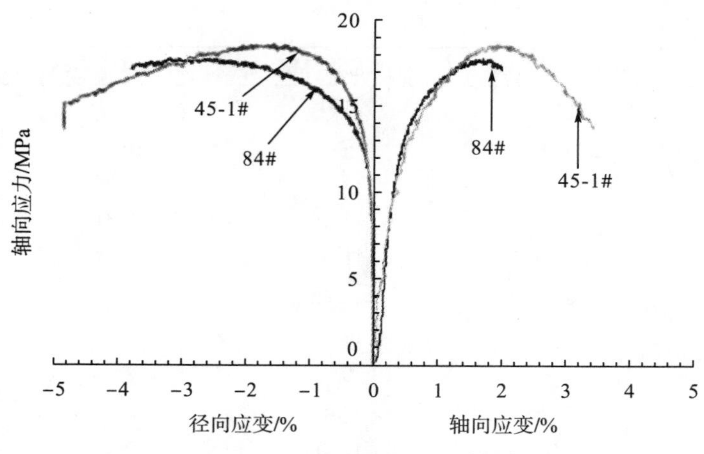

图 7.3　原盐应力－应变曲线(杨春和等，2011)

(1)孔隙压密阶段：在此阶段，型盐试件中的微孔隙被逐渐压实，出现一小段非线性变形。而天然盐岩压密阶段不明显，这主要是压制时模具壁面摩擦力作用使得型盐下部不能完全压实所致。

(2)弹性变形阶段：在此阶段，A2、B5、C2、D3 组型盐的应力－应变曲线与天然盐岩的应力－应变曲线最接近。但型盐曲线斜率比天然盐岩曲线斜率小，这是因为型盐试件分子之间的键合强度低于天然盐岩分子之间的键合强度，使得型盐的弹性模量小于天然盐岩的弹性模量。B2 和 B3 组型盐的应力－应变曲线在此阶段出现畸形，可能是因为 B2 和 B3 组型盐含水率较高，在压制过程中，盐粉中的水在气压的作用下，影响了压头的均匀传力，使型盐试件内部出现不均匀。

(3)屈服塑性阶段：天然盐岩的抗压强度约为 18.26MPa，A2、B5、C2、D3 组型盐的抗压强度约为 21.75MPa，较为接近。但型盐应力－应变曲线的塑性阶段没有天然盐岩应力－应变曲线的塑性阶段圆滑，这可能是由于型盐试件分子之间的黏合力小于天然盐岩分子之间的黏结力，导致型盐试件塑性特征没有天然盐岩塑性特征明显。

(4)破坏后阶段：当试件达到强度极限以后，其内部结构遭到破坏，试件外壁有少许剥落，型盐和天然盐岩的应力－应变曲线相似，说明型盐与天然盐岩一样，具有良好的延性特征。

通过上述结论与分析可知，用重庆北碚盐粉，筛选成 16 目的粒径，不加入石膏粉(盐粉不溶物含量约 8%)，采用 100MPa 的压制力，并在 105～110℃的烘箱中烘干 24h 制备出来的型盐，其单轴力学参数与金坛盐岩的单轴力学参数很接近，说明该相似材料配比能够满足金坛盐岩单轴相似模型的要求。

7.1.4　型盐溶解特性实验研究

采用满足相似材料实验要求的四个因素来压制型盐，进行不同倾角和不同温度下的溶解实验。盐岩的溶解存在倾角的影响，结合盐岩造腔时的实际情况，本次实验仅选取倾角为 90°、180°两种形式进行溶解；温度是影响盐岩溶解的主要因素，结合金坛盐岩储气库的埋深情况，本次实验仅在 60℃、70℃、80℃这三种温度下对型盐进行溶解。本次实验均选择在自制的玻璃溶箱和电热恒温水槽浴箱中进行，由于玻璃箱中水的体积远远大于溶解试件的体积，所以浓度对溶解的影响完全可以忽略不计。由于压制时模具壁面摩擦力作用使得型盐下部不能完全压实，型盐制备好后，其密度是不均匀的，上部密度略大于下部。在溶解实验时，为了排除此因素带来的影响，采用对型盐上、下端面各自溶解，并取其平均值的方法。

1. 实验步骤

(1)利用最优相似材料配比压制 5 个型盐，并用细砂纸磨去试件表面由于压制过程所带来的油污。

(2)溶解实验前，需要用 704 硅橡胶对待溶解试件的圆柱侧面与上端面进行密封处理，使其下端面裸露，待 704 硅橡胶完全凝固后，溶解试件制备完毕。

(3)溶解试件制备好后，在玻璃溶箱加入大量纯水，按不同的要求进行溶解实验。试件在常温下溶解时，先需用电子天平对试件称重，再将试件悬挂，使其裸露面与水面分别成 90°或 180°浸入水中，10min 后取出，然后将试件烘干，最后用电子天平称量此时试件的重量，共计测量 3 次；试件在高温下溶解，先将注入大量水的玻璃溶箱放入电热恒温水槽浴箱进行加温，待玻璃溶箱中的水加热到所需温度后，再用电子天平对试件称重，然后把试件悬挂，使其裸露面与水面成 180°浸入水中，3min 后取出，之后把试件烘干，最后用电子天平称量此时试件的重量，共计测量 3 次。b 组型盐试件在各自溶解完后，需要把该试件下端面密封，使其上端面裸露，再次同条件溶解。a 组为原盐试件，不需要再溶解。

2. 实验结果及分析

通过上述一系列实验得到了不同倾角、不同温度情况下原盐与型盐的溶解速率，如表 7.9 所示。

表 7.9　试件溶解特性

编号	溶解倾角/(°)	溶解温度/℃	端面溶解速率/($g\cdot cm^{-2}\cdot min^{-1}$)		平均溶解速率/($g\cdot cm^{-2}\cdot min^{-1}$)
			下端面	上端面	
a1	90	常温	—	—	0.020
a2	180	常温	—	—	0.027
a3	180	60	—	—	0.080
a4	180	70	—	—	0.100
a5	180	80	—	—	0.109
b1	90	常温	0.015	0.014	0.015
b2	180	常温	0.022	0.021	0.022
b3	180	60	0.071	0.069	0.070
b4	180	70	0.078	0.070	0.074
b5	180	80	0.094	0.080	0.087

注：表中 a 组为原盐，b 组为型盐

从上述实验所得的数据，可以看出以下规律：

(1)在本次实验条件下，当常温溶解时，天然盐岩的溶解速率随溶解倾角的增大而增大，倾角180°时溶解速率是倾角90°时溶解速率的1.35倍；型盐的溶解速率随溶解倾角的增大而增大，倾角180°时溶解速率是倾角90°时溶解速率的1.47倍，该型盐溶解特性与原盐溶解特性基本相同。

(2)在本次实验条件下，当溶解倾角为180°时，天然盐岩的溶解速率随溶液温度升高而增大，溶液温度80℃时的溶解速率是溶液温度70℃时溶解速率的1.09倍，溶液温度70℃时的溶解速率是溶解温度60℃时溶解速率的1.25倍；型盐的溶解速率随溶液温度升高而增大，溶液温度80℃时的溶解速率是溶液温度70℃时溶解速率的1.18倍，溶液温度70℃时溶解速率是溶解温度60℃时溶解速率的1.06倍。该型盐溶解特性与原盐溶解特性基本相同。

(3)在本次实验条件下，常温时，型盐的溶解速率在溶解倾角90°、180°的情况下都比天然盐岩的溶解速率小，分别是天然盐岩溶解速率的0.75倍、0.81倍。

(4)在本次实验条件下，当溶解倾角为180°时，型盐的溶解速率在不同溶液温度情况下都比天然盐岩的溶解速率要小，在溶液温度60℃、70℃、80℃时，其溶解速率分别是天然盐岩溶解速率的0.88倍、0.74倍、0.79倍。

通过溶解实验所得到的结论和分析可知，在相同情况下，用该相似材料配比制备出来型盐的溶解速率比天然盐岩的溶解速率略小，但仍可用该材料配比制备大尺寸型盐来模拟造腔过程。

7.2 大尺寸型盐的制备

7.2.1 无夹层大尺寸型盐的制备

众多研究表明(刘建平等，2009；任松等，2012b)，型盐与原盐在力学性质、溶解性质等方面相似，在数值上成一定的比例关系，因此，采用型盐取代原盐进行水溶造腔室内模型实验是可行的。且采用型盐有众多好处，例如可避免原盐在取芯过程中造成损伤，以及可针对实验方案来改变型盐的不溶物含量以及夹层赋存状态等。另外，型盐试件的尺寸可人为控制，大尺寸的试件将更有利于模型实验。

实验所用型盐试件由重庆北碚地区的盐粉压制得来，无夹层大尺寸型盐采用了两种不同不溶物含量的型盐颗粒，如图7.4所示，型盐1为原始盐粉，经测量，不溶物含量为20%。型盐2在型盐1的基础上进行了筛选处理，筛选后的型盐2颗粒粒径小于20目，不溶物含量为10%。在压制之前，对两种盐粉进行了干燥处理(蔡美峰等，2009；姜德义等，2013)。

型盐1

型盐2

图 7.4　两种不同不溶物含量盐粉

为了获得大尺寸型盐，自行研制了一套大尺寸型盐制备模具，其实体图如图 7.5 所示，圆柱形模具是由两半成模夹具和一个外套圆柱桶形套筒组成。夹具的内径为 300mm，该模具可制作直径 300mm，高度达到 500mm 的大尺寸型盐。

图 7.5　大尺寸型盐压制机及模具

不含夹层大尺寸型盐的制作过程如下：

(1)准备好重庆北碚的天然盐岩粉末 50kg；

(2)准备好模具，在模具内侧均匀涂抹脱模剂；

(3)将盐岩粉末倒入模具中，并使用工具将其尽量捣匀；

(4)启动压力机，加载压力机到达 80MPa，并保持荷载 30 分钟；

(5)脱模后，清理试件表面的脱模剂、测量型盐的高度；

压制得到的大尺寸型盐如图 7.6 所示，型盐直径为 300mm。

图 7.6　大尺寸型盐

7.2.2　含夹层大尺寸型盐的制备

国际上的盐穴储气库大多建在海相沉积的巨厚盐丘中，而我国盐矿多为湖相沉积的薄层状结构，不溶或者难溶夹层的存在对盐穴储气库建设有着不可忽视的影响，本节针对这个问题，开展含夹层大尺寸型盐室内模型实验研究。

含夹层大尺寸型盐试件含有两个部分，盐层部分以及夹层部分，盐层采用和7.2.1节相同的10%不溶物含量的北碚盐粉，盐粉经过干燥以及筛选处理。夹层涉及多个材料，在单夹层型盐试件中，夹层的材料为盐粉、水泥、石膏粉、沙子，以及松香；而双夹层型盐试件中，夹层的材料将水泥去除，只剩下盐粉、石膏粉、沙子以及松香。各材料的实物图见图7.7，而夹层中各材料的比例以及质量见表7.10和表7.11。

图7.7　夹层中的材料

表7.10　单夹层试件中的夹层成分及含量

材料	盐粉	水泥	石膏粉	沙子	松香
比例/%	20	30	25	20	5
质量/g	308	462	385	308	77

表7.11　双夹层试件中的夹层成分及含量

材料	盐粉	沙子	石膏粉	松香
比例/%	20	30	45	5
质量/g	59.2	88.8	133.2	14.8

含夹层大尺寸型盐的压制方法和上一节用于无夹层型盐试件压制方法相同，采用的压制力为80 MPa，保压时间为1 h。在压制含夹层大尺寸型盐之前，需要对试件中的盐粉含量以及夹层含量进行确定，主要是通过密度进行确定。通过压制尺寸为Φ50mm×100mm的纯型盐试件和纯夹层试件来确定大尺寸试件中的盐层密度和夹层密度，小试件采用和大试件相同的压制条件。小型纯型盐试件的密度为2.005 g/cm^2，小型纯夹层试件的密度为2.28 g/cm^2，这和云应盐矿纯盐(2.3 g/cm^2)以及纯夹层(2.65 g/cm^2)的密度很相近。本次压制了两种不同夹层数量的型盐试件，单夹层型盐试件和双夹层型盐试件。

单夹层型盐试件中，夹层的厚度为 10mm，设计中将夹层位于试件的中部，双夹层型盐试件中，每一个夹层的厚度为 3mm，设计两夹层相距 120mm，位于试件的两端，由于压力机的特性，会使试件上部的密度要略大于试件下部的密度，所以夹层在试件中的位置会和设计时有小的出入。

压制后的型盐试件如图 7.8、图 7.9 所示，图 7.8 为含单夹层大尺寸型盐试件，图 7.9为含双夹层大尺寸型盐试件。

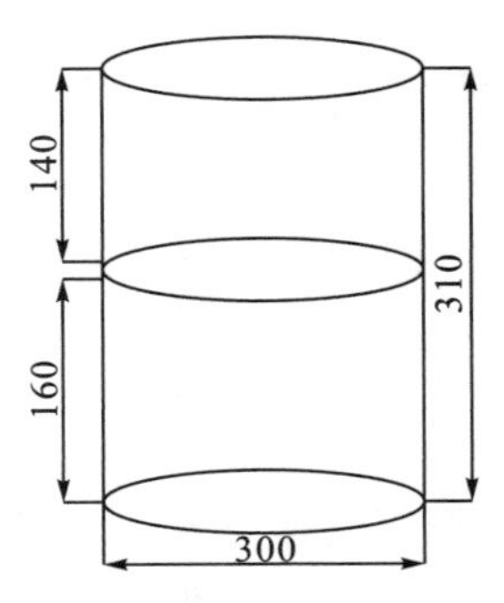

图 7.8　含单夹层大尺寸型盐试件（单位：mm）

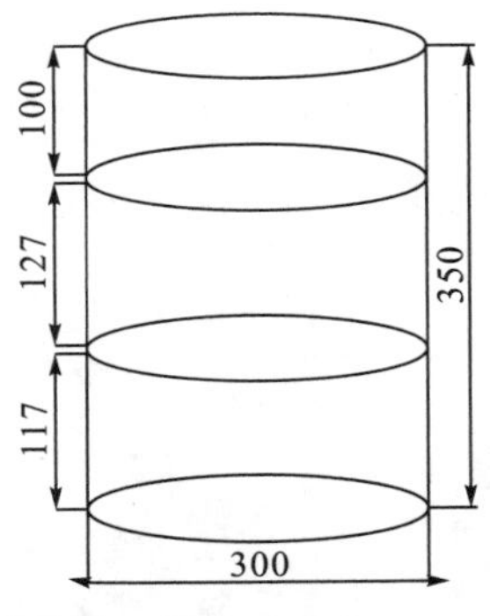

图 7.9　含双夹层大尺寸型盐试件（单位：mm）

第 8 章　大尺寸型盐单井水溶造腔技术

8.1　单井油垫法水溶造腔的技术特点

8.1.1　单井油垫法工艺流程

单井油垫法是利用油不溶解盐且比盐水轻的特性，在钻井水溶造腔的过程中，定期向井内注入原料(原油或柴油)，形成油垫层，以控制上溶，增加侧溶，扩大溶腔直径。溶腔形状一般通过控制套管位置、注水流量以及每一阶段的溶蚀时间来实现。由于控制目的不同，在造腔过程中将要涉及两种注水排卤循环方式，在造腔初期采用正循环(淡水从中心管进入，中心管和中间管的环隙排出卤水)，该循环方式是为了在腔底形成足够大的底槽，但该方法排出的卤水浓度较低。造腔中期和后期采用反循环(淡水从中心管和中间管的环形空间进入，从中心管排出卤水)，该循环方式造腔速度较快，排出的卤水浓度较高。图 8.1 为现场单井油垫法水溶造腔的井口装置，图中显示的为正循环造腔。

图 8.1　单井油垫法水溶造腔井口装置

8.1.2　油垫井的管串组合

油垫井一般由三层同心圆的管串组成，其作用是：

(1)生产套管，用以封固目的层以上的地层。

(2)中间管，是可以活动的工艺管。中间管与生产套管间的环隙为注油通道。

(3)中心管，也是可以活动的工艺管。中心管及与中间管构成的环隙，可交换作为注水或出卤的通道。

常用三管的管串配合见表 8.1。

表 8.1　常用管串组合

生产套管				中间管				中心管			
规格/in	外径/mm	内径/mm	接箍/mm	规格/in	外径/mm	内径/mm	接箍/mm	规格/in	外径/mm	内径/mm	接箍/mm
$13^{3/8}$	339.7	321.7	365.1	$9^{5/8}$	244.5	228.5	270	$5^{1/2}$	139.7	125.7	153.7
$9^{5/8}$	244.5	228.5	270.1	7	177.8	163.8	198	4	114.3	100.3	132.5
7	177.8	163.8	198	5	127	113	143	3	88.9	75	107
$5^{1/2}$	139.7	125.7	153.7	$3^{1/2}$	101.6	88.6	121	$1^{1/2}$	48.3	40.3	55

注：1in=2.54cm。

8.1.3　单井油垫法水溶造腔的基本过程

造腔过程根据不同的淋洗阶段，主要可划分为 3 个时期：建槽期、造腔期和封顶期。

1. 建槽期

建槽期是盐腔淋洗的初始阶段，在靠近盐层底部溶漓出一个类似碗状的盐腔，用以堆放水溶造腔过程中的不溶物。建槽期阶段，一般将中心管底部置于靠近腔底，中间管按设计的参数下至要求的井深位置，油垫位置一般位于中间管以上 1～2m。建槽期采用正循环方式，防止因不溶物质沉淀而堵塞中心管，并可以在盐腔底部建造较大直径的不溶物堆积槽。

建槽期的时间要适中，时间过短，槽的大小不能满足存放杂质的要求；时间过长，会影响整个盐穴储气库的造腔周期。一般建槽所需时间为盐穴储气库造腔周期的 10%左右。

2. 造腔期

建槽完成后进入造腔期，造腔期为水溶造腔的主体部分，为控制溶腔的形状，需要对采卤管串进行提升，由下而上对盐岩进行溶漓。此期间采用反循环方式，即从中心管与中间管的环形空间注入淡水，从中心管采出卤水。造腔期形成的盐腔，形态应为梨形。

在由下而上地进行溶漓时，具体采用几个溶蚀阶段、每个溶蚀阶段的提升高度等需要根据盐岩的厚度、建腔地质条件以及水溶参数来决定。每个阶段的水溶达到所需扩展的盐腔直径后，造腔管串以及油垫层都要相应的提到下一个溶漓高度。

在造腔之前一般都需要借助数值仿真的手段对造腔参数进行优化，在造腔过程中，通过声呐探测技术测量腔体的形状，并将腔体形状反馈给计算机，从而计算机能够对造腔参数进行调整，进一步优化造腔参数。

3. 封顶期

为了使盐腔经过溶漓后形成稳定性良好的穹形顶部，需要在造腔的后期对腔体的直径进行收缩控制，使得从下而上的盐腔半径逐渐减小的趋势，从而使建造完成的盐腔顶部具有近似拱形的穹状结构。

8.2 单井无夹层型盐水溶造腔模型实验

研究表明，型盐与原盐在力学性质、溶解性质等方面相似，在数值上成一定的比例关系，因此，采用型盐取代原盐进行水溶造腔室内模型实验是可行的。且采用型盐有众多好处，例如可避免原盐在取心过程中造成损伤，以及可针对实验方案来改变型盐的不溶物含量以及夹层赋存状态等。另外，型盐试件的尺寸可人为控制，大尺寸的试件将更有利于模型实验。

8.2.1 实验的平台

图 8.2 为单井油垫法水溶造腔实验的平台，与现场单井水溶工艺一样，实验平台中采用了三层套管，图中展示的循环方式为反循环，清水由注水箱注入，从中心管和中间管的环隙中进入溶腔中，注水流量由转子流量计控制，在实验过程中，需要常补充油来控制溶腔的油垫位置。试件用一个钢桶将其罩住，在试件和钢桶的环隙间用石蜡进行填充，防止在造腔过程中出现漏水。

图 8.2　单井油垫法水溶造腔实验平台

真实造腔过程中，在每一造腔阶段结束后，需要采用声呐探测技术对溶腔的形状进行测量，但在室内模型实验中，没法采用该技术，只能通过自制的仪器进行测量，自制的测腔装置见图 8.3。由于单井水溶法形成的腔体为完全对称形，所以可以通过切片的方法进行测量，假设将溶腔沿高度分为 N 份，则腔体由 N 个薄板组成，假设某一次油水界面距离腔顶的高度为 H_k，往溶腔中加入特定体积(V_k)的饱和卤水后，油水界面距离腔顶的高度为 H_{k+1}，则距离腔顶为 H_k 距离的溶腔位置的腔体半径为

$$r=\sqrt{\frac{V_k}{\pi(H_k-H_{k+1})}} \tag{8.1}$$

通过这种方法可以得到不同腔体高度的半径，将这些点连接起来，就可以得到溶腔的横截面形状。

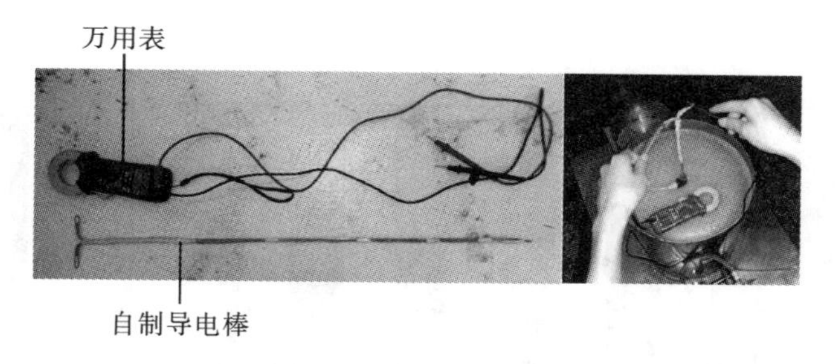

图 8.3　自制测腔装置

8.2.2　实验参数

在试件 1 和试件 2 中分别开展了实验 1 和实验 2，实验 1 和实验 2 的实验参数见图 8.4。两组实验均采用八次造腔阶段，阶段 1 和阶段 2 为正循环，后 6 个阶段为反循环，实验 1 采用小流量造腔，实验流量为 1.4～4.8mL/min，对应现场造腔流量为 16～57m^3/h。实验 2 采用大流量，实验流量为 5～8mL/min，对应现场造腔流量为 65～110m^3/h。实验的循环方式、造腔时间、流量见图中的表格。

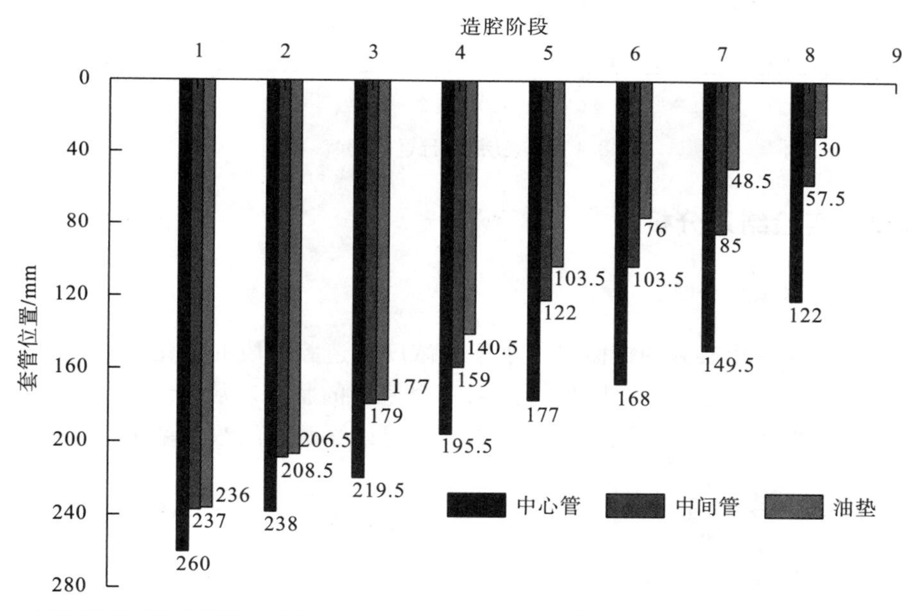

阶段	1	2	3	4	5	6	7	8
时间/min	95	320	505	505	595	475	315	250
循环方式（正/反）	正	正	反	反	反	反	反	反
流量/（mL·min^{-1}）	1.4	2.4	3.8	4.8	4.8	4.8	4.8	4.8

(a)实验 1

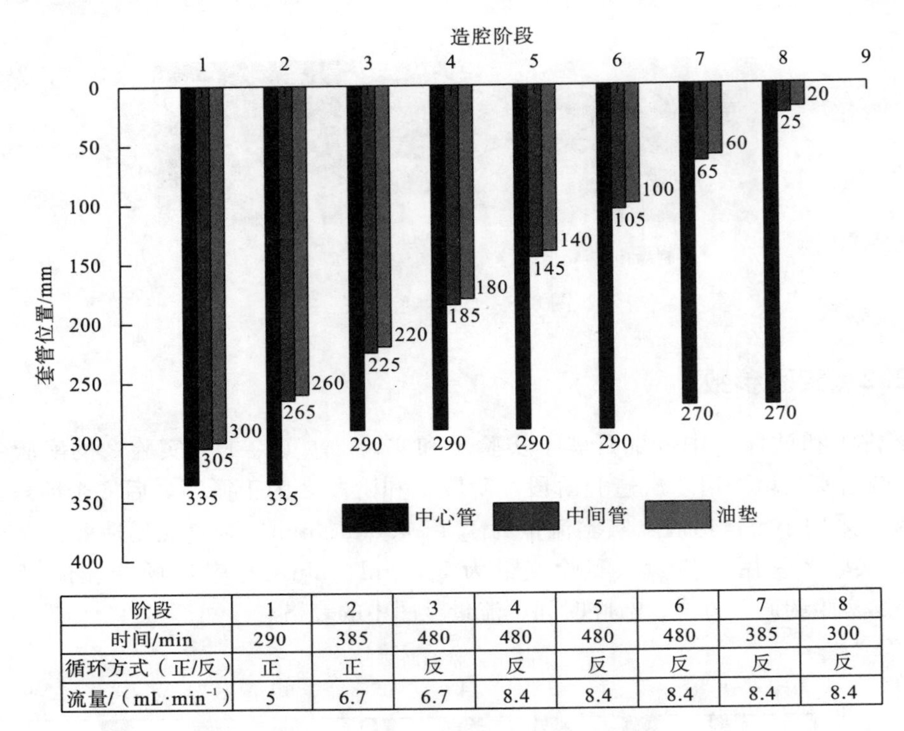

阶段	1	2	3	4	5	6	7	8
时间/min	290	385	480	480	480	480	385	300
循环方式（正/反）	正	正	反	反	反	反	反	反
流量/（$mL·min^{-1}$）	5	6.7	6.7	8.4	8.4	8.4	8.4	8.4

(b)实验 2

图 8.4　无夹层盐岩试件实验参数

8.2.3　实验结果分析

1. 排卤口卤水浓度分析

图 8.5 分析了两组实验的排卤口卤水平均浓度随造腔阶段的变化规律，两组实验的曲线规律基本一致，卤水平均浓度最终达到一个稳定的状态。从曲线可以看出，实验 1 的卤水平均浓度要大于实验 2 的卤水平均浓度，但最终两者的浓度基本达到相同，说明

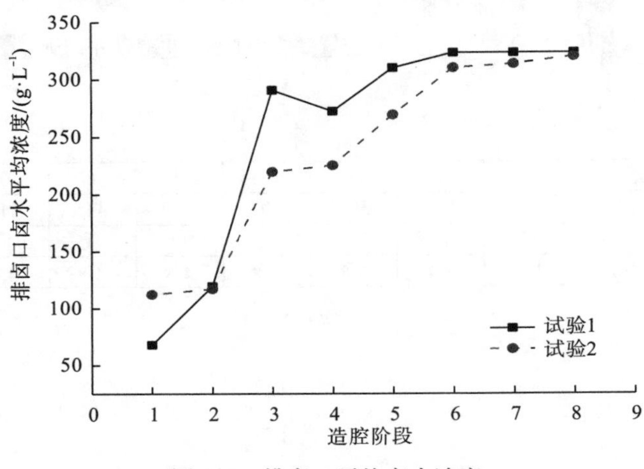

图 8.5　排卤口平均卤水浓度

流量对卤水浓度的影响主要在溶腔体积较小的溶蚀阶段，待溶腔体积足够大时，排出的卤水浓度已接近饱和，流量对浓度的影响已很小。

2. 溶蚀体积分析

图 8.6 分析了两组实验的溶腔体积随造腔阶段的变化规律，可以看出溶腔体积随造腔阶段呈上升的趋势，且在造腔前两个阶段，溶蚀处于正循环时，溶腔体积增速较缓，且这两组实验在该两个阶段的体积相差较小。进入造腔第三阶段后，两组实验的腔体增速明显要大于造腔前两阶段。实验 1 的最终溶腔总体积为 2460mL，有效腔体体积为 1870mL；实验 2 的最终溶腔总体积为 4909mL，有效腔体体积为 4320mL。

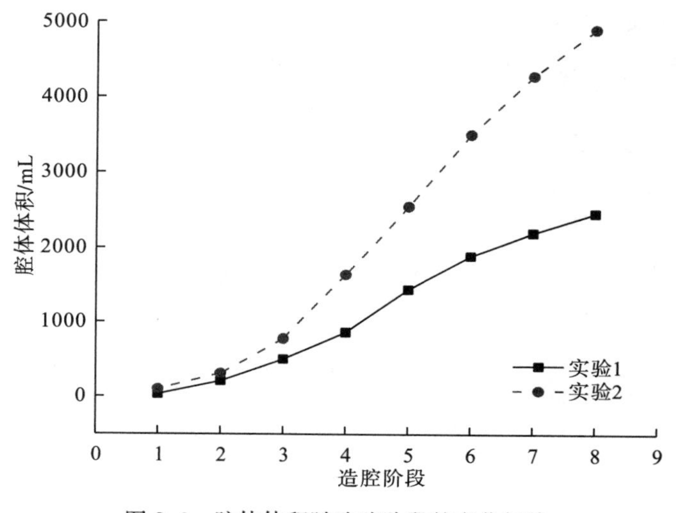

图 8.6　腔体体积随造腔阶段的变化规律

图 8.7 分析了每个造腔阶段单位时间溶蚀的腔体体积，即造腔速率。可以看出，单位时间溶蚀的腔体体积随造腔阶段而逐渐提升，并最终达到一个稳定的造腔速率。比较

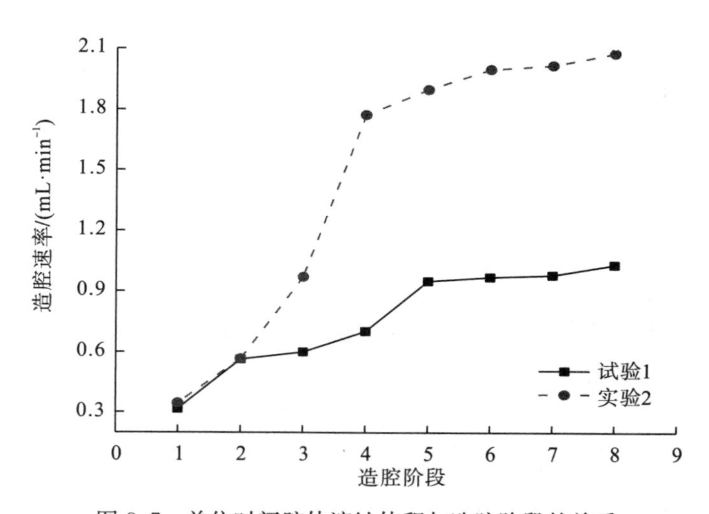

图 8.7　单位时间腔体溶蚀体积与造腔阶段的关系

两组实验的造腔速率可以看出，在造腔前两个阶段，两组实验的造腔速率基本保持一致，从第三阶段开始，两者的造腔速度逐渐被拉大。通过两者比较可以说明，在适当范围内提高注水流量能够加快造腔的进行，且也能保证高浓度卤水的排出。

3. 腔体扩展分析

采用上文提到的测腔工具，对溶腔的形状进行了测量(图 8.8)，为了使腔形轮廓分辨得更加清晰，将轮廓线放在多个图中显示。实验 1 由于前两个溶蚀阶段溶腔体积较小，测量较为困难，所以这两个阶段并没有对腔体形状进行测量，可以看出，实验 1 造腔后期的油垫控制并不是很理想，溶腔并没有扩展到预计的高度。实验 2 较好的控制了油垫的位置，溶腔在距顶 220mm 处形成最大直径。通过这种测腔的方法，能够很直观的得到腔体的形状，这样就能够为后面造腔阶段提供指导，进一步优化造腔参数。

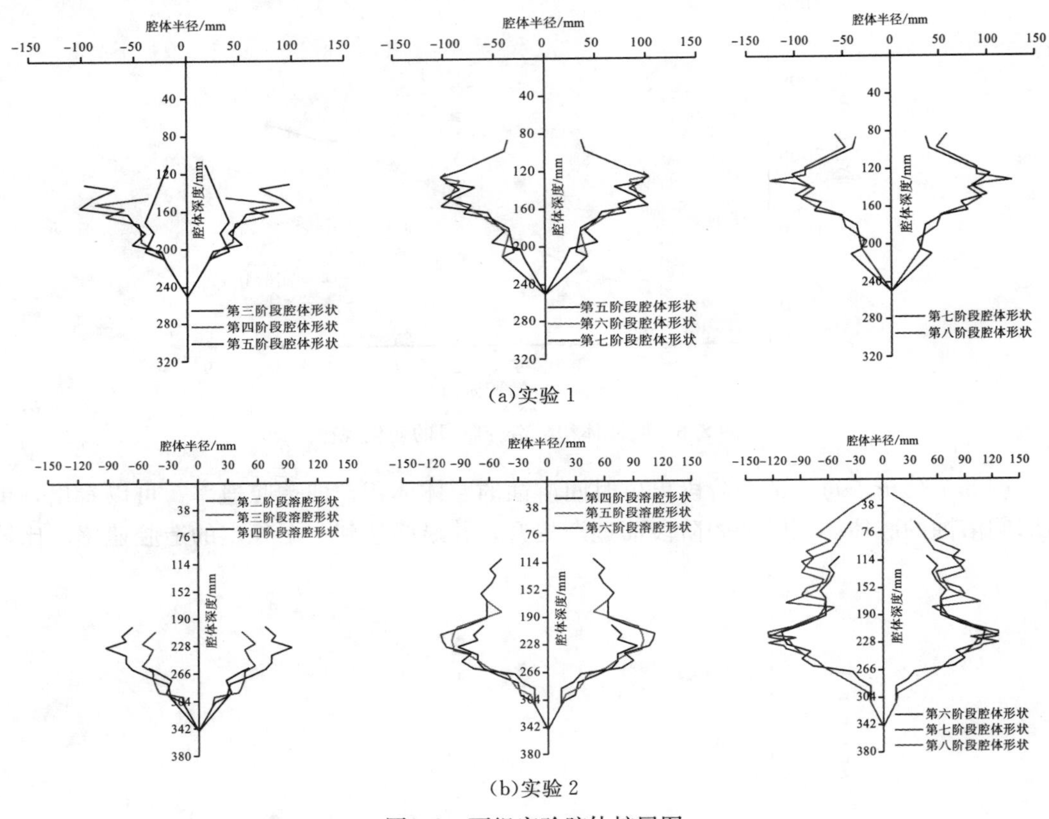

(a)实验 1

(b)实验 2

图8.8　两组实验腔体扩展图

将大尺寸型盐试件沿中心轴位置切开，得到两组实验的溶腔剖面图(图 8.9)，每组实验将两幅图进行了对比，图 1 为含有残渣的溶腔剖面，图 2 为除去残渣的溶腔剖面。经过测量，实验 1 的残渣占了腔体高度的 1/3，而实验 2 的残渣仅占腔体高度的 1/5，说明不溶物含量对溶腔的有效体积影响很大。实验 1 由于后期油垫位置控制不足，在溶腔顶部没有形成拱形的穹状结构，实验 2 的腔体形状为近似的梨形，在底部形成了较大的碗状槽。

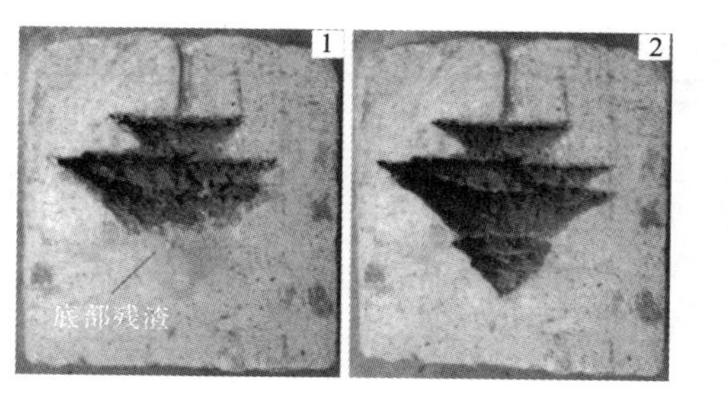

(a)实验 1

(b)实验 2

图8.9　两组实验溶腔剖面图

将腔体真实的剖面图与测腔的腔体剖面图进行比照可知(图 8.10)，测腔工具能够很好地测量腔体的剖面，两者的吻合度达到 90%以上。实验 1 的腔体高度为 171mm，最大腔体直径为 227mm，腔底溶蚀角为 48°；实验 2 的腔体高度为 326mm，最大腔体直径为 260mm，腔底溶蚀角为 49°。

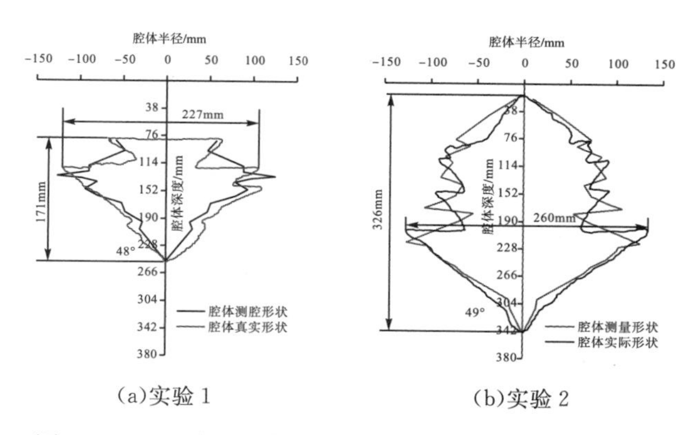

(a)实验 1　　(b)实验 2

图8.10　两组实验腔体测腔形状与腔体真实形状的对比

8.3　单井含夹层型盐水溶造腔模型实验

国际上的盐穴储气库大多建在海相沉积的巨厚盐丘中，而我国盐矿多为湖相沉积的薄层状结构，不溶或者难溶夹层的存在对盐穴储气库建设有着不可忽视的影响，本节针对这个问题，开展含夹层大尺寸型盐室内模型实验研究。

8.3.1　实验参数

本次实验模拟在含夹层盐层中进行盐岩储气库的建造，采用的造腔方法为现场常用的单井油垫法，采用油垫由下至上进行水溶造腔，为了研究不同夹层赋存状态对水溶造腔过程中腔体形状的影响，设计了两组实验，造腔参数如表 8.2 和表 8.3 所示。为了记录方便，取型盐上表面坐标为 0mm，向下方向为正。实验的钻孔深度分别为 280mm、300mm。其中表 8.2 为单夹层存在时的造腔参数表，表 8.3 为双夹层存在时的造腔参数表。

表 8.2　含单夹层盐岩试件单井水溶造腔参数

阶段	时间/min	循环方式正/反	流量/(mL·min^{-1})	中心管/mm	中间管/mm	油垫/mm
1	300	正	8	270	240	220
2	360	反	12.7	250	210	190
3	300	反	12.7	230	180	160
4	360	反	12.7	210	150	130
5	420	反	12.7	210	120	100
6	300	反	12.7	180	90	70
7	300	反	12.7	150	60	40
8	300	反	12.7	150	30	10

表 8.3　含双夹层盐岩试件单井水溶造腔参数

阶段	时间/min	循环方式正/反	流量/(mL·min^{-1})	中心管/mm	中间管/mm	油垫/mm
1	420	正	12.7	290	270	250
2	600	反	12.7	270	250	230
3	660	正	12.7	240	220	200
4	1530	正	12.7	220	190	170
5	600	反	12.7	200	160	140
6	210	反	12.7	180	130	110
7	1170	反	12.7	100	70	50

8.3.2　实验结果分析

1. 排卤口卤水平均浓度分析

由图 8.11 可以看出，在单夹层大尺寸型盐造腔中，排卤口卤水的平均浓度随造腔阶段呈现先增大后减小再增大的趋势，这可分析为：在造腔第一阶段，循环方式为正循环，腔体体积小，溶解的有效面积小，所以导致腔体的整体浓度偏小；到了第二阶段，循环方式改为反循环，且此时排卤口置于腔体底部，从而卤水浓度相比于第一阶段有很大的提高；随着腔体的继续扩大，到了第三阶段，浓度继续上升，平均浓度达到 152g/L；到了造腔第四阶段，浓度略有下降，这是因为在此阶段，进水口在夹层处，而油垫位置位于夹层上方 1cm 处，此位置刚好是溶解最大区域，由于夹层的存在，导致整个有效溶解面积减小，从而浓度减小；到了第五阶段，进水口和油垫都位于夹层的上方，由于在卤水浸泡下夹层并没有垮塌，夹层阻碍了原有的卤水流动，夹层下方区域的卤水几乎处于静止状态。所以从第五阶段开始，在夹层上方区域开始新的造腔，从浓度上表现出的规律就是从第五阶段开始，浓度又开始增加。

在双夹层大尺寸型盐造腔中，造腔第一阶段到第四阶段浓度都偏小，这是因为一、三、四阶段都为正循环，第二阶段虽然是反循环，但处于造腔初始阶段，且刚好油垫位置位于下层夹层处，所以浓度偏小；到了第五、第六阶段，造腔方式改为反循环，且造腔阶段处于中后期阶段，整个溶解的有效面积很大，所以这两个阶段卤水浓度都在 240g/L 以上；到了造腔最后一个阶段，整个造腔的套管都位于上方夹层以上，此时造腔区域被限制在一个很小的区域，所以第七阶段卤水浓度有一个很大的回落。

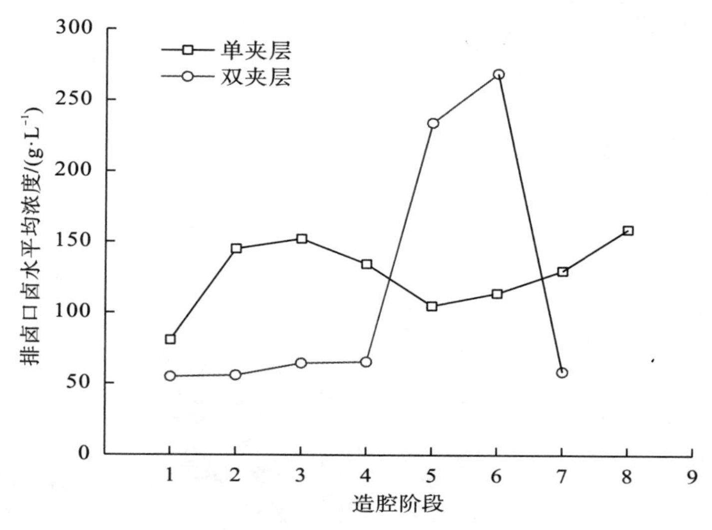

图 8.11　排卤口卤水平均浓度随造腔阶段的变化规律

单位时间溶蚀的腔体体积可以定义为造腔速率，图 8.12 显示了造腔速率随造腔阶段的变化规律，比较图 8.11 和图 8.12 可以看出，造腔速率的变化规律与平均浓度的变化规律具有很好的一致性，图 8.12 曲线上的转折点也和图 8.11 一样，转折点出现时，说明对造腔参数进行了调整或者造腔进行到夹层附近。造腔结束后，将溶腔中的卤水通过抽水机抽出，测量卤水的体积，也就是溶腔的有效体积。单夹层单井水溶造腔形成的腔体有效体积为 2150mL，双夹层单井水溶造腔形成的腔体有效体积为 2400mL。

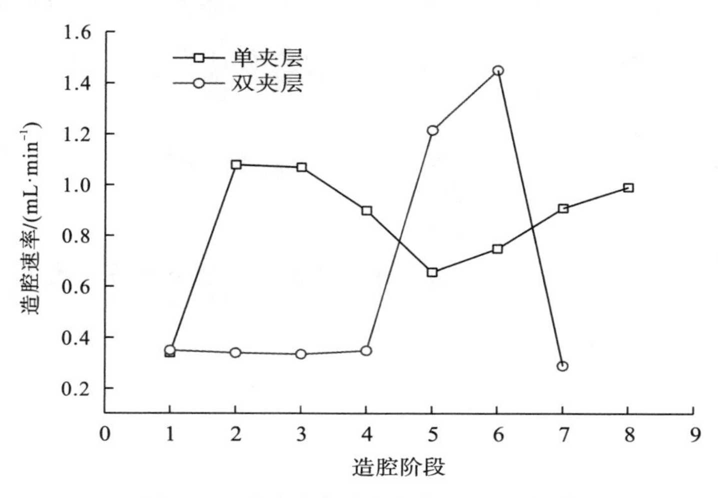

图 8.12　造腔速率随造腔阶段的变化规律

2. 溶腔形状分析

由图 8.13 和图 8.14 可以看出，测腔工具在含夹层盐腔中依然能够很精确的测量溶腔的形状，测出的腔体形状和真实的造腔形状契合度很高，基本上是重合的，这验证了测腔方法的可靠性。在本次实验中，夹层并没有在卤水的浸泡下发生垮塌，夹层的存在，使腔体被夹层分隔成两到三个小型腔体，缩小了腔体的容量。这种腔体形状既不利于腔体的稳定性也不利于后期储气的安全性控制。

含单夹层的溶腔总高为 254mm，上层腔体最大直径为 200mm，腔体体积约为 650mL；下层腔体最大直径为 2312mm，腔体体积约为 1500mL。含双夹层的溶腔总高为 254mm，上中下腔体最大直径分别为 206mm、280mm、214mm。

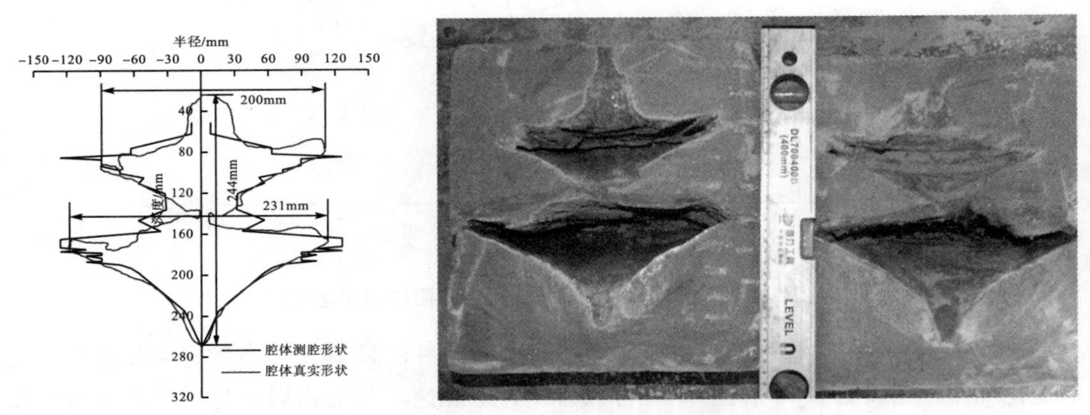

图 8.13　含单夹层盐岩试件水溶造腔形成的溶腔剖面

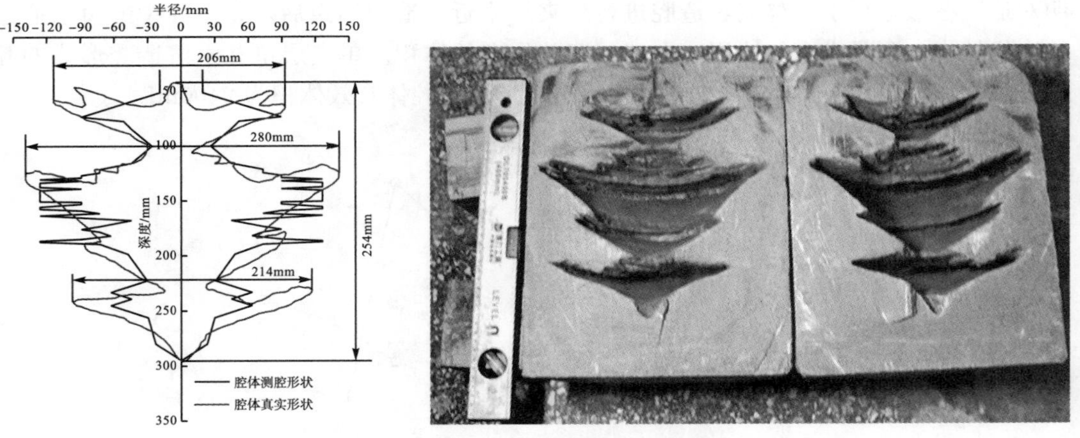

图 8.14　含双夹层盐岩试件水溶造腔形成的溶腔剖面

第9章　大尺寸型盐小井间距双井水溶造腔技术

9.1　型盐试件的制备

小井间距双井水溶造腔大尺寸型盐试件的制备方法和前面单井的试件制备方法相同，采用重庆北碚地区盐粉，通过压力机压制而成，压制力为80MPa，保压时间为1h，压制后的试件尺寸为Φ300mm×380mm，型盐试件压制完成后，要对其进行预先钻孔处理，采用手工钻机进行钻取，钻头直径为10mm，两孔间距为50mm，钻取深度为340mm，试件底部预留了40mm的保护盐层，如图9.1所示。

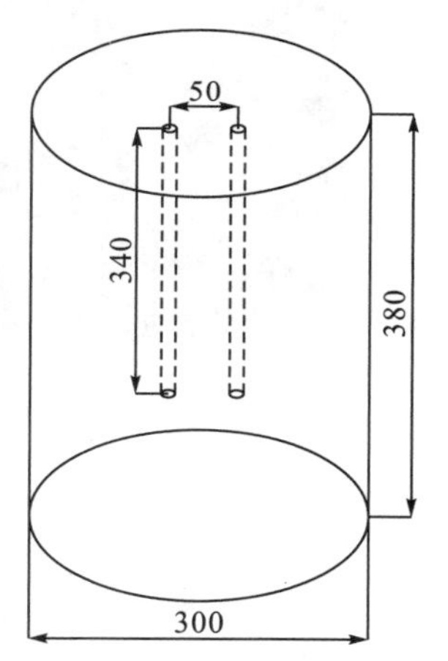

图9.1　用于小井间距双井水溶造腔的大尺寸型盐试件(单位：mm)

9.2　实验的平台

盐岩小井间距双井水溶造腔实验在自制造腔实验平台内完成，造腔实验平台如图9.2所示，小井间距双井水溶造腔采用双层套管(内管、油管)，清水从一口井注入，卤水从另一口井排出。适时交替调整进水和出水的位置，分步提升造腔管柱及油垫层高度，并补充保护液的量。注入的清水由注水箱提供，由流量计控制流量大小，大尺寸型盐放置在平板车上，用钢桶将型盐罩住，型盐与钢桶的环隙用石蜡密封。

油水界面的位置对腔体形状的控制及其重要，在现场造腔中，每天都要对油水界面的位置进行记录，现场采用界面检测仪进行测量，如图9.3所示，其原理是利用不同介质的电导率不同而产生不同的电流大小，借鉴现场的测量技术，开发出适合于室内模型实验的油水界面测量仪(图9.4)，将万用表和两根导电棒相结合，利用万用表的电阻模块，将两导电棒从井口慢慢下入，当万用表电阻值出现变化时，记录此时下入的导电棒深度，即可测量出此时的油水界面。

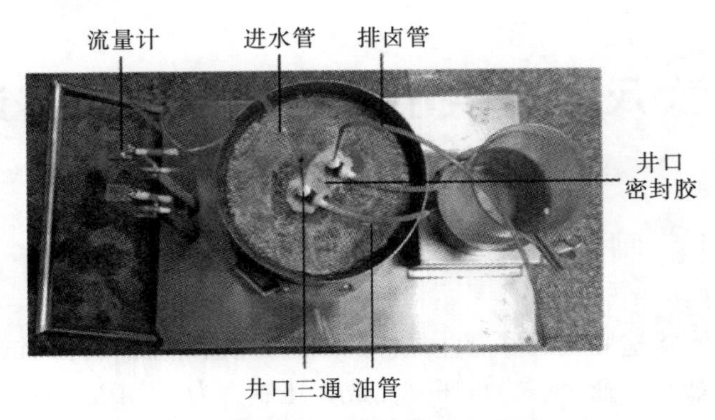

图 9.2　小井间距双井水溶造腔实验平台

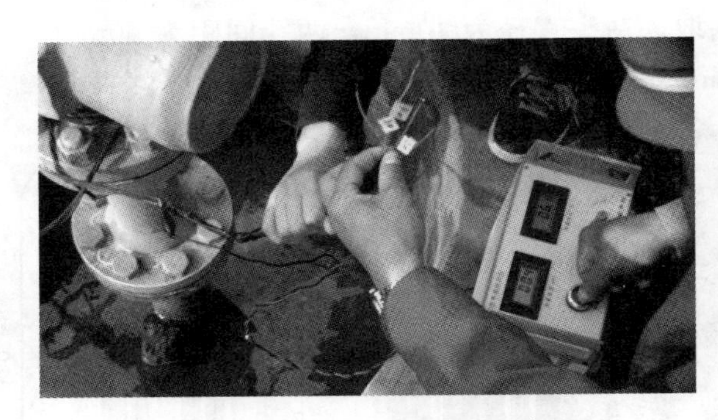

图 9.3　现场油水界面检测仪

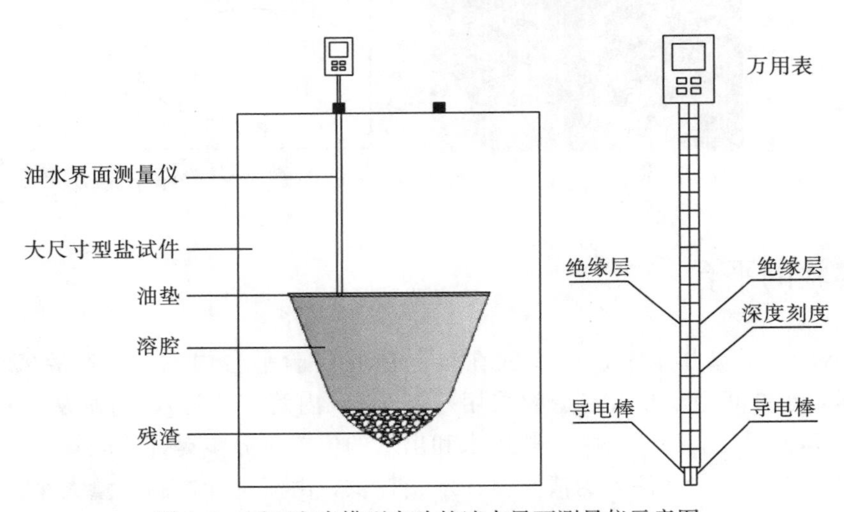

图 9.4　用于室内模型实验的油水界面测量仪示意图

9.3　实验参数

大尺寸型盐尺寸高为 380mm，直径为 300mm，钻孔深度为 34mm，设计腔体高度为

320mm，试件底部预留了 40mm 的保护盐层，顶部预留 20mm 的保护层。经过测量，该压制力下的型盐密度为 2005kg/m^3，现场数据显示，云应地区盐岩的密度为 2160kg/m^3，两者的密度之比约为 1，即 $K_\rho=1$。

此外，在第 2 章中对型盐以及原盐的溶解速率进行了测量，云应原盐在 50℃，溶蚀角 90°下的溶解速率为 2.68g · cm^{-2} · h^{-1}。型盐在实验温度 30℃，溶蚀角 90°下的溶解速率为 1.27g · cm^{-2} · h^{-1}，从而可以推出 $K_\omega=2.1$。设定现场的井间距为 18 m，模型实验中的井间距为 5 cm，则实验的几何相似比为 360。

由相似比关系式(6.5)可以推出：$K_t=171$，$K_q=272842$，将所有的造腔参数相似比汇总于表 9.1。

表 9.1　相似比参数

	原型	模型	相似比
井间距/m	18	0.05	360
盐岩密度/(kg · m^{-3})	2160	2110	1
盐岩溶解速率/(g · cm^{-2} · h^{-1})	2.68	1.27	2.1
造腔时间/h	—	—	171
卤水浓度/(g · mL^{-1})	—	—	1
流量/(mL · min^{-1})	1.36×10^6	5	272842

为了较好地研究小井间距双井水溶造腔工艺，设计了两组水溶参数，实验 1 为分步提升进水管位置，油垫距离进水管底部管口以上 5mm，而排卤管基本位于腔体底部。实验 2 为分步提升油垫，而进水管与排卤管的位置只细微的进行调整。每个实验过程分为两个大的阶段，阶段一为两井的连通阶段，由于模型实验很难采用定向对接技术进行两井的连通，所以在本次实验中采用单井水溶技术进行溶通，即在两井内分别布置单井水溶造腔的套管，随着两井在底部的扩展，在某一时刻，两井将在油水界面处对接，阶段一的单井水溶造腔参数如表 9.2 所示。两井溶通后，阶段一结束，将三层套管拔出，换上用于双井水溶造腔的双层套管。在阶段二中，由于是分步造腔，所以此造腔阶段被分为八个小周期，其套管位置，每个造腔周期的溶蚀时间、循环方式、注水流量如图 9.5 所示，循环方式 A－B 指的是从 A 井注水，由 B 井排出卤水。由于实验连续时间较长，每个造腔周期之间并不是连续的，每做完一个造腔周期，用微型高压隔膜泵将腔内的卤水抽出，待下一个造腔周期开始前，再将上一周期抽出的卤水注入腔内，由于上下两个造腔周期的腔内卤水没有改变，且浓度梯度会很快恢复到原来的状态，所以这样的操作并不会影响实验的结果。

表 9.2　实验第一阶段参数

	实验 1	实验 2
时间/min	300	420
循环方式/(正/反)	正	正
流量/(mL · min^{-1})	5	5
中心管/mm	335	335
中间管/mm	305	305
油垫/mm	300	300

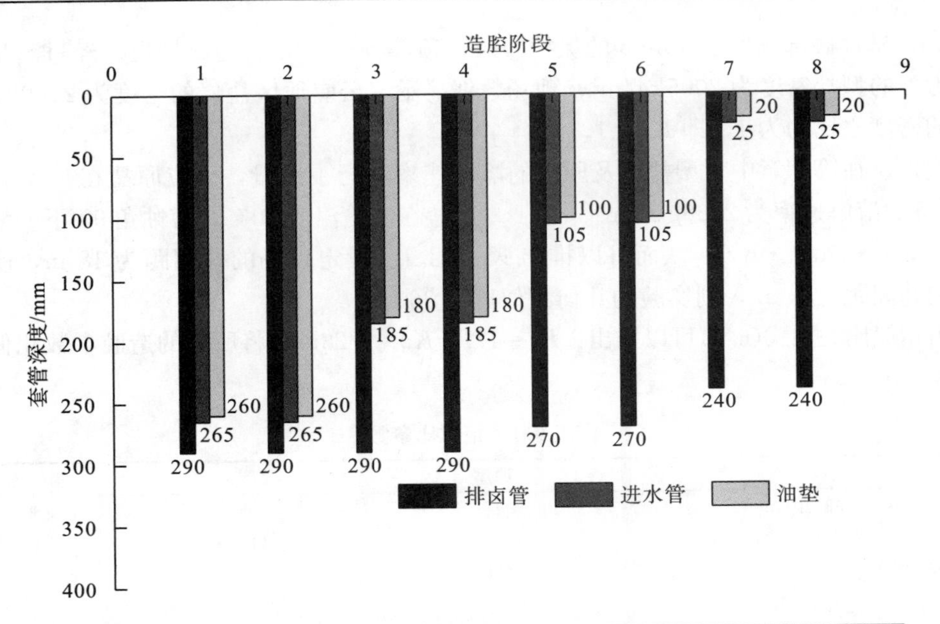

阶段	1	2	3	4	5	6	7	8
时间/min	240	240	360	360	360	360	390	390
循环方式	A-B	B-A	A-B	B-A	A-B	B-A	A-B	B-A
流量/（$mL\cdot min^{-1}$）	1.4	2.4	3.8	4.8	4.8	4.8	4.8	4.8

(a)实验 1

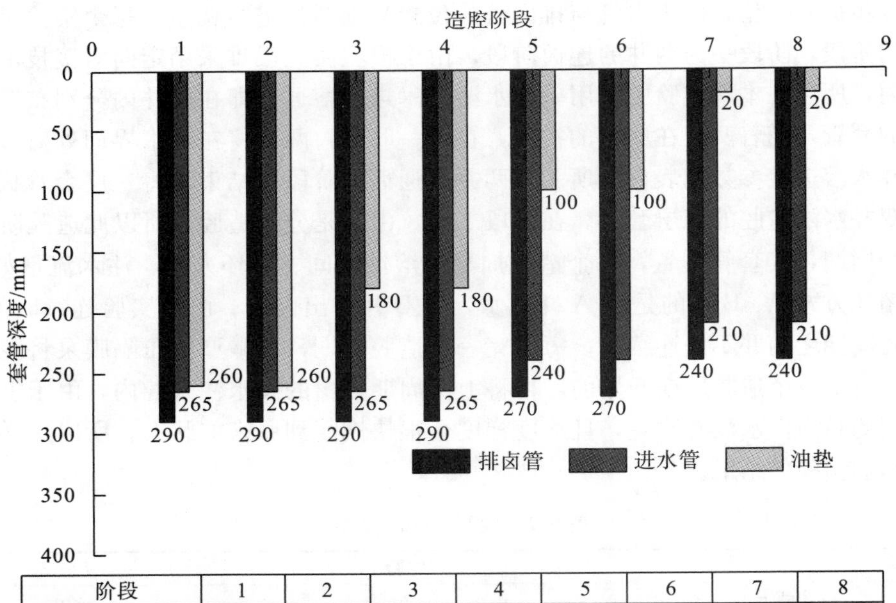

阶段	1	2	3	4	5	6	7	8
时间/min	240	240	360	360	360	360	200	120
循环方式	A-B	B-A	A-B	B-A	A-B	B-A	A-B	B-A
流量/（$mL\cdot min^{-1}$）	6.7	6.7	8.4	8.4	8.4	8.4	8.4	8.4

(b)实验 2

图 9.5　实验第二阶段造腔参数

9.4　实验结果分析

9.4.1　排卤口卤水浓度变化规律

由于本章的重点在于研究两井溶通后的一些规律，所以在对参数的分析上，也放在了造腔的第二阶段，即采用小井间距双井水溶造腔这一阶段。图 9.6 为小井间距双井水

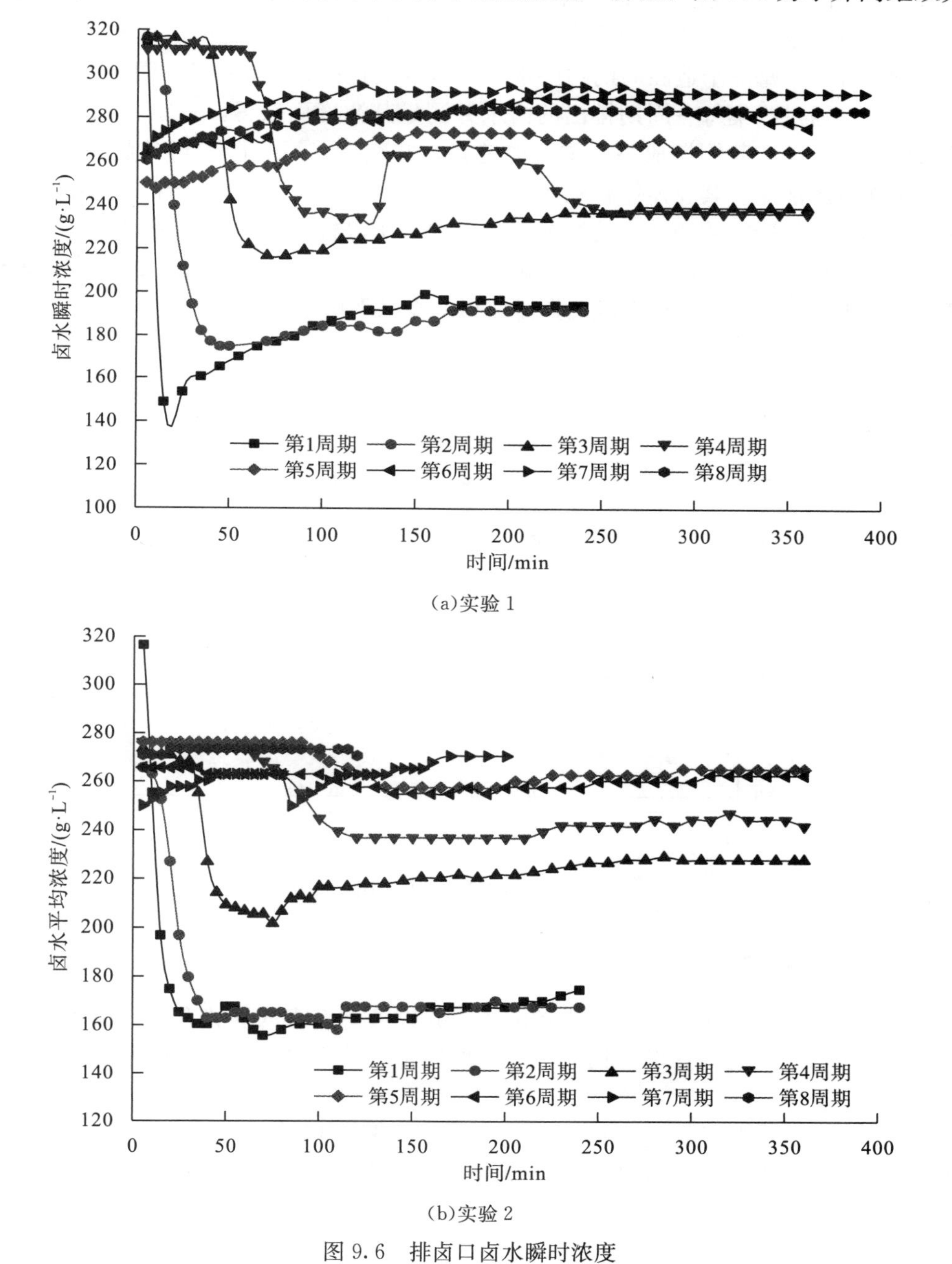

(a)实验 1

(b)实验 2

图 9.6　排卤口卤水瞬时浓度

溶造腔过程中排卤口卤水的瞬时浓度，即每隔一定时间对排卤口的卤水浓度进行测量，在腔内卤水浓度没有稳定之前，取样间隔时间设定为5min，稳定后间隔时间为10min。小井间距双井水溶造腔过程中卤水浓度随造腔时间的变化规律和单井水溶造腔工艺类似，即卤水浓度最终将达到一个平衡状态，浓度趋于稳定。在现场水溶造腔过程中，排卤口的卤水浓度同样需要多次测量，一般而言，排卤口的卤水浓度基本上是稳定的，若出现浓度突变，则需要引起现场工作人员的密切注意，产生浓度突变的原因有以下几点：一是井口的机械故障，引起注水流量以及注水压力偏离设定值；二是井下套管出现弯曲，导致进水口以及排卤口位置偏离设计值；三是夹层的垮塌扰动了腔内卤水浓度分布。

实验过程中，每一个造腔周期的卤水平均浓度是造腔过程中一个很重要的参数，在模型实验中，通过收集每一周期排出的卤水并测量其浓度而获得，由图9.7可知，卤水平均浓度基本上随造腔周期成一个增大的趋势，并在造腔后期阶段增长趋势有所减缓。这是因为在造腔前期，其腔体体积较小，可溶的溶蚀面积有限，所以导致排卤口的卤水平均浓度偏低，但造腔前期盐岩的溶蚀速率较快，所以排卤口的卤水平均浓度增长也较快。到了造腔后期，溶腔内的卤水整体浓度偏高，此时抑制了盐岩的溶蚀速率，另外排卤管口也向上有所提升，所以造腔后期排卤口的卤水平均浓度增速变缓。

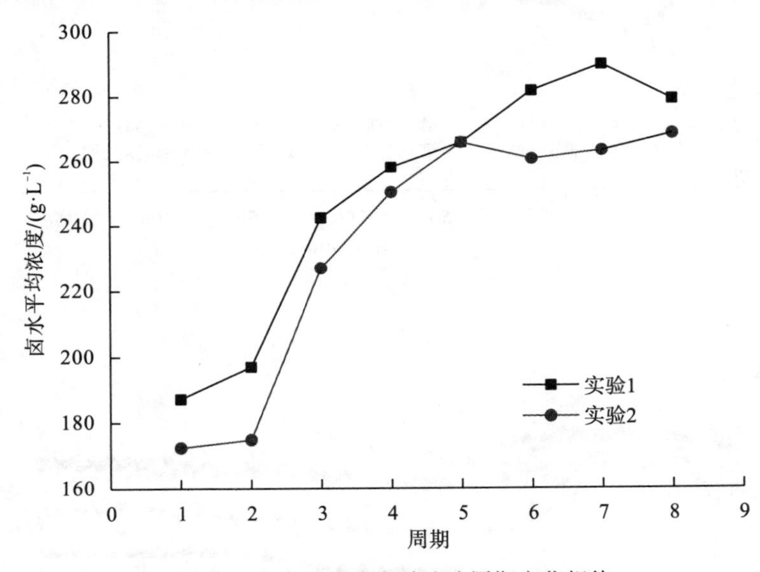

图9.7　卤水平均浓度随造腔周期变化规律

9.4.2　腔体体积分析

盐岩溶腔的扩展是由于固态盐岩被溶蚀，并以液态卤水的形式存在。卤水一部分排出溶腔外，一部分仍存留在溶腔内。根据盐的质量守恒，可以获得溶腔每一造腔周期的腔体体积。

假设第 K 造腔周期后溶腔的总体积为 V_{t_k}，忽略排出腔体外的不溶物(和底部的不溶物相比，排出的不溶物的量微乎其微)，则溶腔底部不溶物残渣的体积为 V_{i_k}。

$$V_{i_k}=\frac{\rho_s V_{t_k}\varphi\alpha}{\rho_i} \tag{9.1}$$

式中，ρ_s 为盐岩的密度；φ 为盐岩中不溶物含量百分比；α 为不溶残渣的膨胀系数；ρ_i 为盐岩中不溶物的密度。

溶腔的有效体积为溶腔总体积减去溶腔底部不溶物残渣的体积：

$$V_{a_k}=V_{t_k}-V_{i_k} \tag{9.2}$$

第 K 阶段后，溶腔内卤水中盐的质量为

$$m_{a_k}=C_{a_k}V_{a_k} \tag{9.3}$$

式中，C_{a_k} 为溶腔中卤水平均质量－体积浓度；V_{a_k} 为溶腔内卤水体积。

而第 K 阶段排出溶腔外的卤水中盐的质量 m_{d_k} 可由排出卤水的体积 C_{d_k} 以及其平均质量体积浓度 V_{d_k} 获得

$$m_{d_k}=C_{d_k}V_{d_k} \tag{9.4}$$

与第 $K-1$ 造腔周期相比，第 K 造腔周期溶腔内卤水中增加的盐的质量为 $m_{a_k}-m_{a_{k-1}}$，这部分盐的质量由进入到溶腔中的盐的质量以及排出腔外的盐的质量共同决定，即：

$$m_{a_k}-m_{a_{k-1}}=\rho_s(V_{t_k}-V_{t_{k-1}})(1-\varphi)-m_{d_k} \tag{9.5}$$

将式(9.5)展开，可得：

$$\begin{aligned}&C_{a_k}\left(V_{t_k}-\frac{\rho_s V_{t_k}\varphi\alpha}{\rho_i}\right)-C_{a_{k-1}}\left(V_{t_{k-1}}-\frac{\rho_s V_{t_{k-1}}\varphi\alpha}{\rho_i}\right)+C_{d_k}V_{d_k}\\&=\rho_s(V_{t_k}-V_{t_{k-1}})(1-\varphi)\end{aligned} \tag{9.6}$$

不溶物的密度与盐岩的密度近似相似，即 $\rho_s=\rho_i$，则第 K 造腔周期后的溶腔体积为

$$V_{t_k}=\frac{C_{d_k}V_{d_k}+V_{t_{k-1}}\left[\rho_s(1-\varphi)-C_{a_{k-1}}(1-\varphi\alpha)\right]}{\rho_s(1-\varphi)-C_{a_k}(1-\varphi\alpha)} \tag{9.7}$$

图 9.8 为溶腔体积随造腔时间的变化规律。图中测量体积指的是在每一周期结束后将

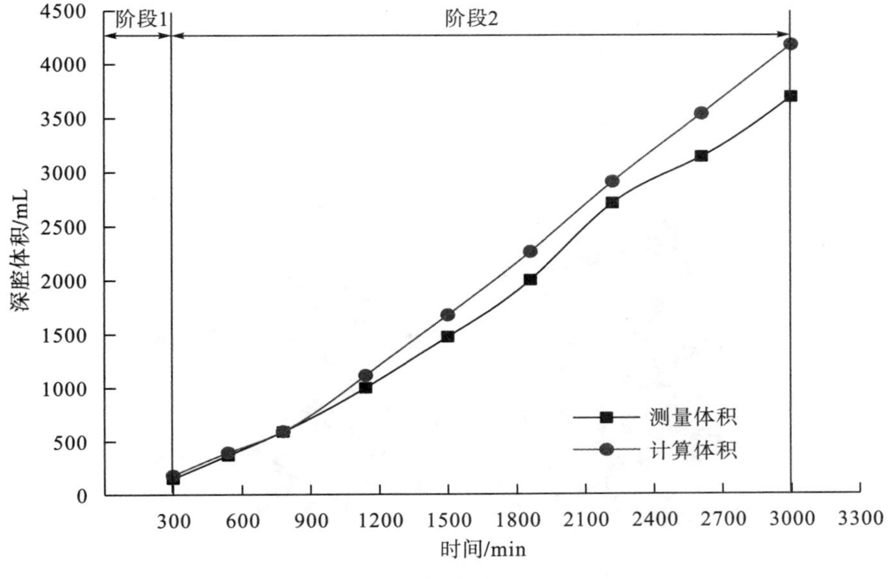

(a)实验 1

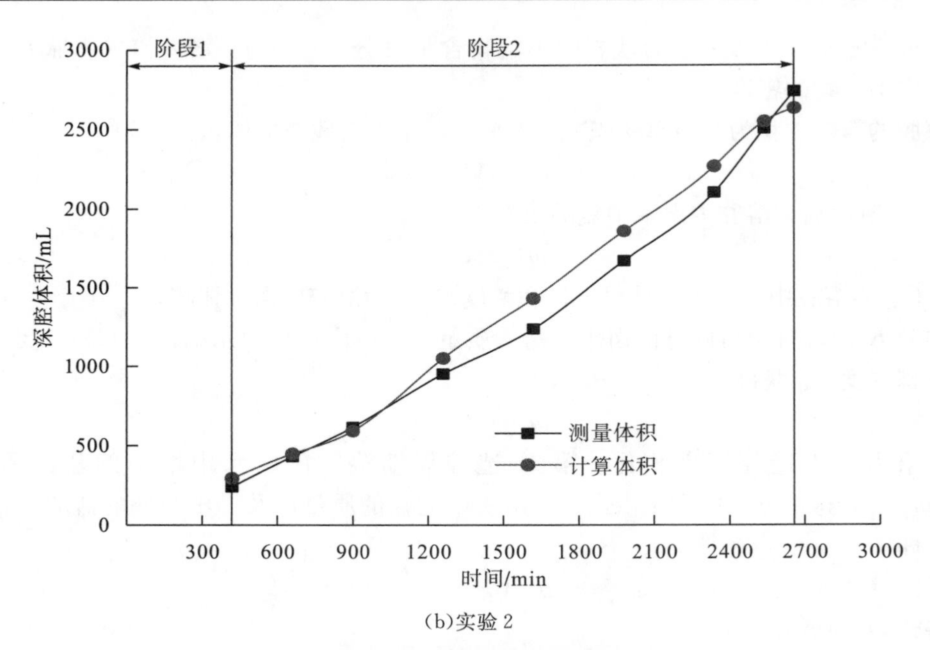

(b)实验 2

图 9.8 溶腔体积随造腔时间变化规律

腔内的卤水抽出并测量其体积，由于不溶残渣还存留在腔体底部，所以此体积指的是溶腔的有效体积。计算体积指的是采用式(9.7)获得的腔体有效体积。由图可知，测量的腔体有效体积和由公式计算的腔体有效体积很相近，最大误差在 10%以内。由于式(9.7)考虑了溶腔内卤水中盐的质量，所以比单独只考虑排出腔体外盐的质量来推算腔体体积要精确。实验 1 的腔体有效体积为 3690mL，而实验 2 的腔体有效体积为 2735mL。

9.4.3 腔体形状

造腔完成后，通过手锯将型盐试件沿两井方向切开，并用石蜡进行倒模，获取腔体的三维立体形状，图 9.9 为实验 1 含有不溶残渣的腔体剖面图，残渣高度约为溶腔总高度的 1/4。图 9.10 为将残渣清理后的腔体完整形状，并通过图形选取软件将形状的大小

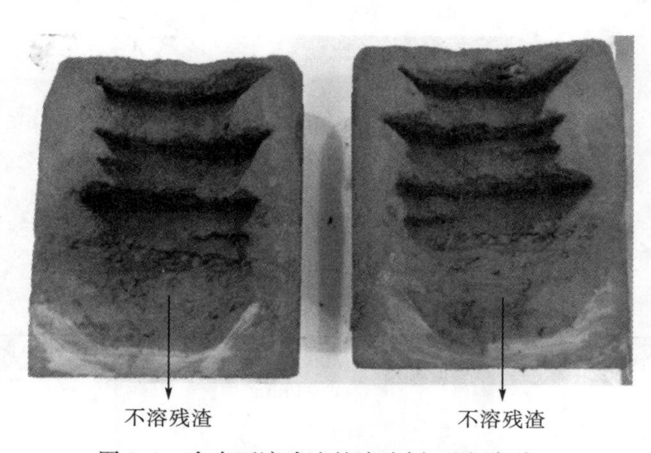

图 9.9 含有不溶残渣的溶腔剖面图(实验 1)

在坐标中显示出来，由图可知，在溶腔底部留下了两井连通阶段产生的两个底槽，这是由于两井连通采用的是单井油垫法水溶技术，很明显可以看到两井在 A 点位置连通，即当时第一阶段的油垫位置。

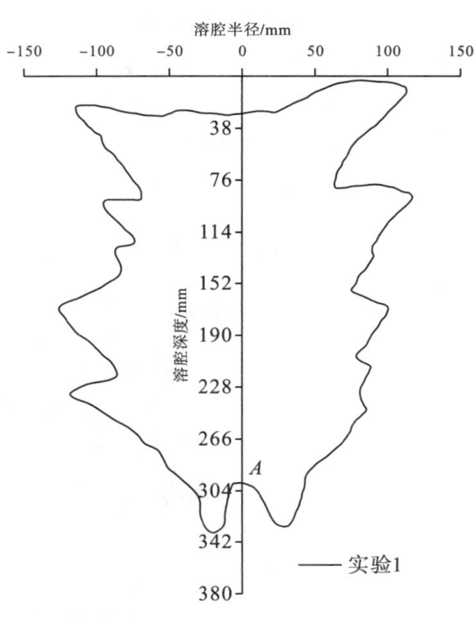

图 9.10　溶腔总剖面图及其大小

图 9.11 为实验 1 倒膜出来的腔体立体图，分别为正视图、侧视图和俯视图。由正视图和侧视图可知，整个腔体为“台阶状”的溶腔，这是由提管方式决定的，在实验 1 中，进水管和油垫每次都提升 80mm，这种提管方式就限制了清水的作用范围，在当前的造腔周期中，清水很难对上一周期已形成的腔体形状有太大的影响，从而造成盐岩腔壁的不规则。俯视图选取台阶中最大的一块，并对其轮廓进行描摹获得，可知腔体的横截面为非对称的椭圆形，其中面积最大的横截面其长轴为 230mm，短轴为 160mm。

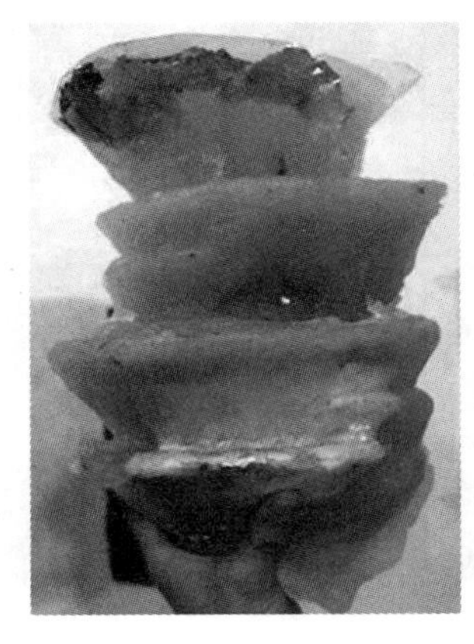

(a)正视图

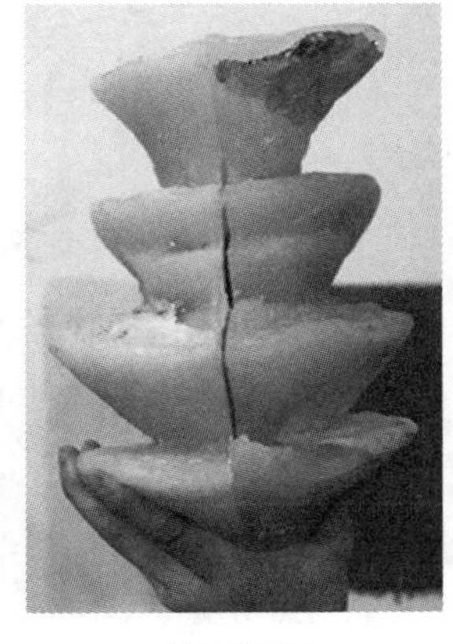

(b)侧视图

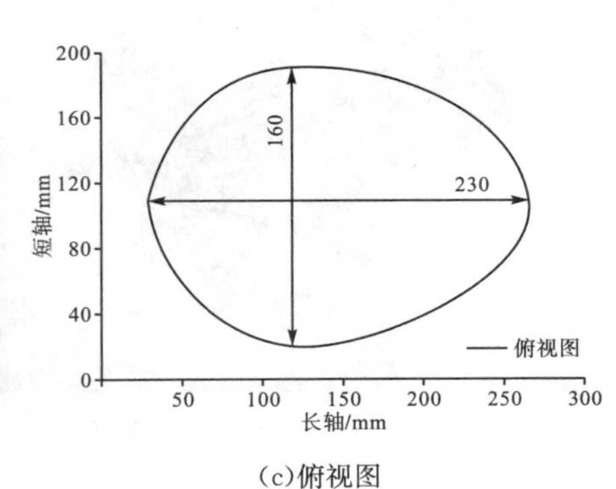

(c)俯视图

图 9.11　溶腔三维立体图(实验 1)

在实验 2 中，残渣高度约为整个腔体高度的 1/5，同样留下了造腔第一阶段产生的两个底槽(图 9.12)。造腔最后一个阶段，由于出现漏水，所以溶蚀时间只有 120 min，从而导致腔体顶部有两井间的盐岩块体没有溶蚀掉。将腔体内残渣清除后可清楚地观察溶腔的总剖面图，再通过数据处理软件画出剖面图形状(图 9.13)。由溶腔的立体图(图 9.14)可知，腔体轮廓还是很规则，这是由于进水口并没有随油垫提升，其位置基本位于腔体下部，这样进入的清水可以影响到其进水口以上的所有区域，这样相邻两周期之间的腔体形状并不会产生非规则的扩展。由腔体俯视图可知，溶腔横截面同样为非对称的椭圆形，此形状的产生是由同一套管位置的两次循环造腔共同形成的，溶腔横截面的长轴为 210mm，短轴为 180mm，长短轴比为 1.17。

图 9.12　含有不溶残渣的溶腔剖面图(实验 2)

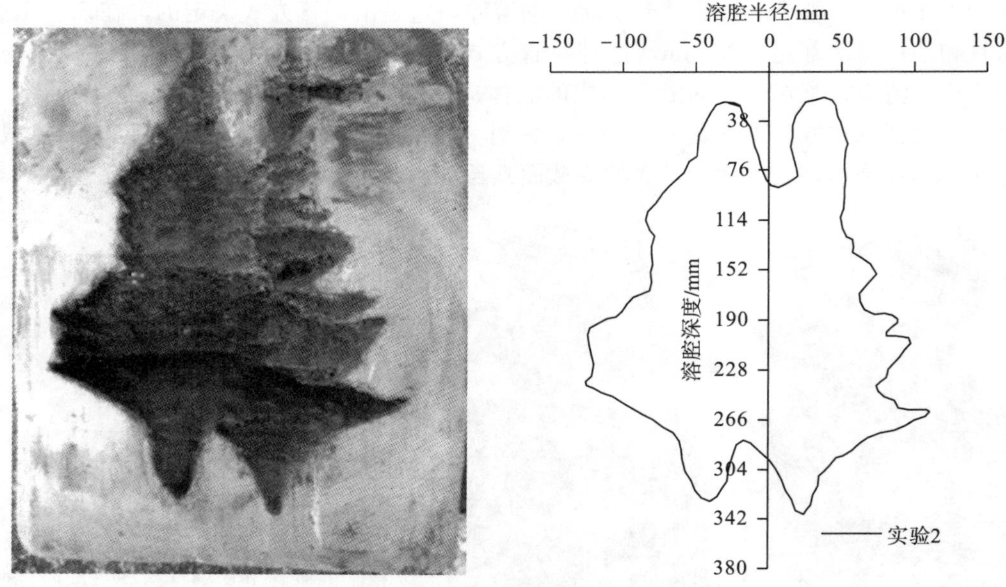

图 9.13　溶腔总剖面图及其大小

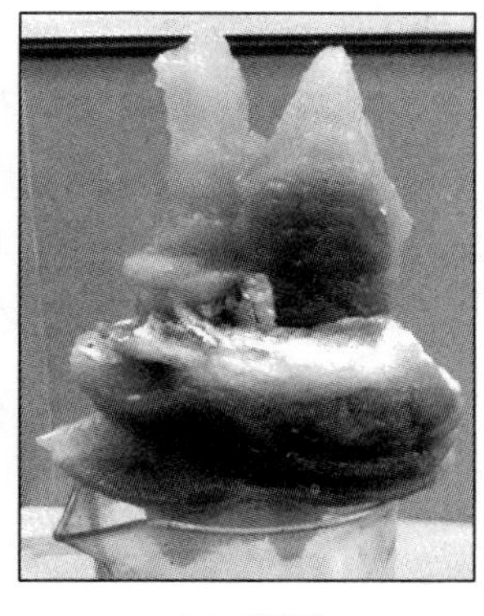

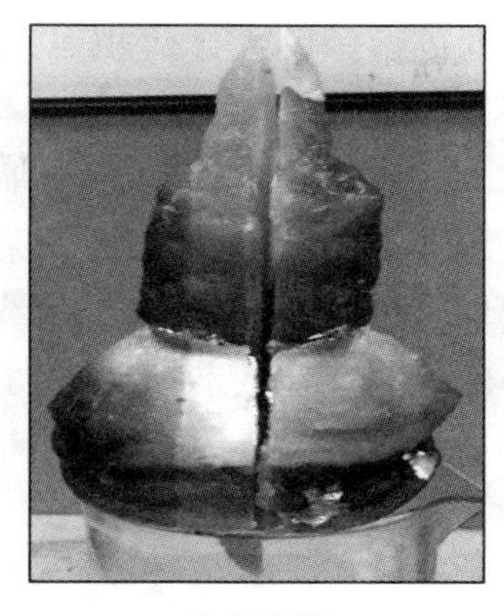

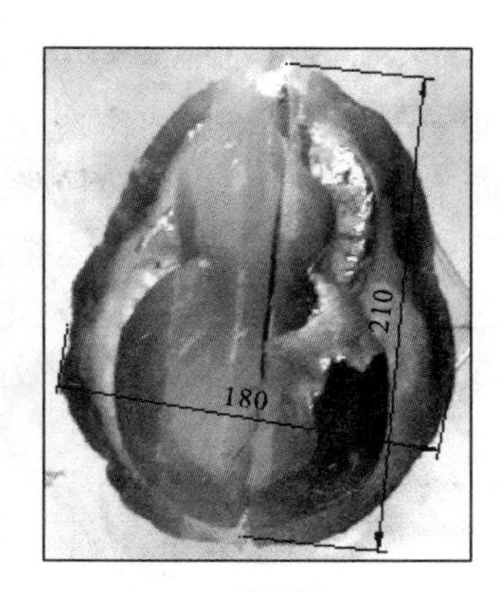

(a)正视图　(b)侧视图　(c)俯视图

图 9.14　溶腔三维立体图(实验 2)

9.5　单井及小井间距双井水溶造腔模型实验的对比

将前面的单井油垫法水溶造腔和本章的小井间距双井水溶造腔进行对比，两组造腔实验分别为 9.3 节中无夹层大尺寸型盐室内模型实验的实验 2 以及本节的实验 1。两组实验采用相同的型盐试件，从试件规格、试件制作方法、压制力以及保压时间上都保持完全一致，两组实验都是在 30℃下完成，此外，提管方式都为逐步提升进水管的位置。

图 9.15 比较了两种水溶造腔方式的排卤口卤水平均浓度，可以看出，排卤口卤水平均浓度随造腔阶段的进行而逐渐提升，但进入造腔后期后，腔内卤水基本维持一个较高的浓度且增速放缓。显然，单井油垫法水溶造腔在整个造腔阶段内排卤口卤水浓度的跨度较大，而小井间距双井水溶造腔在开始阶段卤水浓度就达到较高的浓度，所以卤水浓度增速较为平缓。整体来说，小井间距双井水溶造腔的卤水浓度要大于单井油垫法水溶造腔的浓度，且优势在造腔的前期和中期，而到了造腔后期，单井水溶法形成的腔体也足够大时，两种水溶造腔工艺排出的卤水浓度很接近，此时小井间距双井水溶造腔工艺的优势已经不明显。

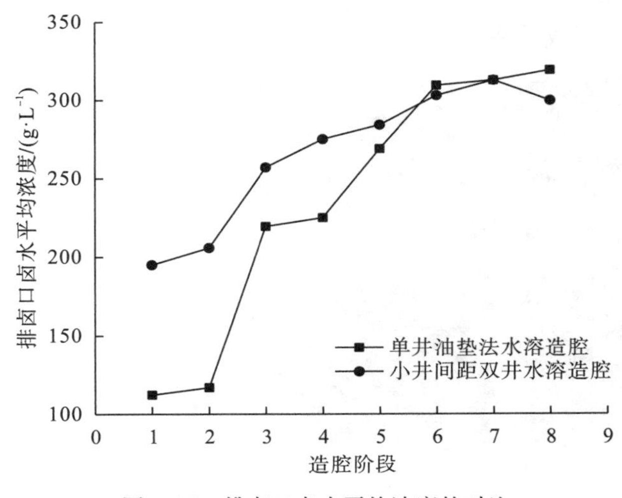

图 9.15　排卤口卤水平均浓度的对比

通过比较两种造腔工艺单位时间溶蚀的腔体体积可以看出(图 9.16)，在造腔前期和中期，小井间距双井水溶造腔工艺单位时间溶蚀的腔体体积要明显大于单井油垫法水溶造腔工艺，但随着造腔阶段的增加，两者的差距在逐步缩小，到了造腔第六阶段，两种水溶造腔工艺的排卤口卤水浓度基本接近，造腔第七和第八阶段，单井油垫法水溶造腔工艺单位时间溶蚀的腔体体积要略大于小井间距双井水溶造腔工艺。可以看出，小井间距双井水溶造腔工艺在造腔效率的优势在造腔前期和中期。

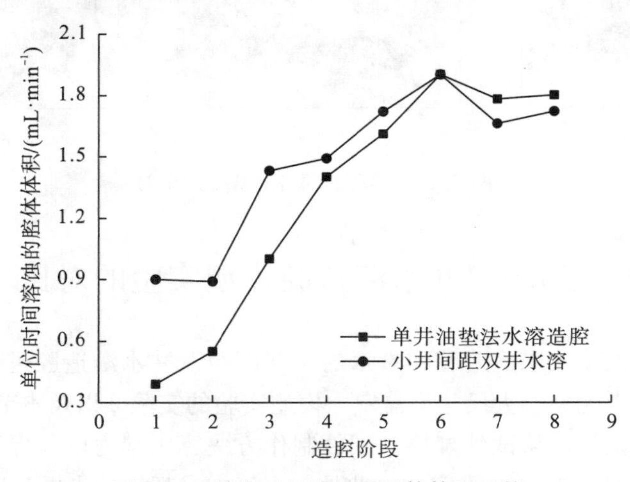

图 9.16　单位时间溶蚀的腔体体积比较

图 9.17 为两种水溶造腔工艺下的溶腔纵切面，可以看出，单井水溶造腔工艺下的溶腔纵切面为近似的梨形，腔体顶部为近似拱形的穹状结构，纵切面沿中垂线对称，溶腔最大直径出现在距离腔顶 183mm 处，形成的直径为 260mm。小井间距双井水溶造腔工艺形成的溶腔纵切面边界较为曲折，连续性没有单井水溶造腔工艺的好，形成的腔体直径为 210～230mm，腔顶形成了较大的跨距。此外，纵切面沿中轴线并非完全对称，这与溶蚀时间的控制有关。对纵切面的面积进行计算，可知单井水溶造腔工艺形成的溶腔纵切面面积为 39656mm^2，小井间距双井水溶法形成的溶腔纵切面面积为 49671mm^2。两种造腔工艺在溶腔底部形成的溶蚀倾角相同，角度为 47°。

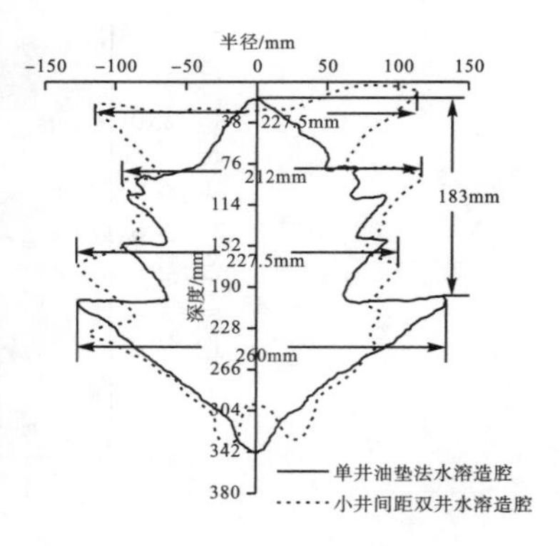

图 9.17　溶腔纵切面比较

图 9.18 对两种水溶造腔工艺下形成的溶腔立体形状进行了比较，从俯视图来看，腔体的横截面形状有较大的区别，单井水溶造腔工艺由于造腔管柱位于溶腔的中心位置，使溶腔中的浓度分布具有较好的对称性，从而使溶腔横截面为圆形。小井间距双井水溶造腔的进水管和排卤管分别置于腔体的两侧，从而使两井连线方向的腔体长度要大于与之垂直的腔体方向的长度，可以看出，该种水溶造腔方式下的溶腔横截面为椭圆形。从侧视图来看，两种造腔方式下的溶腔边界连续性都有待改进，需要从提管次数以及每一阶段的溶蚀时间上加以考虑。最终，单井水溶造腔工艺下形成的溶腔有效体积为 4320mL，而小井间距双井水溶造腔工艺下形成的溶腔有效体积为 3690mL。

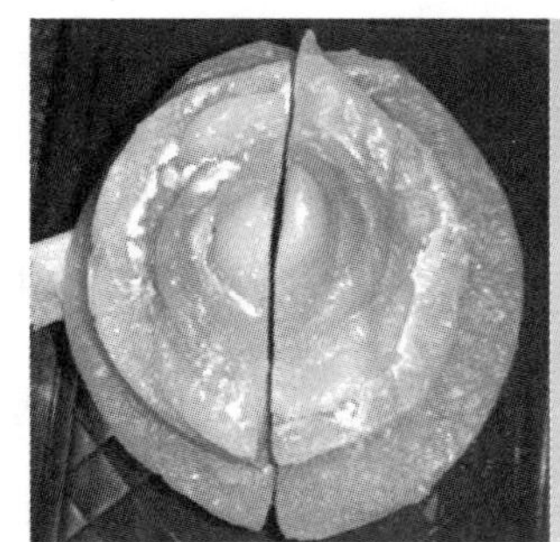

单井水溶造腔

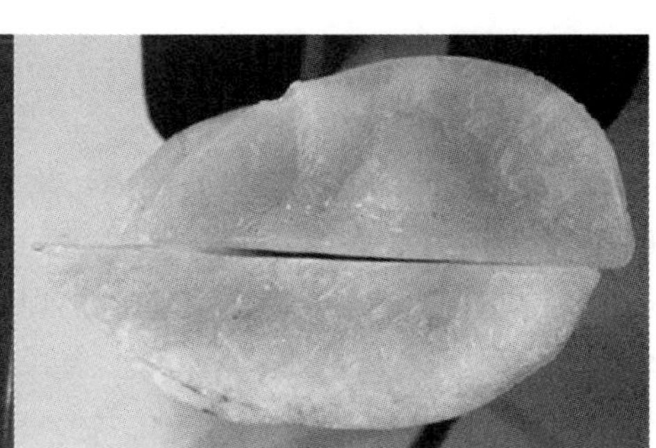

小井间距双井水溶造腔

(a)俯视图

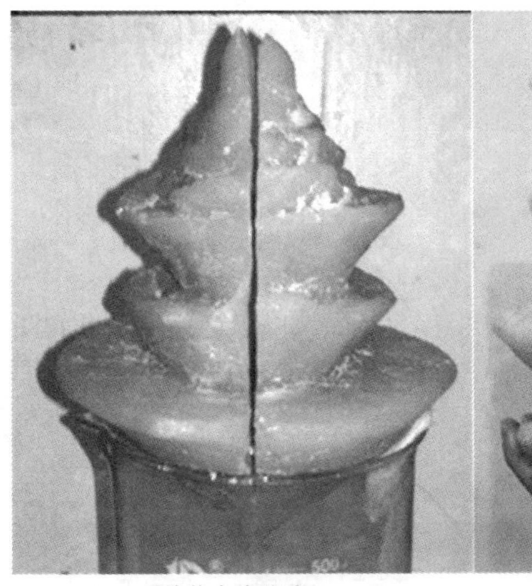

单井水溶造腔

小井间距双井水溶造腔

(b)侧视图

图 9.18　溶腔三维立体图比较

第 10 章　大尺寸型盐水平井水溶造腔技术

10.1　实验条件及方法

10.1.1　盐岩试件

考虑到国内盐岩大试件不易获取以及国内盐岩杂质含量高以及杂质分布不均等因素会影响实验的分析，本章所有盐岩试件均为型盐，在重庆大学土木工程学院结构力学重点实验室 20000kN 的压制机上压制而成，盐块可溶物含量达 99.8%，密度为 1930 kg/m³，试件尺寸为 710mm×340mm×430mm(图 10.1)。

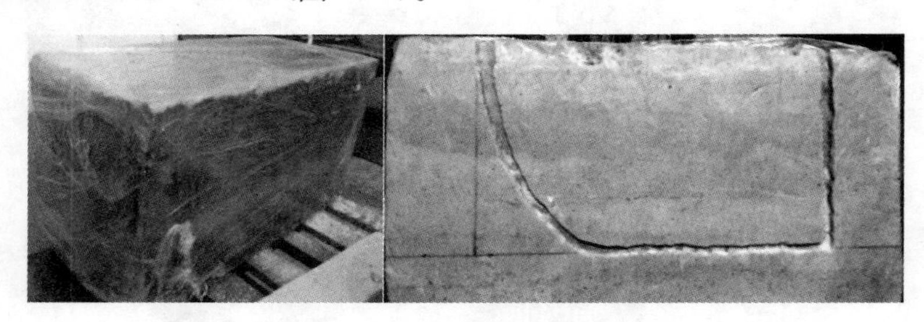

图 10.1　实验所需的盐岩试件

10.1.2　实验装置

为研究水平井水溶造腔的腔体扩展规律，设计了如图 10.2 所示的实验装置，在预制的槽内插入了注水管和排卤管，管的内径为 3.3mm。在井口密封后，通过注油管向槽内加入油，作为实验过程中的油垫。用橡胶软管连接流量计和注水管，用转子流量计控制

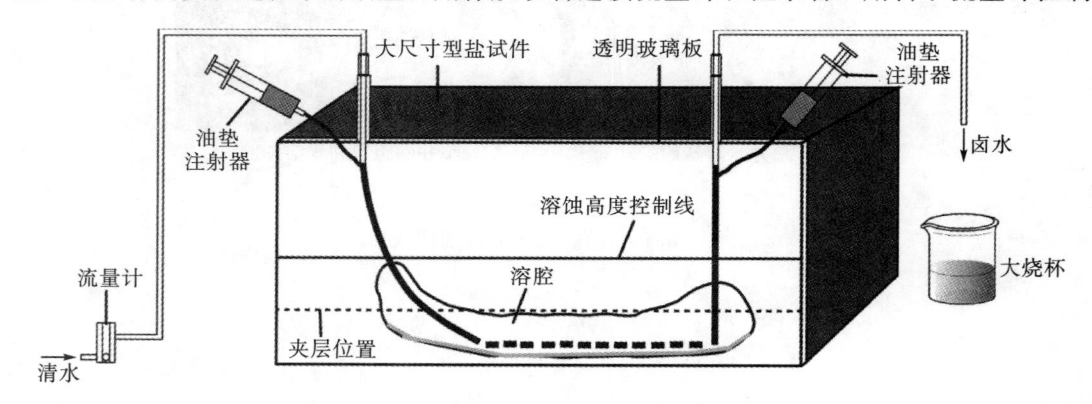

图 10.2　水平井水溶造腔实验装置

水平井水溶造腔过程中的注水流量，在玻璃面的前面架设了一台索尼高清摄像机，用于记录双井水溶造腔过程中腔体的扩展动态，为了使腔体的轮廓更加明显，不时通过橡胶软管往腔体里面注入染料，该染料并不会影响盐壁的溶蚀速率。

10.1.3　实验步骤

在研究某一因素对水平井水溶造腔腔体扩展影响时，需要消除其他因素的影响，所以在实验过程中需要按照实验步骤一步步进行，具体的实验步骤如下：

(1)选取满足实验要求的型盐盐砖，选取的盐砖需要保证杂质较少且没有大的裂纹。对选取的盐砖进行手工打磨处理，主要对贴玻璃盐砖面进行重点打磨，使表面的平整度能够达到实验要求。

(2)对盐砖进行开槽处理，开槽采用手工钻机，钻头直径为 8mm，形成“U”型槽。在两端井口用直径为 10mm 的钻头进行扩槽处理，其目的是使后期的橡胶塞能够密封住井口。

(3)开槽完毕后在盐砖的开槽面涂上透明的环氧树脂胶，胶水需要很好地控制住用量，表面胶水涂得过少，密封性得不到保障，表面胶水用得过多，会使槽被胶水给填充，影响后期的实验，最后将透明玻璃板贴在开槽面。

(4)待环氧树脂胶干燥后，采用注射器预先向槽内注入饱和卤水，将带有橡胶塞的进水管和排卤管插入槽内，然后又同时向槽内注入油，用 AB 胶将井口密封住。

(5)用透明的橡胶管连接注水槽和流量计以及进水管和排卤管，开启流量计，调到实验流量，前期每隔 10min 测量排卤口的卤水浓度以及用摄像机记录此时的腔体形状，中后期腔体扩展稳定后改为半小时测量一次排卤口的卤水浓度。

(6)待某一造腔阶段完成后，调换进水管位置，进入下一个造腔阶段。

10.1.4　相似比的建立

由于水平井水溶造腔过程的复杂性，本章拟通过“量纲分析法”来建立原型与模型的关系，影响盐岩水溶造腔有关的参数有，几何尺寸 l，盐岩的溶解时间 t，盐岩的密度 ρ，溶解速率 ω，腔内卤水的浓度 c，温度 T，注水流量 q。各参数的量纲如表 10.1 所示。

表 10.1　参数—量纲表

参数	量纲	参数	量纲
l	L	c	ML^{-3}
t	T	T	Θ
ρ	ML^{-3}	q	L^3T^{-1}
ω	$ML^{-2}T^{-1}$		

其中，有四个基本量纲 L、M、T、Θ。L 为长度量纲，M 为质量量纲，T 为时间量纲，Θ 为温度量纲。所以由相似第二定理可知，此系统有 3 个相似准则。选取 l、t、ω、T 为基本物理量，其他 3 个物理量可用基本物理量来表示，而本次实验需要确定的物理

量为注水流量，它可表示为

$$q = l^{\alpha} t^{\beta} \omega^{\lambda} T^{\gamma} \tag{10.1}$$

由方程量纲齐次的原则，可得 $\alpha=3$，$\beta=-1$，$\lambda=0$，$\gamma=0$，则与 q 有关的 π 项为

$$\pi_q = \frac{qt}{l^3} \tag{10.2}$$

同理：

$$\pi_\rho = \frac{\rho l}{t\omega},\quad \pi_c = \frac{lc}{t\omega} \tag{10.3}$$

参数的相似比用 K 表示时，几何相似比可表示为

$$K_l = \frac{l_p}{l_m} \tag{10.4}$$

其中，l_p 表示原型尺寸；l_m 表示模型尺寸。其他参量相似比类似，则式(10.3)和式(10.4)中各参量相似比的关系可表示为

$$\frac{K_q K_t}{K_l^{\ 3}} = 1,\quad \frac{K_\rho K_l}{K_t K_\omega} = 1,\quad \frac{K_l K_c}{K_t K_\omega} = 1 \tag{10.5}$$

由实验所用材料可得密度相似比，由几何相似比、盐岩密度相似比、盐岩溶解速率相似比可推出造腔时间相似比，进而推出其他参数的相似比，各相似比的具体数值见表10.2。

表 10.2　相似比参数

	两井间距/m	盐岩密度/(kg·m^{-3})	盐岩溶解速率/(g·cm^{-2}·h^{-1})	可采厚度/m	卤水浓度/(g·mL^{-1})	流量/(mL·min^{-1})
原型	105.5	2160	2.61	29.54	—	0.13×10^7
模型	0.50	1930	0.87	0.14	—	10
相似比	211	1.12	3	211	1	0.13×10^6

10.1.5　实验参数

本章主要根据现场水平井采卤工艺特征进行室内模型实验，研究腔体形态的变化特征和扩展规律，提出控制上溶工艺措施建议。同时，对影响水平井水溶造腔腔体扩展的注水流量因素进行了研究。

水平井水溶造腔是一个复杂的过程，将受到众多因素的影响，首先对注水流量对腔体扩展的影响进行研究，实验条件下注水流量分别为10mL/min、20mL/min，分别对应现场注水流量为80m^3/h、160m^3/h。由于用于实验的试件高度为410mm，顶板预留100mm的保护层，底板预留60mm的保护层，实际用于造腔的高度为250mm。

10.2　实验结果分析

10.2.1　排卤口卤水浓度的变化规律

图 10.3 为水平井水溶造腔过程中排卤口卤水的瞬时浓度，即每隔一定时间对排卤口的卤水浓度进行测量，在腔内卤水浓度没有稳定之前，取样间隔时间设定为 10min，稳定后间隔时间为 30min。水平井水溶造腔过程中卤水浓度随造腔时间的变化规律和单井水溶造腔工艺类似，即卤水浓度最终将达到一个平衡状态，浓度趋于稳定。

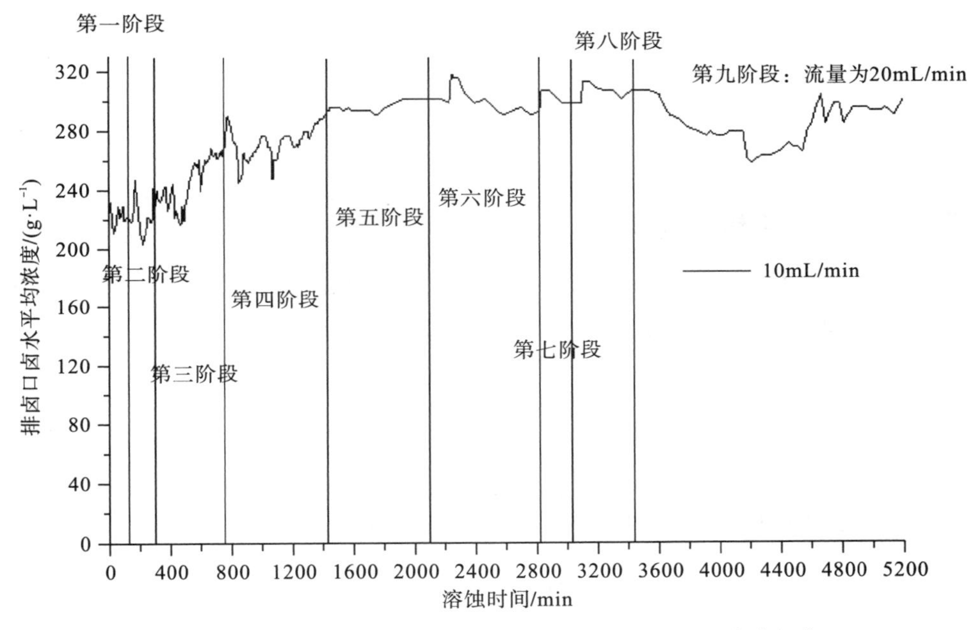

图 10.3　排卤口卤水瞬时质量体积浓度随溶蚀时间的变化规律

图 10.3 显示了排卤口卤水质量体积浓度随溶蚀时间的变化规律，其中第一到第八阶段时的流量为 10mL/min，第九阶段为 20mL/min，可以看出，在流量增大后，排卤口瞬时浓度明显下降，之后上升到一个比较稳定的状态。

实验过程中，每一个造腔周期的卤水平均浓度是造腔过程中一个很重要的参数，在模型实验中，通过收集每一周期排出的卤水并测量其浓度而获得，由图 10.4 可知，卤水平均浓度基本上随造腔周期成一个增大的趋势，并在造腔后期阶段增长趋势有所减缓。这是因为在造腔前期，其腔体体积较小，可溶的溶蚀面积有限，所以导致排卤口的卤水平均浓度偏低，但造腔前期盐岩的溶蚀速率较快，所以排卤口的卤水平均浓度增长也较快。到了造腔后期，溶腔内的卤水整体浓度偏高，此时抑制了盐岩的溶蚀速率，另外排卤管口也向上有所提升，所以造腔后期排卤口的卤水平均浓度增速变缓。

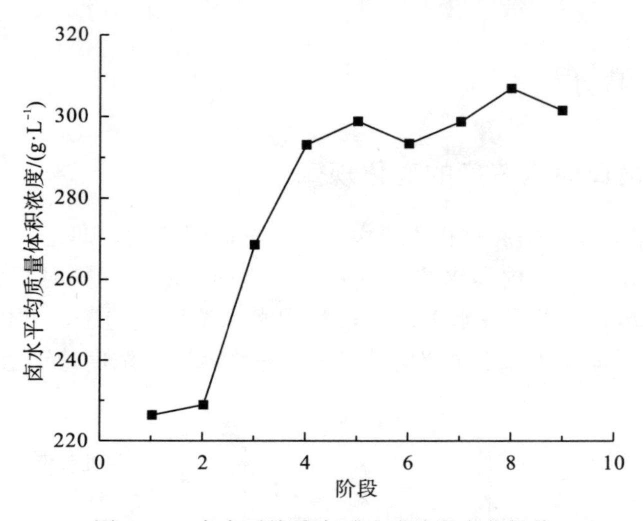

图 10.4 卤水平均浓度随造腔阶段变化规律

10.2.2 溶腔体积扩展分析

假设溶腔溶蚀的盐总质量为 m_{ts}，这部分盐一部分通过卤水排出腔外，一部分留在了溶腔中。排出腔外的盐的质量为 m_{sa}，而留在溶腔里的盐的质量为 m_{sic}，则 m_{ts} 和 m_{sic} 可以表示为

$$m_{ts}=m_{sa}+m_{sic} \tag{10.6}$$

$$m_{sic}=\frac{m_{ts}}{\rho}\times c_{sic} \tag{10.7}$$

其中，c_{sic} 为溶腔中卤水的质量体积平均浓度，通过式子带入，可得到：

$$m_{ts}=\frac{\rho m_{sa}}{\rho-c_{sic}} \tag{10.8}$$

$$m_{sic}=\frac{m_{sa}c_{sic}}{\rho-c_{sic}} \tag{10.9}$$

忽略盐岩中的不溶物含量，可得溶腔的体积为

$$V_{ts}=\frac{m_{sa}}{\rho-c_{sic}} \tag{10.10}$$

图 10.5 显示的为腔体体积随溶蚀时间的变化规律，其中圆圈线为实际测量的腔体体积，而方块线为采用式(10.10)计算的腔体体积，由图可知腔体体积随溶蚀时间的增加而增大，且腔体体积增长速率明显加快，主要体现在曲线的斜率明显增大，说明溶蚀后期更有利于腔体的扩展。此外，第九阶段的流量是 20mL/min，而第一到第八阶段流量为 10mL/min，可以明显看出流量为 20mL/min 时的腔体体积增大速率大于 10mL/min，即流量越大腔体体积增长的速率也越快，说明增加流量将有利于腔体体积的扩展。此外实际测量的腔体体积与计算的体积较为吻合，说明计算公式具有较好的精确性。

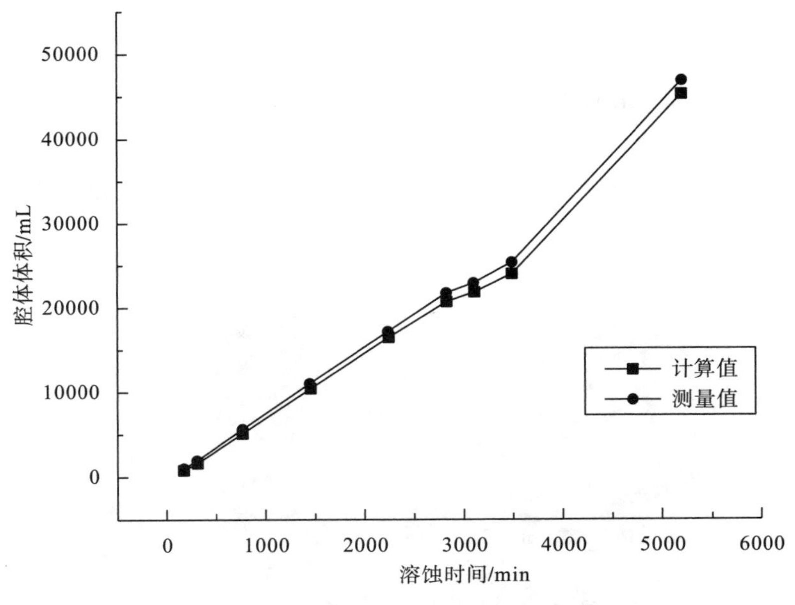

图 10.5　腔体体积随溶蚀时间的变化规律

10.2.3　溶腔轮廓扩展分析

由图 10.6 可知，水平井水溶溶腔的扩展规律大致为：在 A 井和 B 井两头溶腔向水平方向扩展，同时两井筒位置由于有少量油垫的作用控制了上溶，水平井造腔只在水平方向进行扩展。腔体的顶部形状为凹形，底部形成长度为 360mm 的平台，该平台的长度大致为两井的间距，较大的底部空间能存放更多的残渣，从而间接地提高了腔体的有效体积。由扩展图可以看出，在本次实验中，油垫位置控制的比较准确，形成的腔体形状较好，底部溶蚀倾角为 35°左右。造腔第一阶段结束时，溶腔左侧盐壁向水平方向扩展了 74.45mm，平均扩展速率为 8.27mm/h，右侧盐壁向水平方向扩展了 34.49mm，平均扩展速率为 3.83mm/h；造腔第二阶段结束时，溶腔顶部左侧盐壁向水平方向扩展了 28.14mm，平均扩展速率为 3.13mm/h 右侧盐壁向水平方向扩展了 13.86mm，平均扩展速率为 1.54mm/h。依次得到每个阶段左右两侧盐壁水平方向扩展速率，可以发现流量不变时，水平扩展速率直线降低，而流量增大后的第一个阶段水平扩展速率瞬间增大，接着扩展速率还是不断下降。在小流量情况下，腔内卤水浓度高，盐壁向外扩展速度较慢，此外还可能造成两井间水平段区域的部分盐块不被溶蚀掉，形成被卤水包围的悬空块体。

从图 10.6 中可以发现，流量为 10mL/min 时，在建槽期(0～24h)和造腔前期(24h～48h)阶段双井水平井水溶造腔腔体扩展主要发生在斜井段，并且主要发生在出水口上方，而排卤直井周围溶解较少，特别是在出水口与直井之间有很大的区域不发生溶解；造腔中期(48h～63h)时，注入油垫后水平段的推进非常明显，溶解主要集中在水平段，但是下部区域和排卤直井段由于几乎完全饱和，溶解几乎停滞，上溶区域由于油垫的控制几乎没有变化，同时油垫的位置随着溶解的进行略有提高，可能是由于水平段区域的扩展导致上部溶蚀面积增大，使得油垫位置抬高。在造腔后期(63h～77h)，注入油垫保护顶板同时采用大流量 20mL/min，相当于现场 $138m^3/h$，在流量加大后水平段的溶解非常快速，同时可以发现斜井一侧溶解深度较大，直井段的深度较小，存在于水平段的下部不溶区域有缓慢减小的趋势；在最后阶段(77h～90h)将流量降为 16.7mL/min，发现水平段溶蚀较好，底部“不溶区域”开始溶解。特别需要注意的是在造腔后期阶段由于加大了流量，浓度稍微降低，所以最后降低流量，明显发现浓度有所上升，整个阶段浓度都较高，说明两井连通后可以通过降低流量来提高造腔浓度。

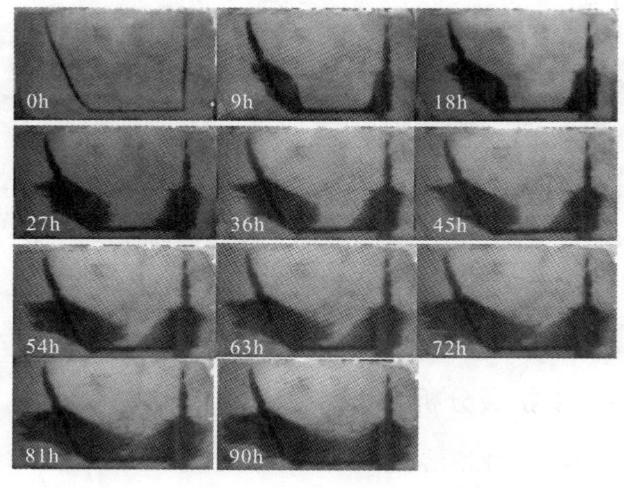

(a)实物图

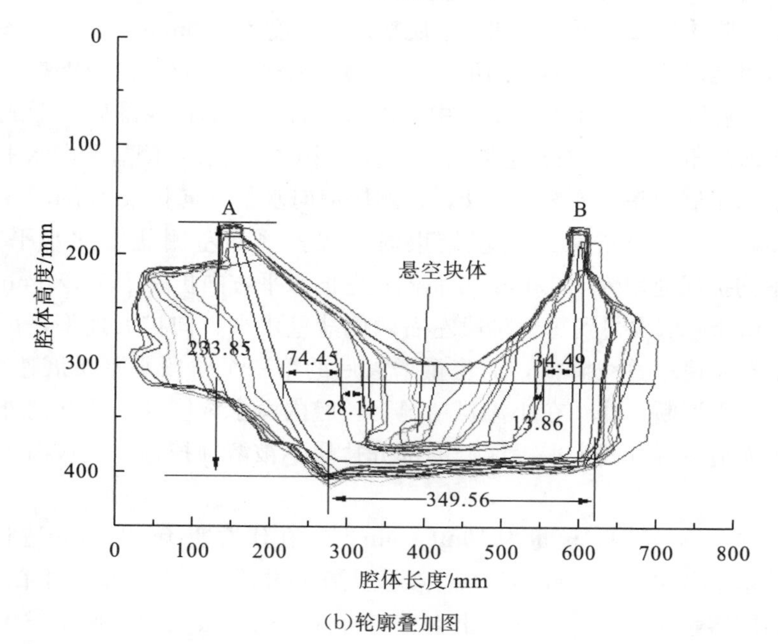

(b)轮廓叠加图

图 10.6　前 63h 流量为 10mL/min、后 27h 流量为 20mL/min 时腔体扩展图

注：(b)图中线条从内到外依次表示 0h、9h、18h、27h、36h、45h、54h、63h、72h、81h、90h。

整个造腔过程中，溶解主要集中在斜井段、直井段的一侧，水平段始终不溶解。但是建槽期时水平段的溶解很微弱，导致全程该区域的流速大、溶解慢，一旦该区域前期不溶解，后期除非“倒井”，否则不溶区域始终不溶解成了悬空块体。所以在开采中后期需要采用一定的油垫保护+较大流量，这样有利于水平段的快速溶解，且该阶段主要溶解的就是水平段。

第 11 章　天然盐岩水溶造腔腔体扩展规律

小井间距双井水溶造腔是一种新提出来的造腔方法，小井间距双井水溶造腔的基本流程为：在相聚 20m 左右的区域向目标盐层钻取两口井，以一口井为目标井，从另一口井钻取水平井和目标井连通，根据造腔需求布置管柱。与单井水溶造腔不同的是，小井间距双井水溶造腔只需要布置注水管和排卤管，造腔时通过进水管向目标盐层注入淡水，使淡水溶解盐岩形成卤水，通过注水压力，卤水从排卤管排出。一段时间后，改变注水方向，这样交替进行注水和排卤。但盐穴建造过程不可见，溶腔的扩展规律还有待研究。为此，本章采用室内模型实验的方法，通过在盐砖上贴透明的玻璃片，可以很直观地捕捉到腔体的扩展规律，本章重点研究注水流量、井间距以及提管方式对腔体扩展的影响，最后与单井水溶法下的腔体扩展进行了对比，较为全面地分析了小井间距双井水溶造腔的扩展规律。

11.1　实验条件及方法

11.1.1　盐岩试件

考虑到国内盐岩大试件不易获取以及国内盐岩杂质含量高以及杂质分布不均等因素会影响实验的分析。本章所有盐岩试件选用巴基斯坦喜马拉雅山区高纯度天然盐岩，试件由厂家从大块非规则盐块中加工成实验所需的规则盐块，盐块可溶物含量达 99.8%，密度为 2117 kg/m^3，试件尺寸为 200mm×200mm×100mm(图 11.1)。

图 11.1　实验所需的盐岩试件

11.1.2　实验装置

为研究双井水溶造腔的腔体扩展规律，设计了如图 11.2 所示的实验装置，在预制的槽内插入了注水管和排卤管，管的内径为 4.6mm。在井口密封之前，在槽内预先加入了油，作为实验过程中的油垫。用橡胶软管连接流量计和注水管，用转子流量计控制双井水溶造腔过程中的注水流量，在玻璃面的前面架设了一台索尼高清摄像机，用于记录双井水溶造腔过程中腔体的扩展动态，为了使腔体的轮廓更加明显，不时通过橡胶软管往腔体里面注入染料，染料并不会影响盐壁的溶蚀速率。

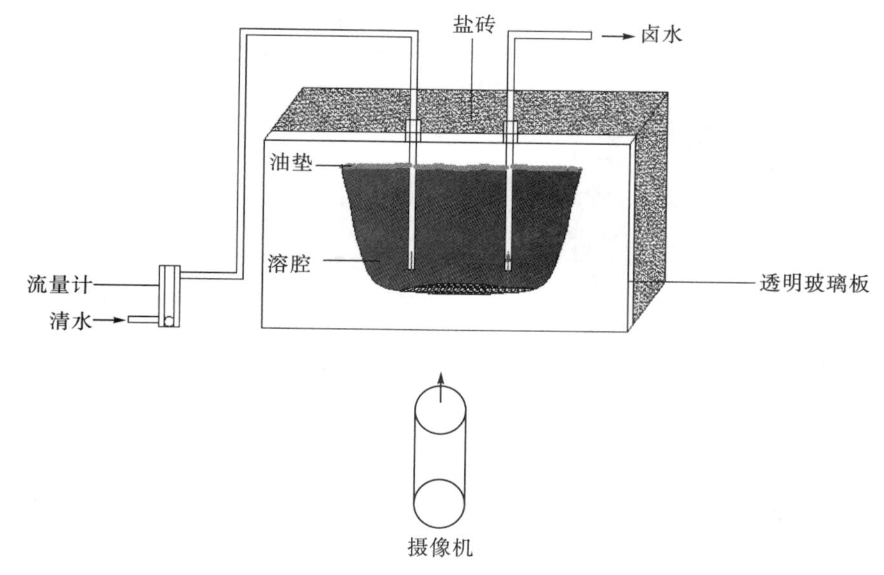

图 11.2　小井间距双井水溶造腔实验装置

11.1.3　实验步骤

在研究某一因素对小井间距腔体扩展影响时，需要消除其他因素的影响，所以在实验过程中需要按照实验步骤一步步进行，具体的实验步骤如下：

(1)选取满足实验要求的盐砖，选取的盐砖需要保证杂质较少且没有大的裂纹。对选取的盐砖进行手工打磨处理，主要对贴玻璃盐砖面进行重点打磨，使表面的平整度能够达到实验要求。

(2)对盐砖进行开槽处理，开槽采用手工钻机，钻头直径为 6mm，形成“U”型槽。在两端井口用直径为 10mm 的钻头进行扩槽处理，其目的是使后期的橡胶塞能够密封住井口。

(3)开槽完毕后在盐砖的开槽面涂上透明的环氧树脂胶，胶水需要很好地控制住用量，表面胶水涂得过少，密封性得不到保障，表面胶水用得过多，会使槽被胶水给填充，影响后期的实验，最后将透明玻璃板贴在开槽面。

(4)待环氧树脂胶干燥后，采用注射器预先向槽内注入饱和卤水，然后又同时向槽内注入油，将带有橡胶塞的进水管和排卤管插入槽内，用 AB 胶将井口密封住。

(5)用透明的橡胶管连接注水槽和流量计以及进水管和排卤管，开启流量计，调到实验流量，每隔 10min 测量排卤口的卤水浓度以及用摄像机记录此时的腔体形状。

(6)待某一造腔阶段完成后，调整套管位置，进入下一个造腔阶段。

11.1.4 相似比的建立

由于小井间距双井水溶造腔过程的复杂性，本章拟通过“量纲分析法”来建立原型与模型的关系，影响盐岩水溶造腔有关的参数有：几何尺寸 l、盐岩的溶解时间 t、盐岩的密度 ρ、溶解速率 ω、腔内卤水的浓度 c、温度 T、注水流量 q。各参数的量纲如表 11.1所示。

表 11.1　参数—量纲表

参数	量纲	参数	量纲
l	L	c	ML^{-3}
t	T	T	Θ
ρ	ML^{-3}	q	L^3T^{-1}
ω	$ML^{-2}T^{-1}$		

其中有四个基本量纲 L、M、T、Θ。L 为长度量纲，M 为质量量纲，T 为时间量纲，Θ 为温度量纲。所以由相似第二定理可知，此系统有 3 个相似准则。选取 l、t、ω、T 为基本物理量，其他 3 个物理量可用基本物理量来表示，而本次实验需要确定的物理量为注水流量，它可表示为

$$q = l^{\alpha} t^{\beta} \omega^{\lambda} T^{\gamma} \tag{11.1}$$

由方程量纲齐次的原则，可得 $\alpha=3$，$\beta=-1$，$\lambda=0$，$\gamma=0$，则与 q 有关的 π 项为

$$\pi_q = \frac{qt}{l^3} \tag{11.2}$$

同理：

$$\pi_\rho = \frac{\rho l}{t\omega},\ \pi_c = \frac{lc}{t\omega} \tag{11.3}$$

参数的相似比用 K 表示时，几何相似比可表示为

$$K_l = \frac{l_p}{l_m} \tag{11.4}$$

其中，l_p 表示原型尺寸，l_m 表示模型尺寸。其他参量相似比类似，则式(11.3)式和式(11.4)中各参量相似比的关系可表示为

$$\frac{K_q K_t}{{K_l}^3} = 1,\ \frac{K_\rho K_l}{K_t K_\omega} = 1,\ \frac{K_l K_c}{K_t K_\omega} = 1 \tag{11.5}$$

由中石油西气东输储气库项目部在湖北云应盐矿开展的小井间距双井水溶造腔现场先导实验可知，现场两井间距约为 18 m，而在实验条件下，若以 6cm 井间距为基准，则几何相似比为 300，即 $K_l=300$。本研究实验温度为 20℃，由第 2 章盐岩的溶解速率数值即可推出溶解速率相似比。由实验所用材料可得密度相似比，由几何相似比、盐岩密度相似比、盐岩溶解速率相似比可推出造腔时间相似比，进而推出其他参数的相似比，各相似比的具体数值见表 11.2。

表 11.2　相似比参数

	两井间距/m	盐岩密度/(kg·m^{-3})	盐岩溶解速率/(g·cm^{-2}·h^{-1})	造腔时间/h	卤水浓度/(g·mL^{-1})	流量/(mL·min^{-1})
原型	18	2160	2.68	—	—	—
模型	0.06	2117	1.42	—	—	—
相似比	300	1	1.89	159	1	169811

11.1.5　实验参数

本章主要对影响小井间距双井水溶造腔腔体扩展的三个因素(注水流量、井间距、提管方式)进行了研究，并增加了一组单井水溶造腔腔体扩展的对比实验。

1)注水流量对溶腔扩展影响实验参数

小井间距双井水溶造腔是一个复杂的过程，将受到众多因素的影响，首先对注水流量对小井间距双井扩展的影响进行研究，实验条件下注水流量分别为 3mL/min、5mL/min、7mL/min，分别对应现场注水流量为 30m^3/h、50m^3/h、70m^3/h。由于用于实验的试件高度为 200mm，顶板和底板各预留 20mm 的保护层，实际用于造腔的高度为 160mm，所以设计了四个造腔阶段，每次提管或提油垫的高度为 40mm。在每一阶段中又分为 A→B 和 B→A 两个溶蚀部分，对应着注水方向由 A 管到 B 管和由 B 管向 A 管注水。除注水流量不同外，三组实验其他参数完全一样，井间距为 6cm，具体造腔参数如表 11.3 所示。

表 11.3　造腔参数

	A→B 溶蚀时间/h	B→A 溶蚀时间/h	溶蚀总时间/h	油垫位置/mm	进水口位置/mm	排卤口位置/mm
第一阶段	2	2	4	140	180	180
第二阶段	3	3	6	100	140	180
第三阶段	2	2	4	60	100	180
第四阶段	2	2	4	20	60	180

2)井间距对溶腔扩展影响实验参数

井间距是小井间距双井水溶造腔设计时一个重要的参数，井间距设置的合适程度对造腔效率以及溶腔形状控制起着关键性的作用，实验中设计了三组不同的井间距，分别为 2cm、4cm、6cm，分别对应现场井间距为 6m、12m、18m。三组实验除井间距不同外，其他造腔参数完全相同，造腔参数也如表 11.3 所示，实验流量为 5mL/min。

3)提管方式对溶腔扩展影响实验参数

一般而言，在小井间距双井水溶造腔过程中，主要有三种提管方式：第一种为同时提两管，即每到一个阶段，将注水管和排卤管同时提到相应的位置；第二种为只提注水管，即每到一个阶段，将注水管提到相应的位置，而排卤管置于腔底；第三种为提油垫，即每到一个阶段，将油垫提到相应的位置，而注水管和排卤管置于腔底。通过分析对比三种提管方式下腔体扩展特点，来优化小井间距双井水溶造腔工艺，为现场的施工提供技术指导。三种不同提管方式的套管参数如表 11.4 所示，三个实验除了提管方式不一样外，其他参数都完全相同。

表 11.4　三种不同提管方式下的实验参数

		第一阶段	第二阶段	第三阶段	第四阶段
实验 1	油垫位置/mm	140	100	60	20
	进水口位置/mm	180	140	100	60
	排卤口位置/mm	180	140	100	60
实验 2	油垫位置/mm	140	100	60	20
	进水口位置/mm	180	140	100	60
	排卤口位置/mm	180	180	180	180
实验 3	油垫位置/mm	140	100	60	20
	进水口位置/mm	180	180	180	180
	排卤口位置/mm	180	180	180	180

4)单井油垫法水溶造腔扩展实验参数

为了更好地了解小井间距双井水溶造腔的腔体扩展规律，实验中补充了一组单井油垫法水溶造腔的实验，单井水溶造腔采用三层套管，分别为中心管、中间管以及生产套管。整个造腔过程分为四个溶蚀阶段，第一造腔阶段为正循环，后三阶段为反循环，具体的实验参数见表 11.5。

表 11.5　单井油垫法水溶造腔参数

	中心管位置/mm	中间管位置/mm	油垫位置/mm	溶蚀时间/h	流量/(mL · min^{-1})
第一阶段	180	140	135	4	5
第二阶段	180	100	95	6	5
第三阶段	180	60	55	4	5
第四阶段	180	20	15	4	5

11.2　注水流量对腔体扩展的影响研究

11.2.1　排卤口卤水浓度的变化规律

图 11.3 显示了排卤口卤水浓度随溶蚀时间的变化规律，可以看出，不同流量下的卤水浓度变化具有很好的一致性，随着溶蚀时间的增加而增大，最后达到一个稳定的状态。流量对小井间距双井水溶造腔卤水浓度的影响主要在造腔前期，即溶腔体积较小的时候，

流量越小，卤水浓度越高，这和单井下流量对卤水浓度的影响规律一致。

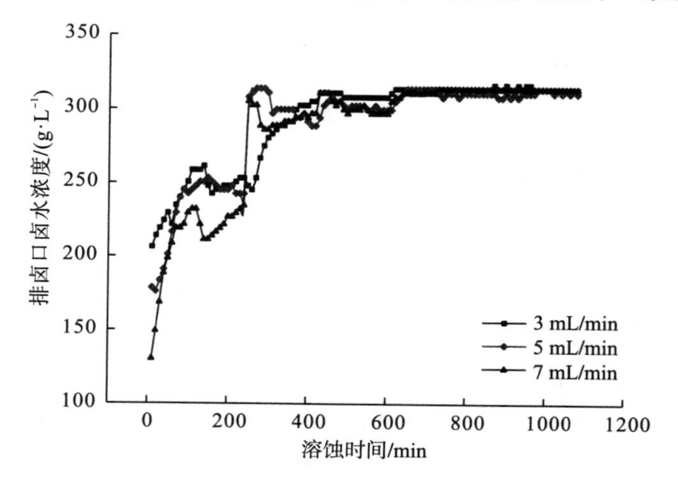

图 11.3　排卤口卤水瞬时浓度随溶蚀时间的变化规律

图 11.4 显示了不同注水流量下排卤口卤水平均浓度随造腔阶段的变化规律，可以看出，第二阶段的卤水平均浓度较第一阶段有较大的提高，而此后的三、四阶段卤水浓度变化不大，在小井间距双井水溶造腔工艺下，卤水浓度增长较为迅速，能很快地达到较高的浓度。

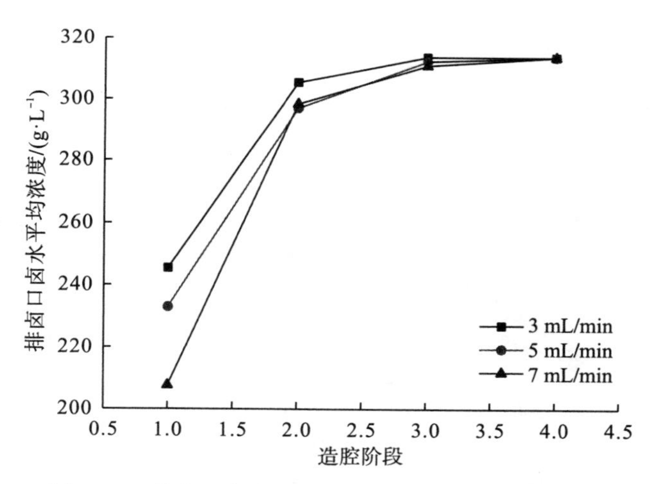

图 11.4　排卤口卤水平均浓度随造腔阶段的变化规律

11.2.2　溶腔体积扩展分析

假设溶腔溶蚀的盐总质量为 m_{ts}，这部分盐一部分通过卤水排出腔外，一部分留在了溶腔中。排出腔外的盐的质量为 m_{sa}，而留在溶腔里的盐的质量为 m_{sic}，则 m_{ts} 和 m_{sic} 可以表示为

$$m_{ts}=m_{sa}+m_{sic} \tag{11.6}$$

$$m_{sic}=\frac{m_{ts}}{\rho}\times c_{sic} \tag{11.7}$$

其中，c_{sic} 为溶腔中卤水的质量体积平均浓度，通过式子带入，可得到：

$$m_{ts}=\frac{\rho m_{sa}}{\rho-c_{sic}} \tag{11.8}$$

$$m_{sic}=\frac{m_{sa}c_{sic}}{\rho-c_{sic}} \tag{11.9}$$

忽略盐岩中的不溶物含量，可得溶腔的体积为

$$V_{ts}=\frac{m_{sa}}{\rho-c_{sic}} \tag{11.10}$$

图 11.5 显示的为在三种注水流量下腔体体积随溶蚀时间的变化规律，其中实线为实际测量的腔体体积，而虚线为采用式(11.10)计算的腔体体积，由图可知腔体体积随溶蚀时间的增加而增大，且腔体体积增长速率明显加快，主要体现在曲线的斜率明显增大，说明溶蚀后期更有利于腔体的扩展。此外，流量越大腔体体积增长的速率也越快，说明增加流量将有利于腔体体积的扩展。此外，实际测量的腔体体积与计算的体积较为吻合，说明计算公式具有较好的精确性。

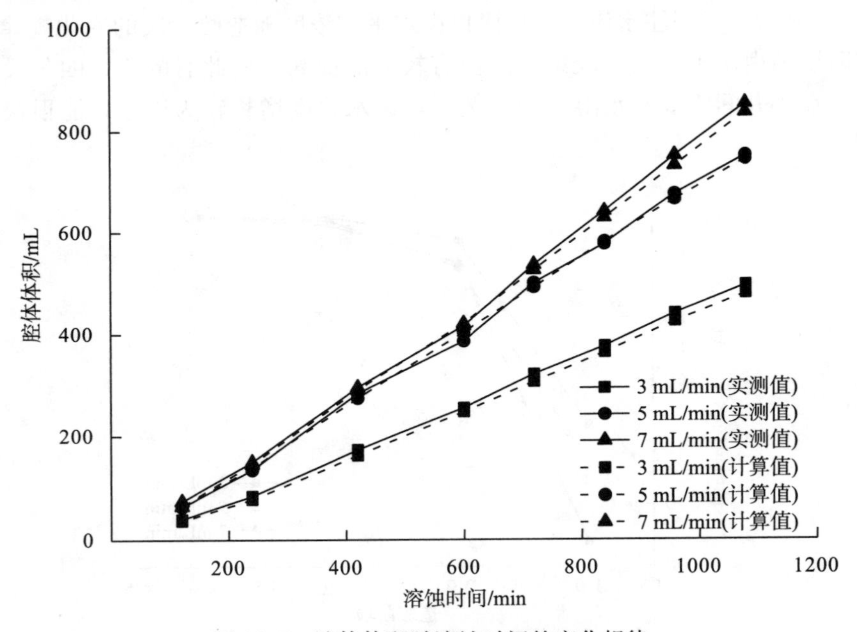

图 11.5　腔体体积随溶蚀时间的变化规律

11.2.3　溶腔轮廓扩展分析

图 11.6 为流量为 3mL/min 时溶腔的扩展图。由图可知，小井间距双井溶腔的扩展规律大致为在 A 井和 B 井两头溶腔向四周扩展，同时两井的连接通道由于上溶的作用使腔体向上抬升，这两部分作用共同参与了盐岩的溶解。由图可知，腔体的底部形状为“船体形”，底部形成长度为 68mm 的平台，该平台的长度大致为两井的间距，腔体底部形成一定的溶蚀角，溶蚀角约为 55°。在模型实验中，油垫的位置较难控制。在本次实验中，第一造腔阶段的油垫没有控制在预定的位置。造腔第一阶段结束时，溶腔顶部左侧

盐壁向外扩展了 13.2mm，溶腔顶部右侧盐壁向外扩展了 26.8mm，此时腔体的最大直径为 114mm；造腔第二阶段结束时，溶腔顶部左侧盐壁向外扩展了 33.4mm，溶腔顶部右侧盐壁向外扩展了 42.6mm，此阶段结束后，腔体的最大直径为 150.6mm；第三造腔阶段，进水管向上提升，进水管以下的腔体不再向两端扩展，溶腔在进水管和油垫之间区域继续造腔，溶腔顶部左侧盐壁在这一阶段向外扩展了 17.3mm，溶腔顶部右侧盐壁向外扩展了 20.1mm，腔体在顶部形成 112.7mm 的直径。造腔第四阶段结束时，溶腔顶部左侧盐壁向外扩展了 37.8mm，溶腔顶部右侧盐壁向外扩展了 31.7mm，溶腔顶部直径在这一阶段结束后达到 143.2mm。在小流量情况下，腔内卤水浓度高，盐壁向外扩展速度较慢，此外还可能造成两井间的盐块不被溶蚀掉，形成被卤水包围的悬空块体。

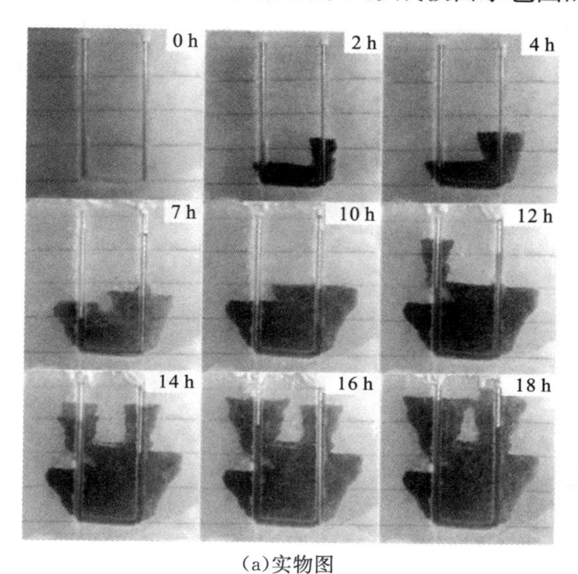

(a)实物图

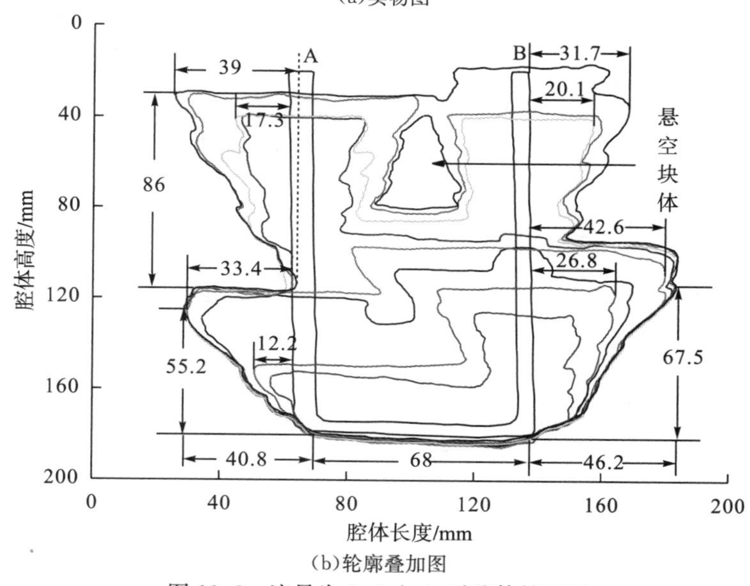

(b)轮廓叠加图

图 11.6　流量为 3mL/min 时腔体扩展图

注：(b)图中线条从内到外依次表 0h、2h、4h、7h、10h、12h、14h、16h、18h。

图 11.7 为流量为 5mL/min 时腔体扩展图，溶腔在底部形成了直径为 96.5mm 的平台，较大的底部空间能存放更多的残渣，从而间接地提高了腔体的有效体积。由扩展图可以看出，在本次实验中，油垫位置控制的比较准确，形成的腔体形状较好，底部溶蚀倾角为 52°左右。造腔第一阶段结束时，溶腔顶部左侧盐壁向外扩展了 34mm，溶腔顶部右侧盐壁向外扩展了 31.1mm，该阶段盐壁侧溶的平均速率为 8.1mm/h；造腔第二阶段结束时，溶腔顶部左侧盐壁向外扩展了 45.2mm，溶腔顶部右侧盐壁向外扩展了 42.1mm，该阶段盐壁侧溶的平均速率为 7.3mm/h；造腔第三阶段结束时，溶腔顶部左侧盐壁向外扩展了 35mm，溶腔顶部右侧盐壁向外扩展了 33.2mm，该阶段盐壁侧溶的平均速率为 8.5mm/h；造腔第四阶段结束时，溶腔顶部左侧盐壁向外扩展了 45.6mm，溶腔顶部右侧盐壁向外扩展了 31.5mm，该阶段盐壁侧溶的平均速率为 9.6mm/h。最终，形成的腔体的最大直径达到 180mm，相当于现场造腔的直径为 54 m。

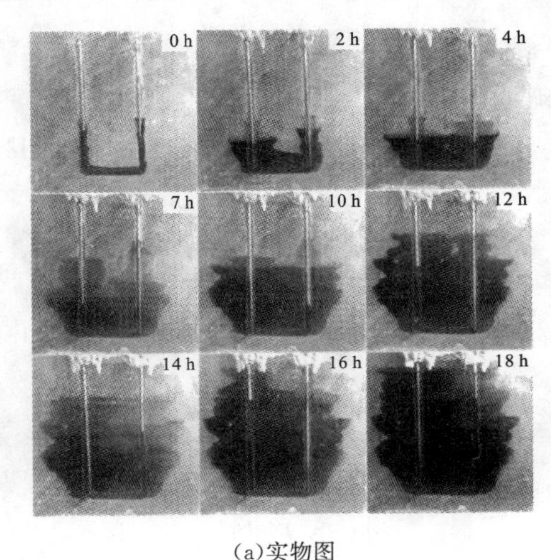

(a)实物图

(b)轮廓叠加图

图 11.7　流量为 5mL/min 时腔体扩展图

注：(b)图中线条从内到外依次表 0h、2h、4h、7h、10h、12h、14h、16h、18h。

图 11.8 为流量为 7mL/min 时腔体扩展图，溶腔在底部形成的溶蚀角约为 48°，可以看出，随着流量的加大，底部的溶蚀角减小，从而间接地加大了腔体底部的空间。造腔第一阶段结束后，腔体的直径达到 137.4mm，相当于现场的溶腔直径为 41m；造腔第二阶段结束后，腔体的直径达到 181.1mm，相当于现场的溶腔直径为 54m；从第三阶段开始，溶腔的最大直径变化较为缓慢，相比于第二阶段，第三阶段的溶腔最大直径仅增加了 10mm；第四阶段的溶腔最大直径基本没有变化，说明通过控制注水管位置来控制腔体形状具有很好的效果。

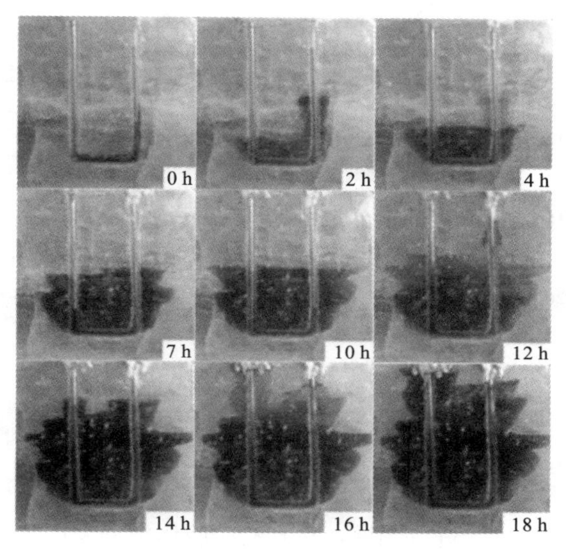

(a)实物图

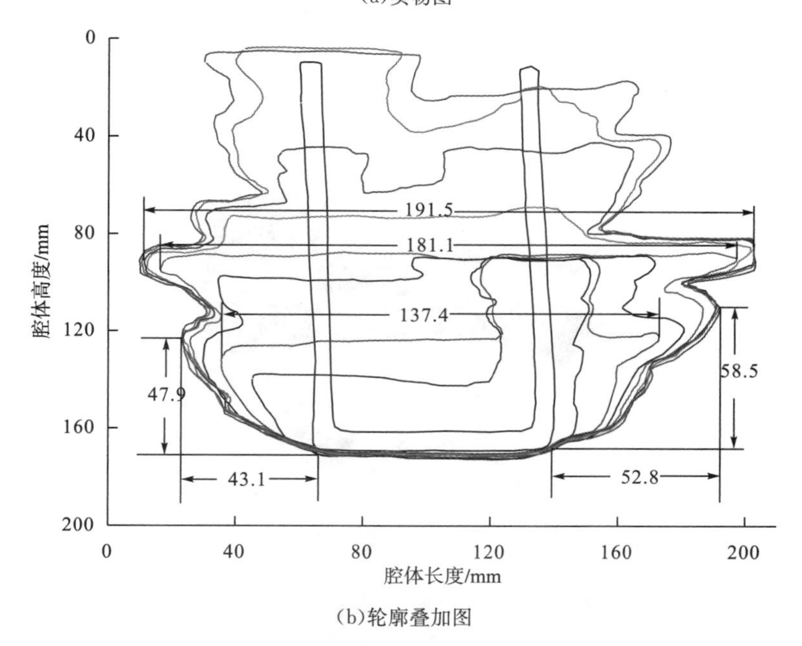

(b)轮廓叠加图

图 11.8　流量为 7mL/min 时腔体扩展图

注：(b)图中线条从内到外依次表 0h、2h、4h、7h、10h、12h、14h、16h、18h。

图 11.9 为三种流量下腔体的最终形状，可知三种流量下溶腔整体的扩展规律是一致的，只是在腔体大小上有区别，可知流量只是起到改变溶腔大小的作用，采用 Origin 软件自带的面积计算模块，可得流量为 3mL/min 时的溶腔轮廓面积为 18042mm^2，而流量为 5mL/min 和 7mL/min 下的轮廓面积分别为 22553mm^2 和 22180mm^2。

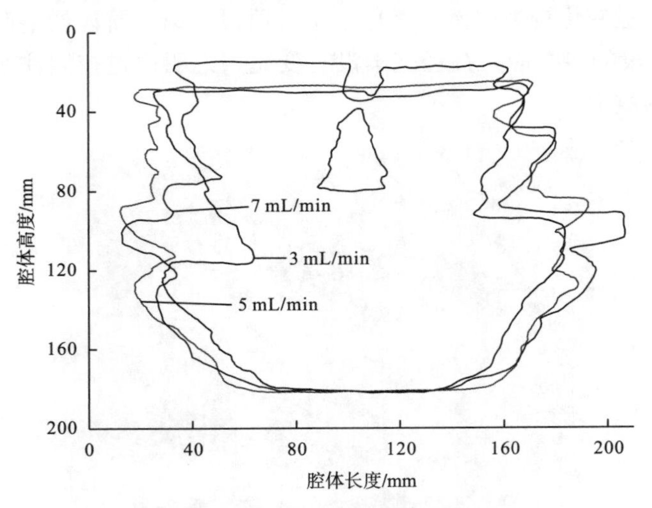

图 11.9　不同流量下的溶腔轮廓对比图

11.2.4　腔体立体形状分析

对溶蚀出的溶腔采用石蜡进行倒模，对石蜡的腔体模型采用光学数字化 3D 扫描仪扫描，扫描仪由扫描头主机、扫描工业相机、LED/DLP 光源以及支架等多个部件组成，扫描精度为 0.01～0.03mm，扫描仪见图 11.10。

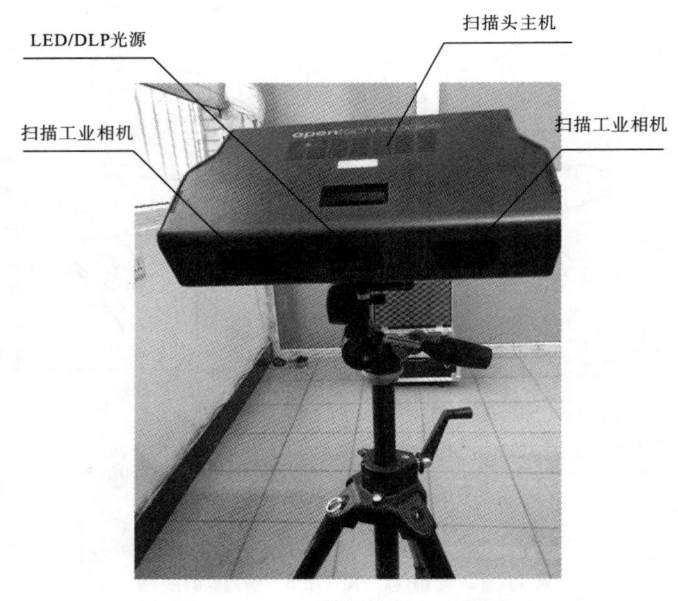

图 11.10　光学数字化 3D 扫描仪

图 11.11 为 3D 扫描仪扫描出的溶腔立体形状，分别展示了其正视图和侧视图，流量为 3mL/min 时的腔体顶部没有连接成一个统一的整体，这种形状不利于腔体的稳定性，溶腔的最大宽度为 5.3 cm，溶腔的长宽比为 1.46。流量为 5mL/min 下的腔体形状较好，边界具有较好的连续性，溶腔的最大宽度为 5.8 cm，溶腔的长宽比为 1.55。流量为 7mL/min 下的溶腔边界较为突兀，溶腔的最大宽度达到 8.1 cm，溶腔的长宽比为 1.12。可知小井间距下的溶腔横截面为椭圆形，由于造腔参数的不同，造成椭圆的长短轴之比也不同。

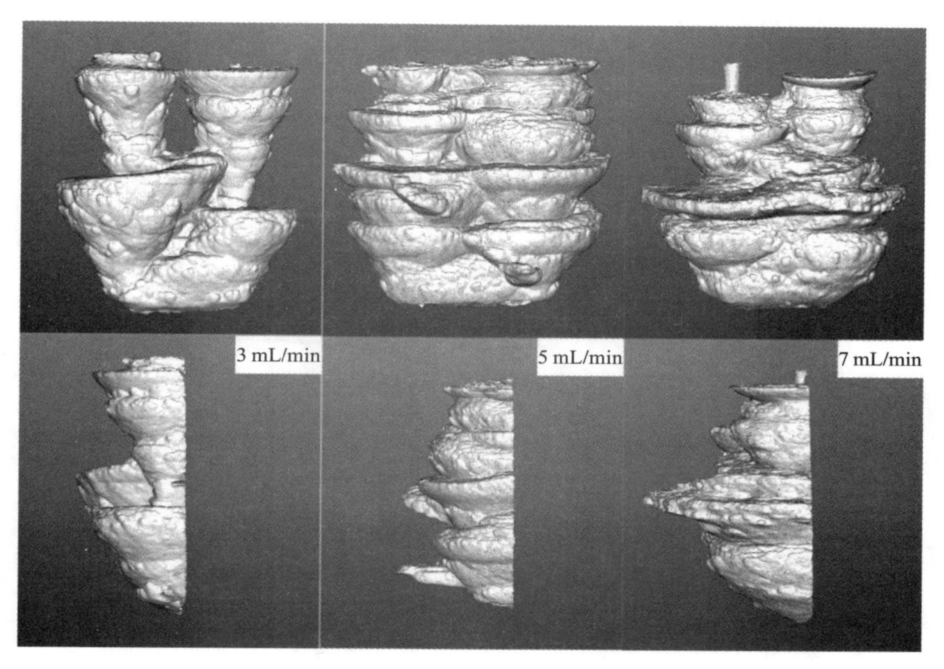

图 11.11　不同流量下溶腔立体形状

11.3　井间距对腔体扩展的影响研究

11.3.1　排卤口卤水浓度的变化规律

图 11.12 显示的为不同井间距下排卤口卤水瞬时质量体积浓度随造腔时间的关系，由图可知，井间距 2cm 和 4cm 下的卤水浓度变化规律较为一致，曲线基本上处于重合状态，而井间距 6cm 下的排卤口卤水浓度在造腔第一阶段要大于前两个井间距的浓度，到了造腔的二、三、四阶段，三种井间距下的卤水浓度基本没有太大的差异。

在瞬时浓度变化规律的分析基础上，对排卤口的卤水平均浓度进一步进行分析，由图 11.13 可以看出平均浓度依然遵循随造腔阶段逐渐增大到稳定的规律。比较不同井间距下的排卤口卤水平均浓度可以看出，井间距 2 cm 和井间距 4 cm 的卤水平均浓度高度一致，而将井间距提高到 6 cm 时，平均浓度会有小范围的提升。

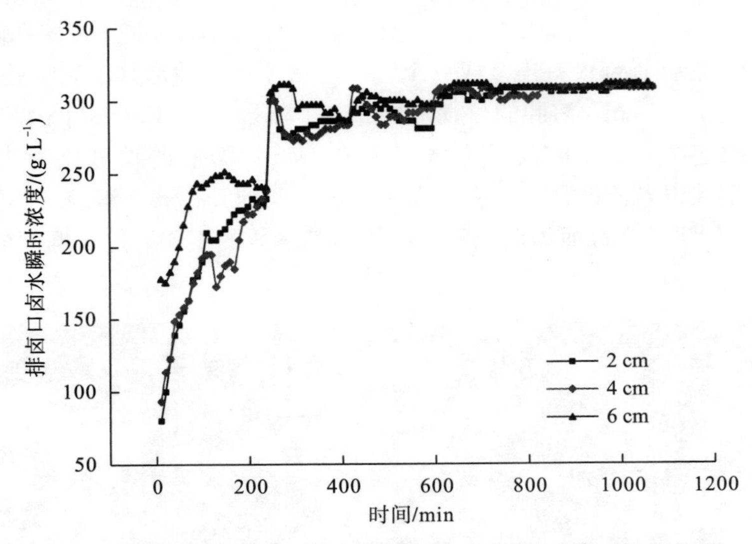

图 11.12　不同井间距下排卤口卤水瞬时浓度随造腔时间的关系

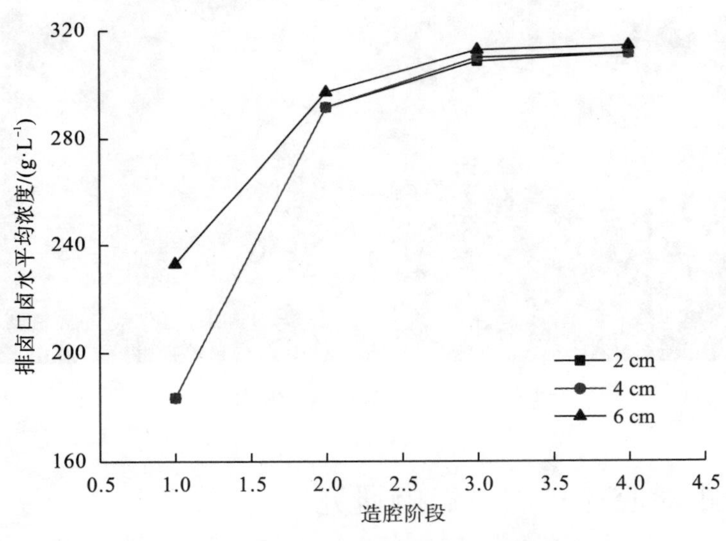

图 11.13　排卤口卤水平均浓度随造腔阶段的关系

11.3.2　溶腔体积扩展分析

由图 11.14 可知，不同井间距下的曲线变化规律保持一致，都是随溶蚀时间的增加溶腔体积逐渐增大，井间距的增加对溶腔体积的贡献并不明显，特别是井间距由 2 cm 增加到 4 cm 时，体积仅增长了 0.7%，井间距 6 cm 的溶腔体积也只比井间距 4 cm 时的溶腔体积增长了 5%。

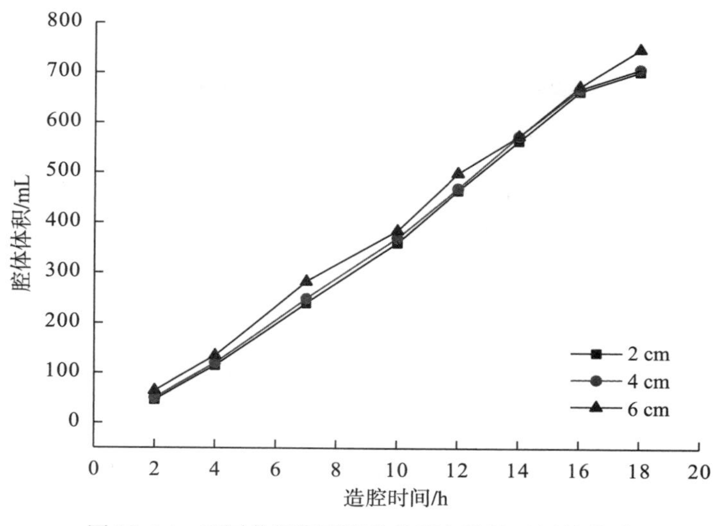

图 11.14　不同井间距下溶腔体积与溶蚀时间的关系

11.3.3　溶腔轮廓扩展分析

图 11.15 为井间距为 2 cm 时腔体扩展图，由图可知，溶腔在底部形成 46.5mm 的平台，腔底的溶蚀角约为 51°。造腔第一阶段结束后，腔体的直径达到 81.8mm，相当于现场的溶腔直径为 24.5m。造腔第二阶段结束后，腔体的直径达到 155mm，相当于现场的溶腔直径为 46.5m。从第三阶段开始，溶腔的最大直径变化较为缓慢，相比于第二阶段，第三阶段的溶腔最大直径仅增加了 10mm，第四阶段的溶腔最大直径基本没有变化，说明提管起到了控制腔体的作用。

(a)实物图

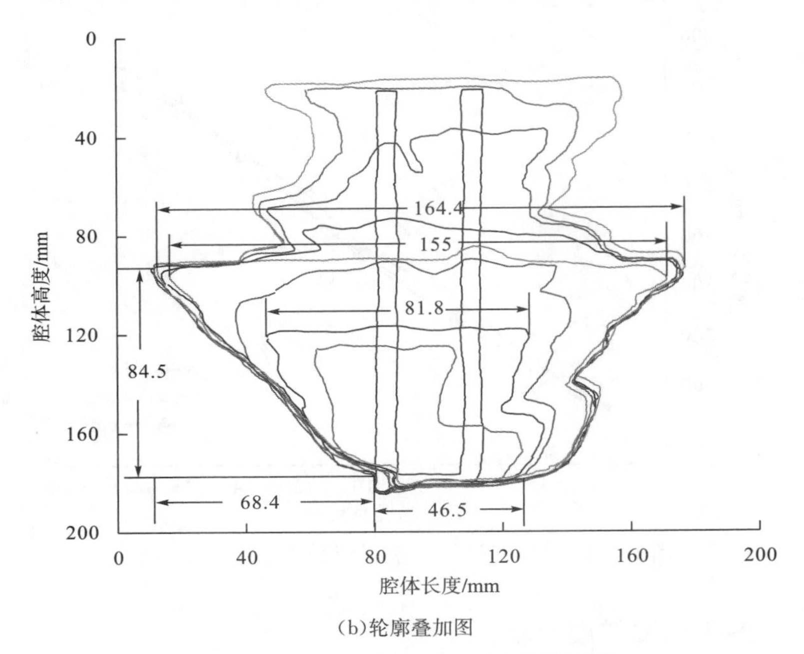

(b)轮廓叠加图

图 11.15　井间距为 2 cm 时腔体扩展图

注：(b)图中线条从内向外依次表 0h、2h、4h、7h、10h、12h、14h、16h、18h。

图 11.16 为井间距为 4 cm 时腔体扩展图，腔体底部平台的长度达到 72mm，底部的溶蚀角为 54°，腔体的底部空间要大于井间距为 2cm 的情况。造腔第一、二、三阶段的腔体直径分别为 107.9mm、148.1mm、155.5mm，溶腔的最大直径为 155.5mm，相当于现场腔体直径为 46.7m。和井间距 2cm 时的腔体直径比较可知，增加井间距并没有对腔体的最大直径产生影响。

井间距 6cm 的造腔实验即 11.2.3 小节中流量为 5mL/min 的例子，在这里就不重复分析。

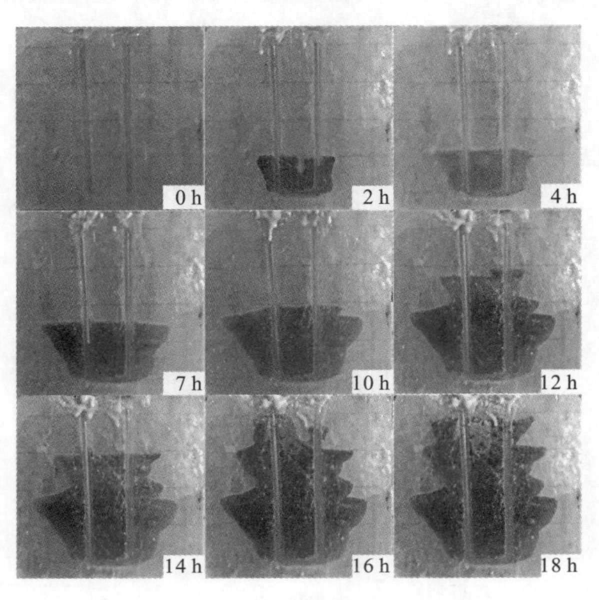

(a)实物图

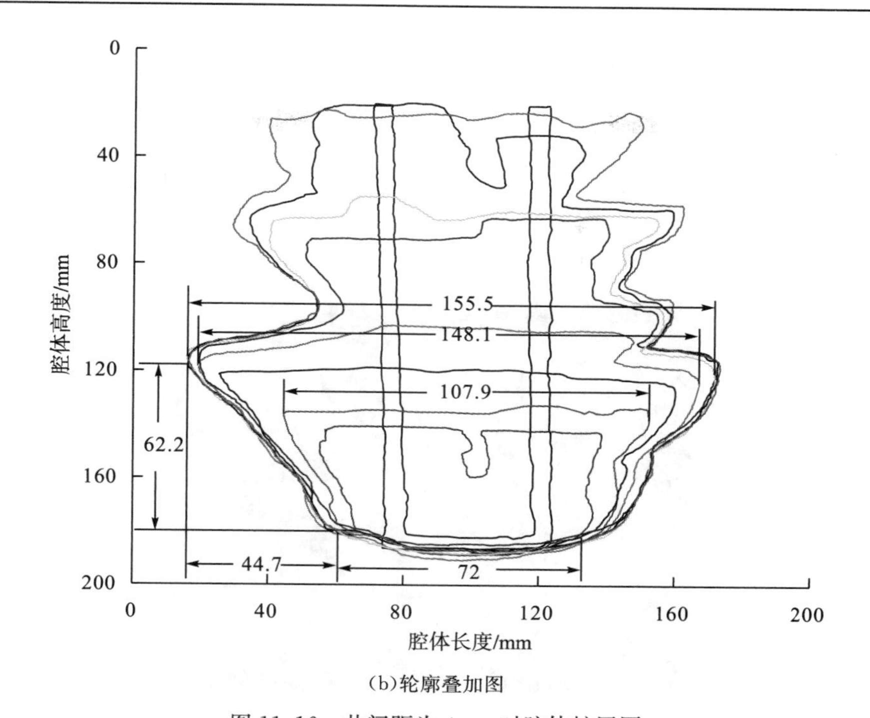

(b)轮廓叠加图

图 11.16　井间距为 4 cm 时腔体扩展图

注：(b)图中线条从内向外依次表 0h、2h、4h、7h、10h、12h、14h、16h、18h。

图 11.17 对不同井间距下的溶腔轮廓进行了对比，井间距对腔体形状的影响主要存在于腔体底部和顶部，井间距越大，腔底的空间越大，这对于增加溶腔的有效体积起到了促进作用，另一方面，井间距越大，腔顶的跨距越大，这对于溶腔的稳定性又起到了不利的影响。所以在工艺设计时，需要综合考虑相关因素的影响。对三种井间距下的溶腔轮廓面积进行求解，得到的结果分别为 16765mm^2、18228mm^2 以及 22553mm^2。

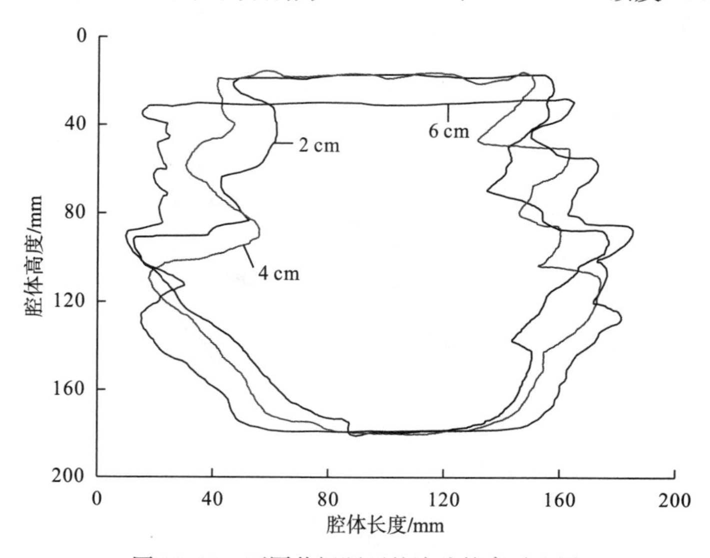

图 11.17　不同井间距下的溶腔轮廓对比图

11.3.4 溶腔立体形状分析

图 11.18 展示了不同井间距下的溶腔立体形状，由图可知，井间距越小，溶腔的形状越接近单井水溶造腔的腔体形状，即腔体横截面越接近圆形；井间距越大，溶腔横截面的椭圆越修长，即椭圆的长短轴之比越大。2cm 井间距下的溶腔的长短轴之比为 1.05，4cm 井间距下为 1.08，而 6cm 井间距下则达到 1.55。

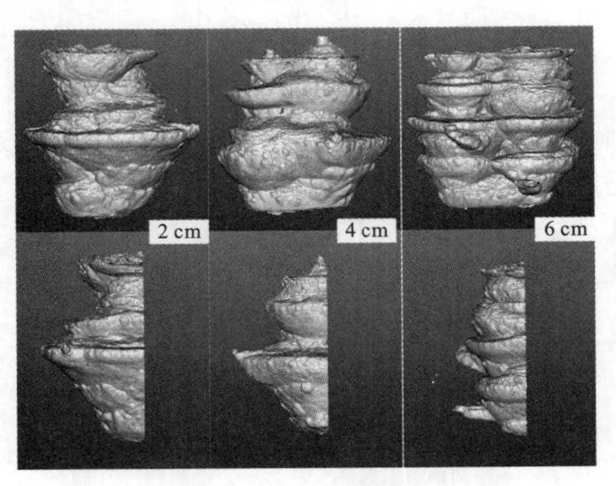

图 11.18　不同井间距下溶腔立体形状

11.4 提管方式对腔体扩展的影响研究

11.4.1 排卤口卤水浓度的变化规律

图 11.19 显示的为三种提管方式下的排卤口卤水瞬时浓度随溶蚀时间的变化规律，可以看出三组实验的浓度变化表现出各自的特点，说明提管方式对小井间距双井水溶造腔有较大的影响。

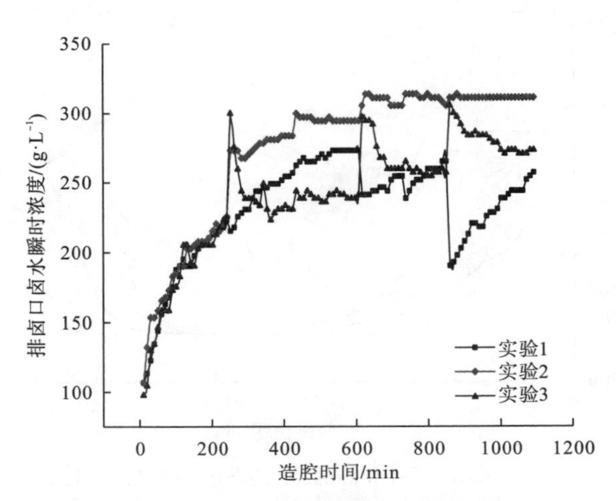

图 11.19　排卤口卤水浓度随溶蚀时间的关系

实验 1 的提管方式为同时提两管，这种提管方式下，排卤口卤水浓度在前后两个阶段的分界处有浓度的跌落，这种跌落在造腔后期阶段表现得更加明显。第一阶段和第二阶段的分界处，卤水浓度跌落了 7.6g/L，但跌落后的浓度随溶蚀时间继续提升，最终在第二阶段结束时提升到 270.9g/L；第二阶段和第三阶段的分界处，卤水浓度跌落了 31.2g/L，跌落后的浓度随溶蚀时间继续提升，最终在第三阶段结束时提升到 263g/L；第三阶段和第四阶段的分界处，卤水浓度跌落了 73.5g/L，跌落后的浓度随溶蚀时间继续提升，最终在第四阶段结束时提升到 255.2g/L。可以看出，第二、三、四阶段的最终浓度是一个逐渐降低的过程，这种提管方式不利于加快造腔速率。

第二种提管方式为只提注水管，在这种提管方式下，排卤口卤水浓度随溶蚀时间逐渐上升并最终达到一个稳定的状态。在第一阶段与第二阶段的分界处，出现了卤水浓度的跳跃上升，说明提升进水管后，使溶腔中的卤水浓度重新分布，特别是进水管口以下卤水浓度急剧加大。此后两个阶段提升进水管同样会造成浓度的上升，但上升的幅度减小。

第三种提管方式为提油垫，该提管方式下的卤水浓度变化特点为在阶段与阶段的分界处，出现了卤水浓度的跳跃提升，但提升后的浓度又逐渐降低到一个稳定的浓度值。从整个溶蚀过程来看，卤水浓度依然呈现一个上升的趋势，第一、二、三、四阶段的最终浓度分别为 224.4g/L、239.7g/L、255.2g/L 和 270.9g/L。

图 11.20 显示的是三种提管方式下的排卤口卤水平均浓度随造腔阶段的变化规律，可以看出实验 2 和实验 3 的曲线变化规律很相似，呈现排卤口卤水平均浓度随造腔阶段逐渐上升的趋势，但浓度的增长率逐渐降低。实验 1 的卤水平均浓度在造腔前期会有大幅度的提升，但在第三、四阶段浓度逐渐下降，这是因为造腔前期是浓度的快速积累时期，此时腔体内浓度较小，溶解速率较快，所以进入腔内的盐分子要远远多于排出去的盐分子，所以此时腔内的浓度会大幅度的提升，造腔在第三、四阶段时，腔内浓度已达到一个较高的浓度，且浓度在竖直方向分层也较为明显，所以此时排卤管的管口位置对排卤口的浓度起到了关键性的作用，当提升排卤管后，排卤口浓度呈现下降的趋势。从三组实验的排卤口卤水浓度比较可以看出，实验 2 的卤水平均浓度要大于其他两组实验，说明实验 2 的提管方式相比于其他两种较为合适。

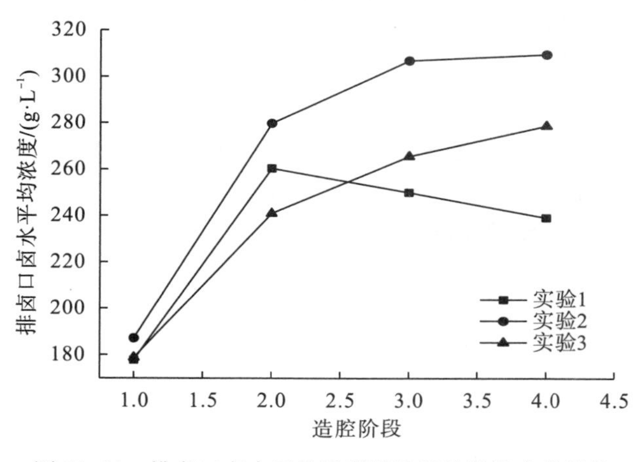

图 11.20 排卤口卤水平均浓度随造腔阶段的变化规律

图 11. 21 为三种提管方式下的溶腔体积随溶蚀时间的变化规律，由图可以看出，三组实验的溶腔体积随溶蚀时间的增加而增大，但很明显，实验 2 的体积增长速率要大于其他两组实验，而实验 1 的体积增长速率最小。最终，实验 1 形成的腔体体积为 590mL，实验 2 形成的腔体体积为 670 mL，实验 3 形成的腔体体积为 625mL。由此可知，实验 2 的提管方式是三种提管方式中造腔效率最高的。

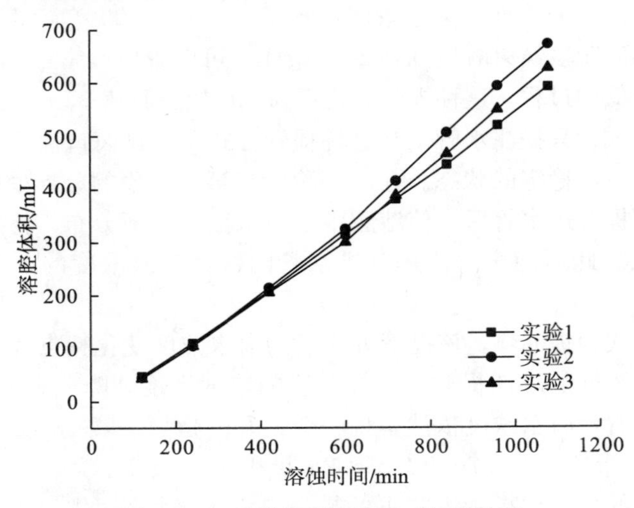

图 11. 21　溶腔体积随溶蚀时间的关系

11. 4. 2　腔体扩展分析

图 11. 22 为实验 1 条件下的腔体扩展图，由图可知，腔体的底部形状为“船体形”，底部形成长度为 62. 6mm 的平台，该平台的长度大致为两井的间距，腔体底部形成一定的溶蚀角，溶蚀角为 45°～ 55°。在溶蚀时间为 4 h，即造腔第一阶段结束时，溶腔顶部左侧盐壁向外扩展了 23. 2mm，溶腔顶部右侧盐壁向外扩展了 26. 4mm，该阶段溶腔顶部盐壁的平均溶蚀速率为 6. 2mm/h；在溶蚀时间为 10h，即造腔第二阶段结束时，溶腔顶部左侧盐壁向外扩展了 29. 3mm，溶腔顶部右侧盐壁向外扩展了 34mm，造腔第二阶段溶腔顶部盐壁的平均溶蚀速率为 5. 3mm/h；在溶蚀时间为 18h，即造腔第四阶段结束时，溶腔顶部左侧盐壁向外扩展了 24. 2mm，溶腔顶部右侧盐壁向外扩展了 24. 3mm，造腔第四阶段溶腔顶部盐壁的平均溶蚀速率为 6. 1mm/h。在这种提管方式下，溶腔盐壁较为曲折，使得每个阶段的连接处形成很明显的锯齿状，这种形状的形成一是由于进水管和排卤管都同时向上提升，造成排卤管管口以下的溶腔不再扩展，二是由于每次提管的高度较大，使得前后两次溶蚀阶段的溶蚀范围重合部分较小。

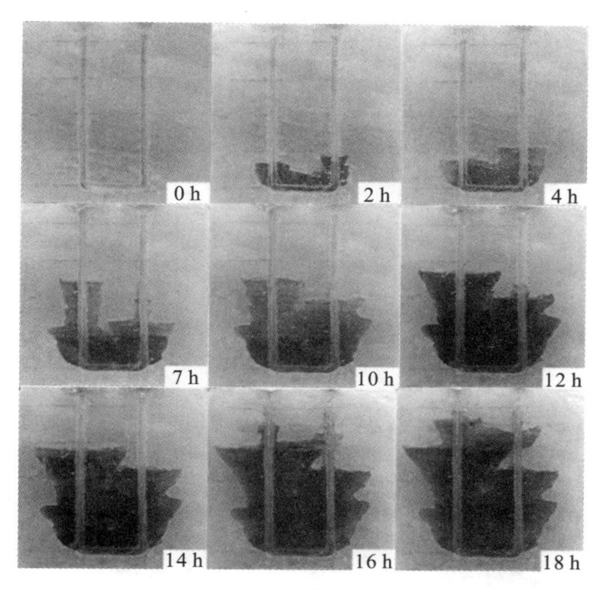

(a)实物图

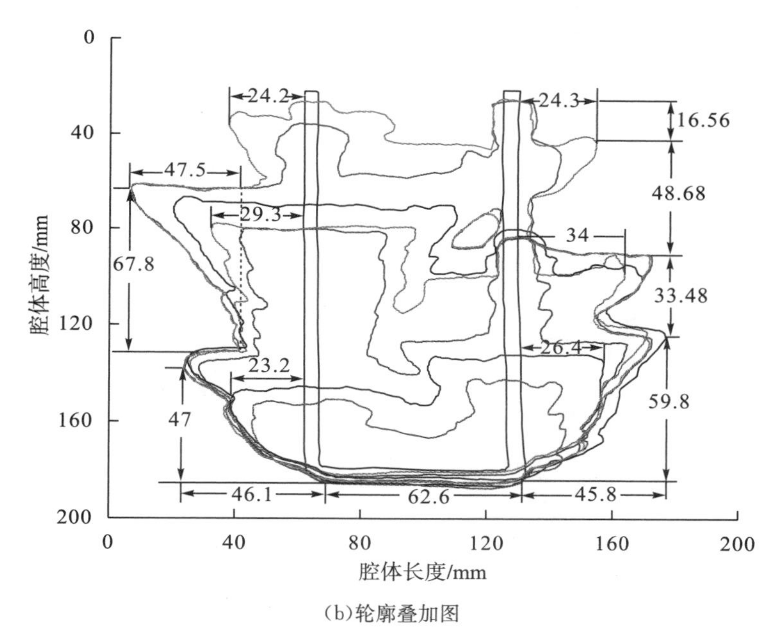

(b)轮廓叠加图

图 11.22　实验 1 条件下腔体扩展图

注：(b)图中线条从内向外依次表示 0h、2h、4h、7h、10h、12h、14h、16h、18h。

图 11.23 为实验 2 条件下的腔体扩展图，和实验 1 类似，溶腔在腔底形成“船体形”的空间区域，这种底部构造能够沉积大量的残渣而不占用腔体过多的高度。这种优势在后期腔体利用中能够发挥巨大的作用。由于卤水浓度在竖直方向上存在一定的浓度差，从而在腔底形成了 55°～65°的溶蚀倾角。此外。在每一个阶段连接处，同样出现了溶蚀倾角，角度基本上也在 55°～65°。在图中，对每一个造腔阶段盐壁的扩展宽度进行了测量，从而可以求得盐壁的溶解速率。造腔第一阶段，盐壁的溶解速率为 6.2mm/h；造腔

第二阶段，盐壁的溶解速率为 6mm/h；造腔第三阶段，盐壁的溶解速率为 5.1mm/h；造腔第四阶段，盐壁的溶解速率为 5.4mm/h。

(a)腔体实物图

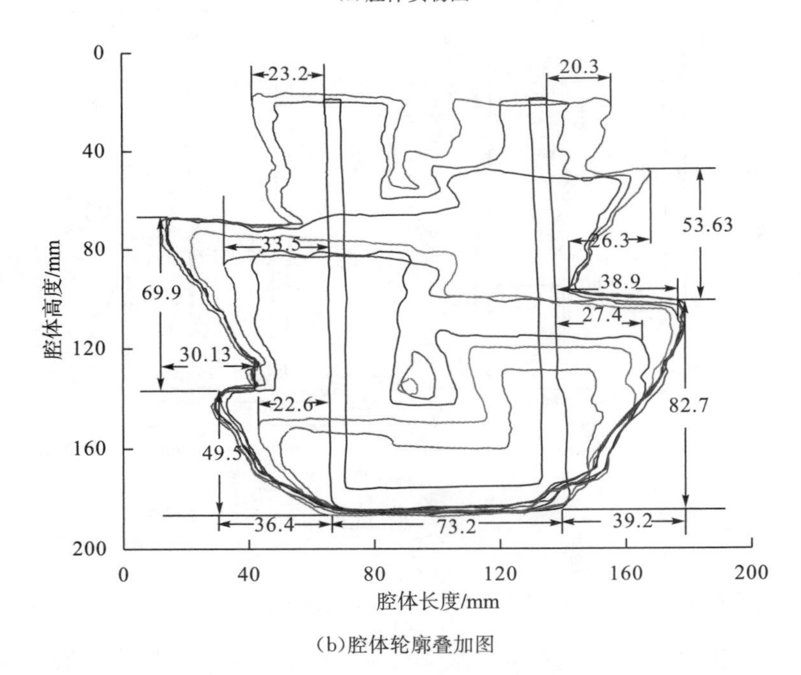

(b)腔体轮廓叠加图

图 11.23　实验 2 条件下腔体扩展图

注：(b)图中线条从内向外依次表示 0h、2h、4h、7h、10h、12h、14h、16h、18h。

图 11.24 为实验 3 条件下的腔体扩展图，由于进水管置于溶腔底部，所以整个溶腔边界在整个溶蚀过程一直在向外扩展，最后形成的腔体下半区域体积很大，而腔体顶部形成两个“宝塔”状的尖角，尖角的形成跟管柱的布置有很大的关系，清水从进水管注

入，由于清水密度小于卤水，所以清水会向腔体顶部运动，在向上运动的过程中，清水和卤水相互接触，从而清水也慢慢融合到卤水当中，由于进水口距离腔顶有很长的一段距离，所以清水对腔顶的作用很小，从而导致“宝塔”状的腔顶形成。通过测量，可知腔体底部的溶蚀倾角为 50°。

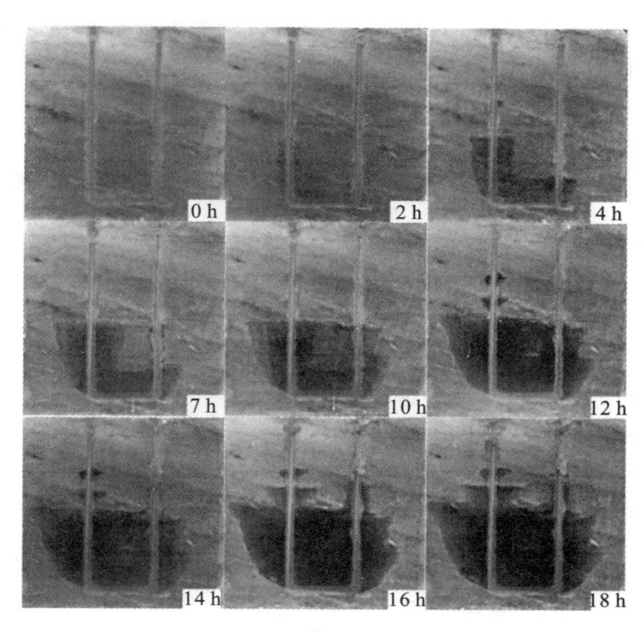

(a)腔体实物图

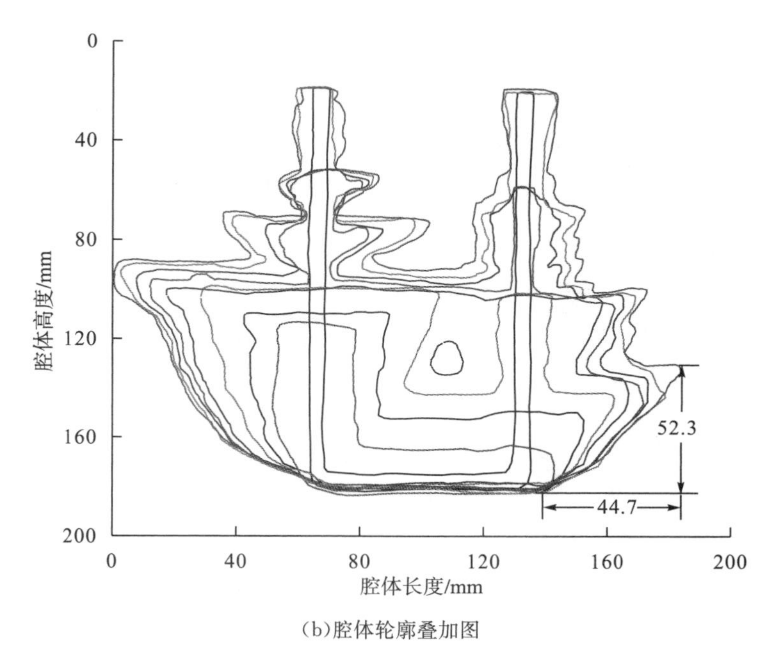

(b)腔体轮廓叠加图

图 11.24　实验 3 条件下腔体扩展图

注：(b)图中线条从内向外依次表示 0h、2h、4h、7h、10h、12h、14h、16h、18h。

11.4.3 溶腔立体形状分析

图 11.25 展示了不同提管方式下的溶腔立体形状，由图可知，在三种提管方式中，以实验 2 的腔体形状较好，实验 1 的形状为上大下小，最大腔体宽度出现在腔体的顶部，实验 3 顶部形成“宝塔状”结构，顶部区域的盐层没有充分利用。实验 2 的腔体形状可以进一步优化，主要是在油垫的控制上，使腔体两侧能够更加对称。

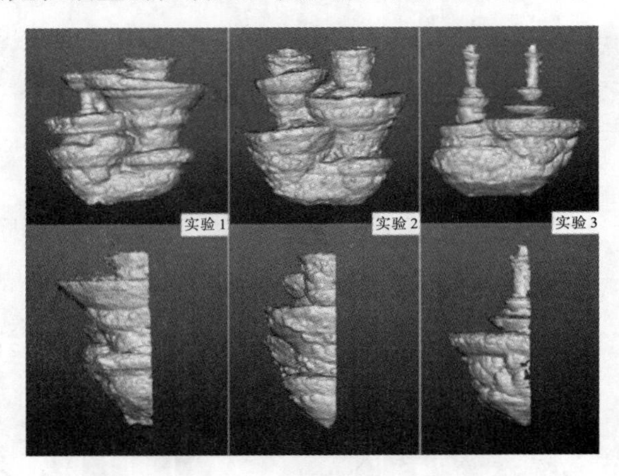

图 11.25 不同提管方式下的溶腔立体形状

11.4.4 单双井水溶造腔腔体扩展的对比

图 11.26 比较了单井油垫法水溶造腔技术以及小井间距双井水溶造腔技术在排卤口卤水浓度上的区别，由图可知，在造腔第一、二阶段，小井间距双井水溶造腔技术的排卤口卤水浓度要明显大于单井油垫法水溶造腔技术的排卤口卤水浓度，说明在造腔初始阶段、溶腔体积扩展的初级阶段，小井间距双井水溶造腔技术在采卤造腔上有其优势。但随着造腔过程的继续进行，溶腔体积的进一步扩大，小井间距双井水溶造腔技术的优势逐渐减小，由图可以看出，在造腔第三、四阶段，两种造腔技术排出的卤水浓度很接近。

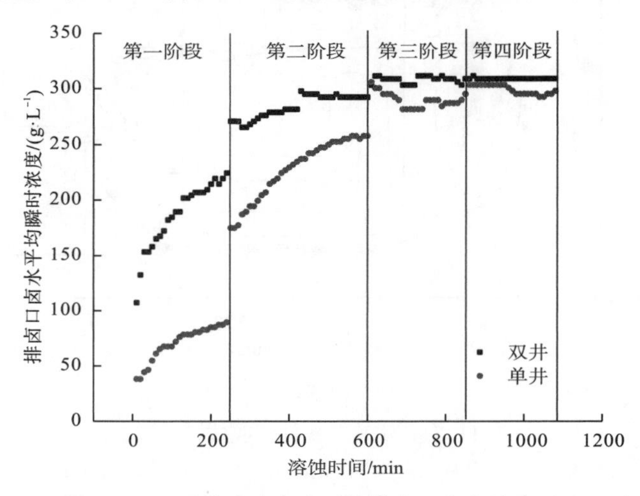

图 11.26 两种造腔方法下的排卤口卤水浓度对比

图 11.27 比较了两种造腔方法下单位时间溶蚀的腔体体积，由图可以看出，两条曲线的变化规律具有很好的相似性，在造腔前期，单位时间溶蚀的腔体体积随溶蚀时间的增加而增大，在造腔后期，单位时间溶蚀的腔体体积趋于平稳，基本上为一个稳定的数值。从两种方法比较来看，小井间距双井水溶造腔法在溶蚀效率上具有一定的优势，且优势在造腔前期更加明显，这一特质与排卤口浓度随溶蚀时间的变化规律有很好的一致性。

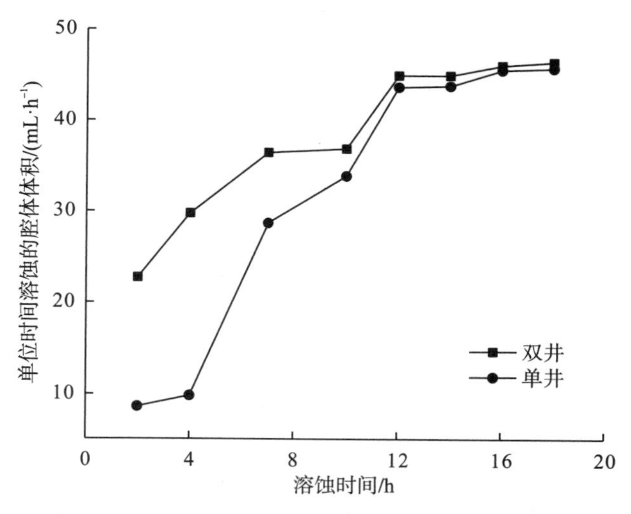

图 11.27　两种造腔方法下单位时间溶蚀的腔体体积

图 11.28 为单井油垫法水溶造腔下的腔体扩展图，由图看以看出，该方法下的溶腔具有很好的对称性，这是由于造腔管柱位于溶腔的中心位置，使得同一水平面的卤水浓度具有很好的均一性，所以溶腔在同一水平面的盐壁会以相同的速度向外扩展。溶腔最后的形状为上大下小的近似梨形，溶腔的直径为 139mm，底部的溶蚀倾角为 55°左右。

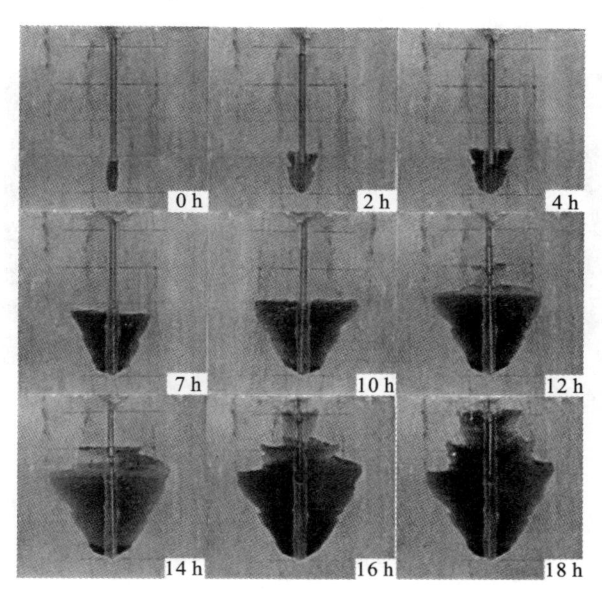

(a)腔体实物图

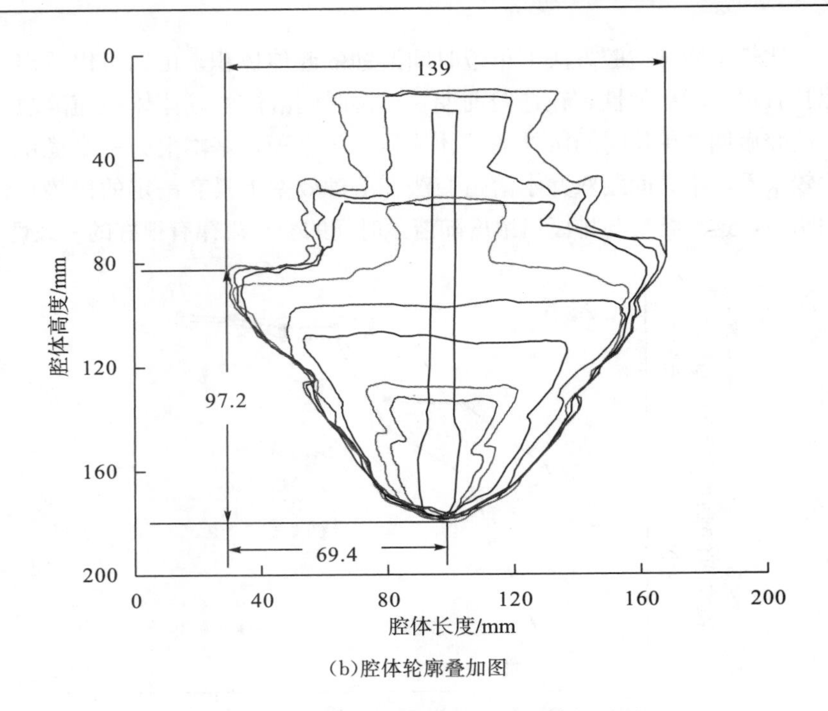

(b)腔体轮廓叠加图

图 11.28　单井水溶造腔法下的腔体扩展图

注：(b)图中线条从内向外依次表示 0h、2h、4h、7h、10h、12h、14h、16h、18h。

图 11.29 比较了两种造腔方法下的溶腔立体形状，可以看出两者还是有很大的区别：首先表现在溶腔底部上，单井油垫法水溶技术下的溶腔底部为“陀螺”形，在底部形成尖角，而小井间距双井水溶技术下的溶腔底部为平台形，相比较而言，平台形的底部能够存放更多的不溶物残渣；从形状控制上来看，单井油垫法对溶腔形状的控制更加有利，形成的腔体更加规则，而小井间距双井水溶技术因为要来回倒井，对油垫的控制更加困难，所以很容易形成腔体两端的不对称。

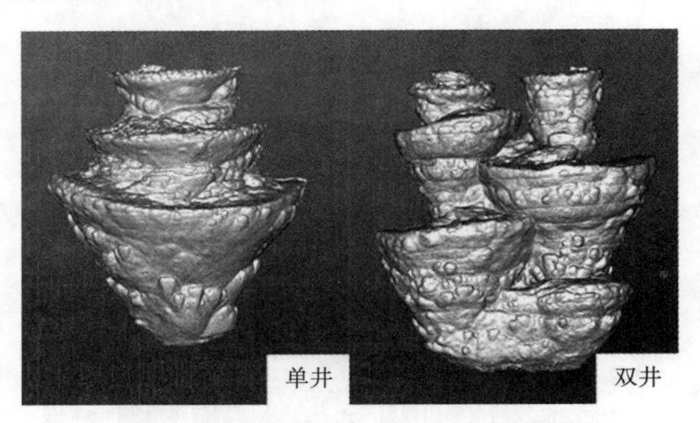

图 11.29　两种造腔方法下的溶腔立体形状对比

第 12 章　水溶造腔数值仿真

12.1　单井油垫法水溶造腔数值仿真软件

针对我国盐岩体中含有众多夹层，呈层状分布的特点，开发出适合我国盐岩地质条件的层状盐岩水溶造腔全过程仿真软件—Salt Cavern Builder V1.0(简称 SCB1.0)，软件操作界面如图 12.1 所示。

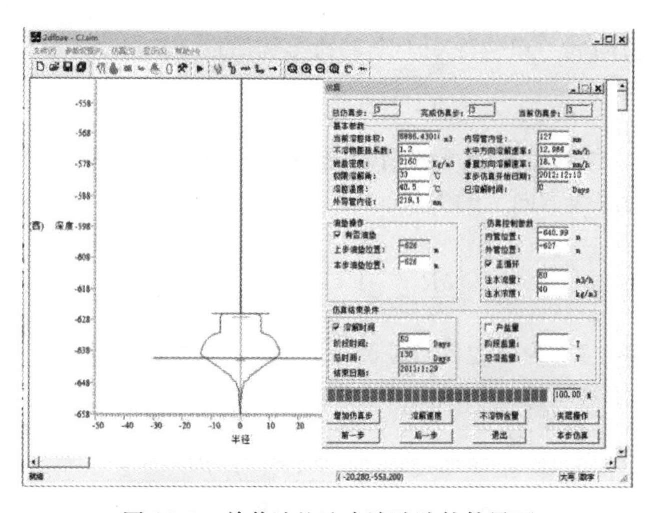

图 12.1　单井油垫法水溶造腔软件界面

12.2　软件的基本原理

层状盐岩水溶造腔软件的开发是建立在对水溶造腔过程深入理解的基础上，需要将现象转换成计算机能够识别的语言，为此需要建立能够描述造腔过程的数学模型和夹层力学模型。

12.2.1　数学模型方程组

盐岩水溶造腔是一个复杂的过程，涉及对流扩散动力学、化学动力学、流体力学以及热动力学等知识点，软件正是基于这些学科知识点，建立能够描述盐岩造腔过程的数学模型。该数学模型包括五组基本方程和正反循环物质交换平衡方程。

(1)浓度场。盐岩腔体溶蚀的过程实际上是溶质在溶剂的流动体系中的运输过程，这一过程可用一组多维非稳态对流扩散方程来描述：

$$\frac{\partial C}{\partial t}+(\bar{v}\cdot\nabla)C=D\,\nabla^2 C \tag{12.1}$$

式中，C 表示浓度；t 为时间；$\bar{v}$ 表示流速；D 表示扩散系数。

(2)速度场。对于有源流动，变密度流体的质量守恒定理(或者连续方程)一般可以写成：

$$\frac{\partial\rho}{\partial t}+\nabla(\rho\bar{v})=q \tag{12.2}$$

而动量方程为

$$\rho\frac{D\bar{v}}{Dt}=\rho\bar{f}-\nabla p+\frac{1}{3}\mu\,\nabla(\nabla\bar{v})+\mu\,\nabla^2\bar{v} \tag{12.3}$$

式中，ρ 表示溶液密度；p 表示压力；f 表示体积力；μ 表示动力黏度；q 为单位面积溶解的盐量。

(3)盐岩溶蚀速率方程。盐岩的溶解过程，也就是盐类物质在水溶液中的对流扩散。对流扩散时，在单位时间、单位面积上全部盐类物质量 J，可用下式表示：

$$J=J_v+J_D=VC+D\frac{\partial C}{\partial\bar{n}} \tag{12.4}$$

式中，J_v 表示溶解水中的盐类物质的精确速率；J_D 表示扩散的质量传递速率；V 表示溶液运动速度；$\bar{n}$ 为法线方向上的矢量。

(4)溶蚀边界方程。

$$\frac{\partial R}{\partial t}=\frac{1}{\alpha}\frac{1}{\rho_s}MJ\mid\Gamma_1 \tag{12.5}$$

式中，R 为溶腔边界；Γ_1 为外边界溶腔侧壁壁面；α 为侧溶底角。

(5)辅助方程。溶液密度 ρ 与浓度 C 之间的关系如下：

$$\rho=\rho_w+CM\left(1-\frac{\rho_w}{\rho_s}\right) \tag{12.6}$$

式中，ρ 为溶液密度；ρ_s 为纯盐密度；M 为盐岩摩尔质量；ρ_w 为淡水密度。

(6)正反循环物质交换平衡方程。

$$\begin{cases}v_{\text{in}}=Q_{\text{in}}/S_{\text{in}}\\ v_{\text{out}}=Q_{\text{out}}/S_{\text{out}}\\ Q_{\text{in}}-Q_{\text{out}}=\Delta V\beta\\ C_{\text{in}}Q_{\text{in}}+\Delta V\rho-C_{\text{out}}Q_{\text{out}}=\int_U C\mathrm{d}U\end{cases} \tag{12.7}$$

式中，v_{in}为进水口流速；Q_{in}为进水口流量；S_{in}为进水面积；v_{out}出水口流速；Q_{out}出水口流量；S_{out}出水面积；ΔV 盐岩体积溶解速率；β 为盐溶于水的膨胀系数；U 溶腔体积；C_{in}为进水口浓度；C_{out}为出水口浓度。

联立以上方程，选择龙格－库塔法求解。

12.2.2 夹层力学模型及垮塌判据

软件充分考虑了夹层对造腔的影响，建立了夹层力学模型，并提出了夹层垮塌判据。

结合目前国内盐穴储库建设中使用的水溶造腔工艺，在盐岩地层中水溶完成的腔体一般为轴对称的旋转体。因此，暴露悬浮在腔体内的夹层类似为圆形薄板。注水造腔前在整个腔体的中心位置钻有直径较小的圆孔，因此，夹层的几何形状可视为有圆孔的薄板。为了简化分析，在满足一定工程精度要求的基础上，可以把夹层材料视为各向均质同性。最终，腔体内夹层的力学垮塌模型可看作周边固定的受均匀分布荷载的有圆孔的薄板，如图 12.2。与板面垂直的方向上受均布荷载 q 的作用。q 有 4 部分组成，包括：

(1)夹层上方残留的盐层的重力 q_1。由于侧溶底角的存在，呈线性载荷分布，夹层边缘处最大，记为 q_1'，夹层中心处最小为 q_1''。

(2)夹层上方卤水压力 q_2，方向垂直于夹层竖直向下。由于侧溶底角的存在呈线性载荷分布，夹层边缘处最大，记为 q_2'，夹层中心处最小，记为 q_2''。

(3)夹层本身重力 q_3，属于均布载荷。

(4)夹层下方卤水压力 q_4，方向垂直于夹层竖直向上。

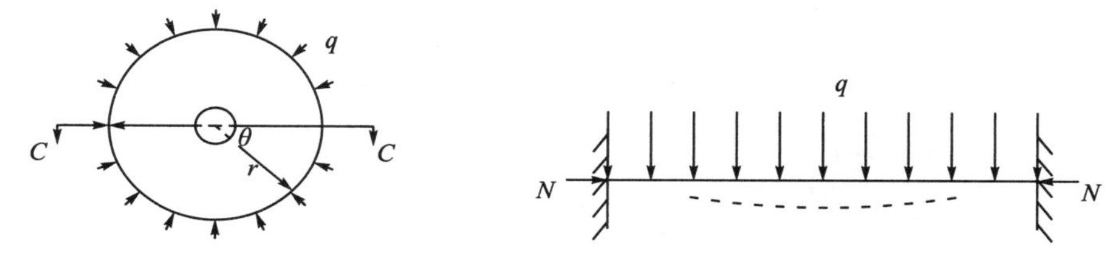

图 12.2　夹层力学模型示意图

根据以上模型，提出夹层垮塌系数作为夹层是否垮塌的判据：

$$n=\frac{K\sigma_1(t,\ T,\ r)}{\sigma_c(t,\ T)} \tag{12.8}$$

式中，n 为夹层垮塌系数；K 为修正系数，根据具体地质条件取小于 1 的正数；t 为时间；T 为温度；r 为夹层悬空半径；σ_1 与 σ_c 分别是悬空夹层各点最大主应力及泥质夹层不同浸泡时间下的抗压强度。其中，σ_c 是关于时间和温度的函数。当夹层某处的 n 大于 1，该处夹层将出现屈服破坏。

12.3　软件操作简介

软件使用时，首先要逐步进行各参数设置，然后进入仿真界面，根据实验方案进行仿真模拟。软件仿真过程采用流程式界面控制。

打开软件，首先为软件参数设置，包括：初始参数设置、溶腔初始化、夹层设置、溶解速度设置、不溶物含量设置、初始溶腔卤水浓度设置、仿真控制参数设置。

初始参数包括用户个性化设置——工程名称、开始溶解日期；来自造腔现场的数据——不溶物膨胀系数、岩盐密度、极限溶解角、溶腔温度、外导管内径、内导管内径、测溶速度、垂溶速度。这些参数均有个默认值，可以根据现场资料进行重新设定。

溶腔初始化主要为设置建槽期溶腔形状，该步设置包括初始形状设置、扇区数和垂直划分分数。

软件提供了数种夹层模块，充分考虑不同岩性的夹层对腔体形状的影响。仿真过程中，根据需要可以对夹层进行手动垮塌。同时根据腔体的深度、围岩岩性、扇区及标高位置，设置垂速度和侧溶速度。

按提示完成初始参数设置后，下一步进入仿真控制界面(图 12.3)。仿真控制步主要包括仿真步、基本参数、油垫操作、仿真控制参数、仿真结束条件、仿真控制。然后，根据现场造腔方案逐步地进行模拟操作，每步的仿真结果能及时地以纵向剖面图和三维立体图输出，并能把仿真过程记录在一个与仿真工程同名的 *.txt 文件中。

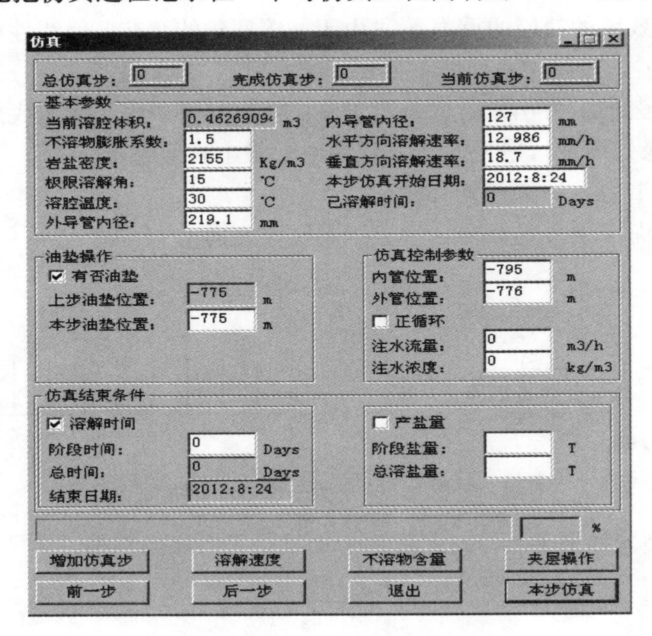

图 12.3 仿真对话框

12.4 数值仿真结果分析

Salt Cavern Builder V1.0 软件是国内自主研发的首款可模拟盐丘型地层和层状盐岩地层两种地质环境下的盐岩造腔软件，本节采用数值软件仿真效果与相似模拟实验对比的方法进行分析。

12.4.1 不同提管方式下的水溶造腔规律

1. 模拟参数

采用层状盐岩水溶造腔全过程仿真软件对提管方式对单井水溶造腔的影响进行了模拟，单井水溶造腔过程中，最常遇到的三种提管方式分别为提中间管、提两管以及提油垫。本节模拟中在地层中没有设置夹层，建腔段位于地下 575～700m，腔体高度为 125m，溶腔温度为 45℃，盐层中不溶物含量为 10%，不溶物膨胀系数为 1.2。造腔管柱采用中心管直径 114.3mm，中间管直径 177.8mm 的组合。除提管方式不同外，其余造腔参数完全相同，具体模拟参数见图 12.4。

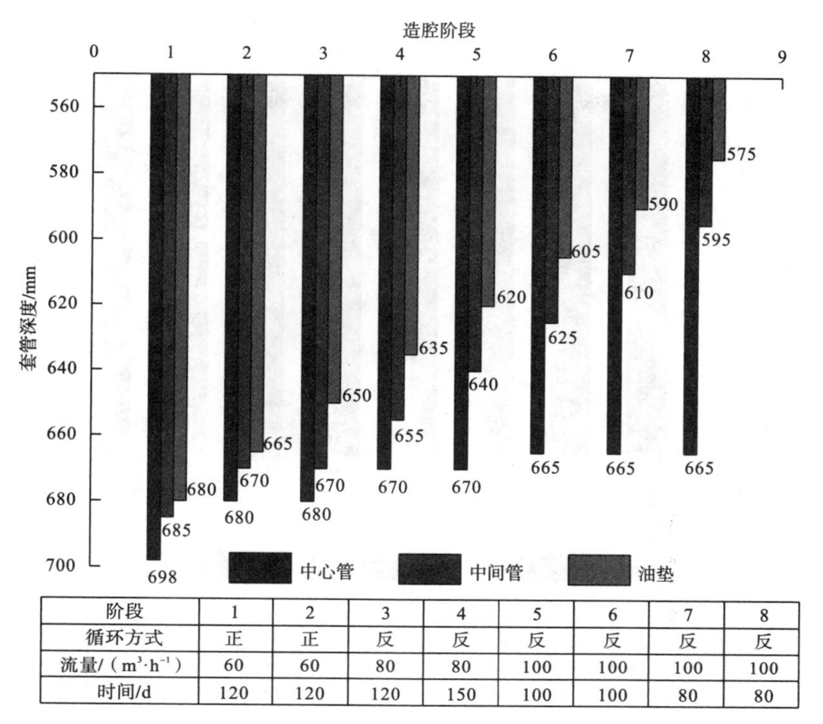

阶段	1	2	3	4	5	6	7	8
循环方式	正	正	反	反	反	反	反	反
流量/（$m^3 \cdot h^{-1}$）	60	60	80	80	100	100	100	100
时间/d	120	120	120	150	100	100	80	80

(a)提中间管

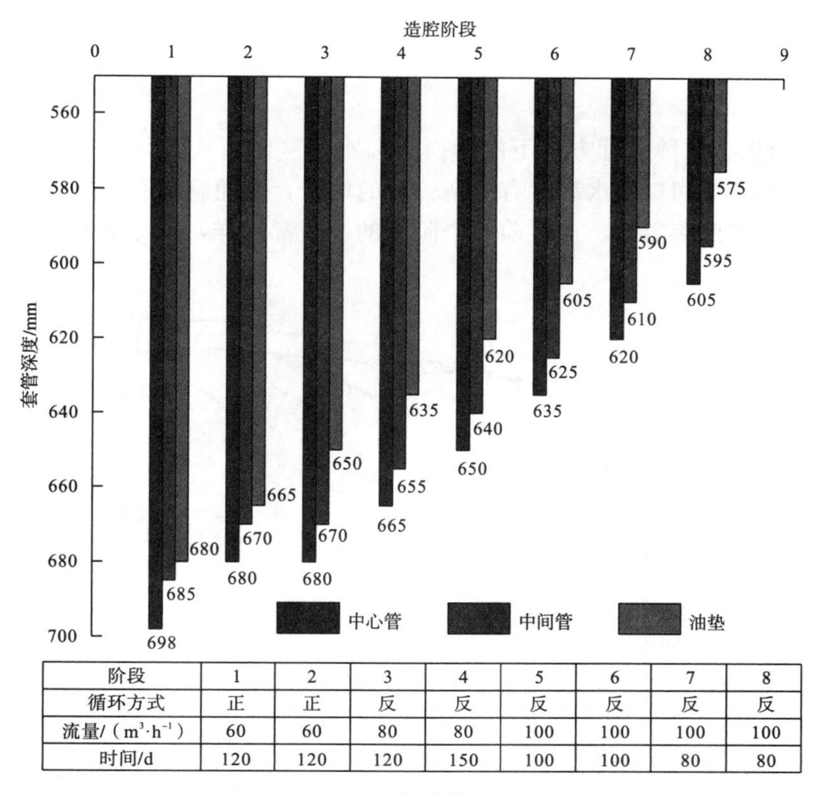

阶段	1	2	3	4	5	6	7	8
循环方式	正	正	反	反	反	反	反	反
流量/（$m^3 \cdot h^{-1}$）	60	60	80	80	100	100	100	100
时间/d	120	120	120	150	100	100	80	80

(b)提两管

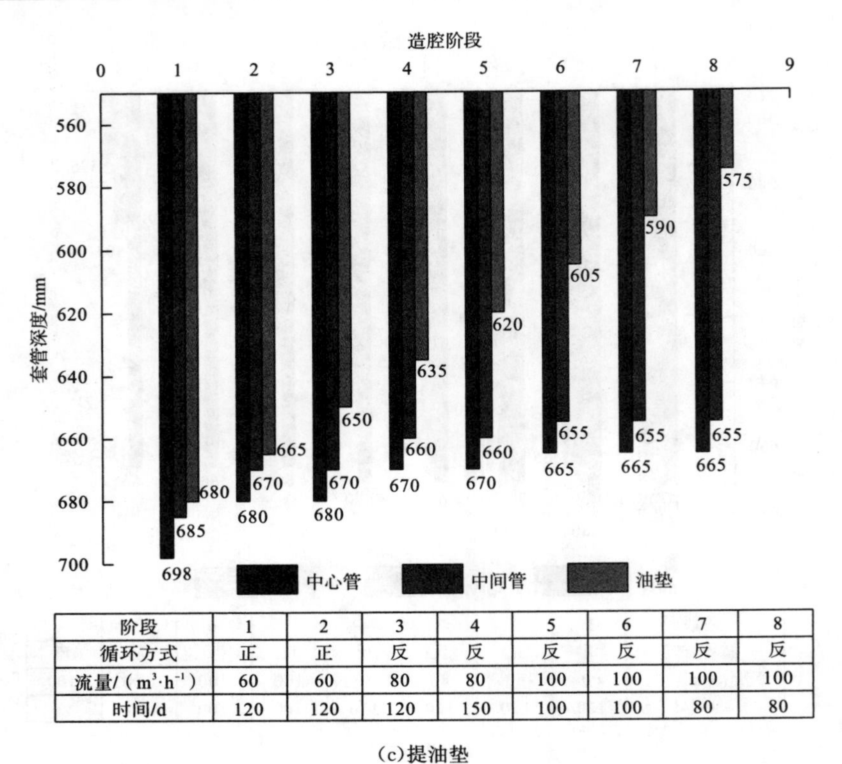

阶段	1	2	3	4	5	6	7	8
循环方式	正	正	反	反	反	反	反	反
流量/($m^3 \cdot h^{-1}$)	60	60	80	80	100	100	100	100
时间/d	120	120	120	150	100	100	80	80

(c)提油垫

图 12.4　不同提管方式下的模拟参数

2. 模拟结果

图 12.5 给出了三种提管方式下的排卤口卤水浓度随造腔时间的变化规律，可以看出，在造腔前期，排卤口卤水浓度有一个较快的增长，但随着造腔的进行，增长速率逐渐放缓。在设置造腔参数时，造腔前三个阶段的参数都一样，所以造腔第一、二、三阶

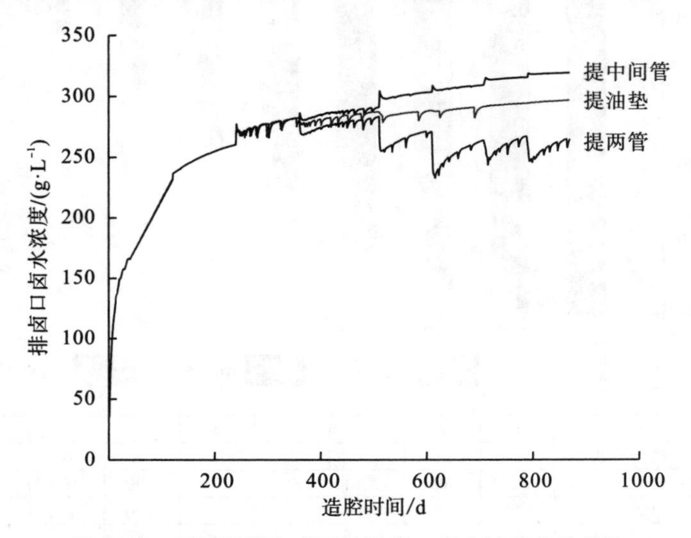

图 12.5　不同提管方式下的排卤口卤水浓度变化规律

段的曲线完全重合。从造腔第四阶段开始，随着提管方式出现差异，曲线也出现了不同的趋势，提中间管和提油垫的浓度趋向于一个稳定的状态，而提两管方式浓度在阶段与阶段的连接处出现了浓度跳动，这是由于排卤管往上提升后，浓度还没来得及重新分布，所以浓度会有一个大的跌落，随着腔体内卤水重新达到平衡，卤水浓度又会慢慢抬高。比较这三种提管方式可以看出，提中间管这种方式在生产高卤水方面是最优的。

图 12.6 显示的为总产盐量与造腔时间的关系，可知提中间管这种提管方式产盐量最大，达到 462460t，而提两管这种方式产盐量最小，仅 419241t。图 12.7 比较了三种提管方式下单位时间的产盐量，单位时间的产盐量随造腔阶段逐步提升，在第五到第八阶段时，单位时间的产盐量基本趋于稳定，变动幅度不大。由图 12.6 和图 12.7 可知，在三种提管方式中，在产盐方面，提中间管为最优的提管方式。

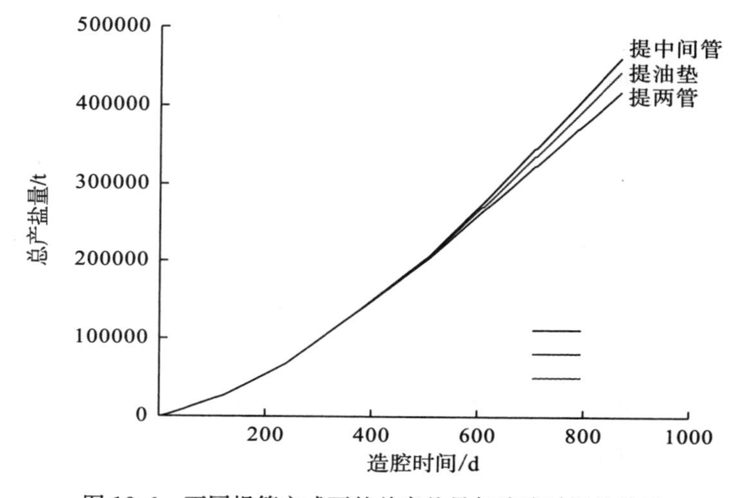

图 12.6　不同提管方式下的总产盐量与造腔时间的关系

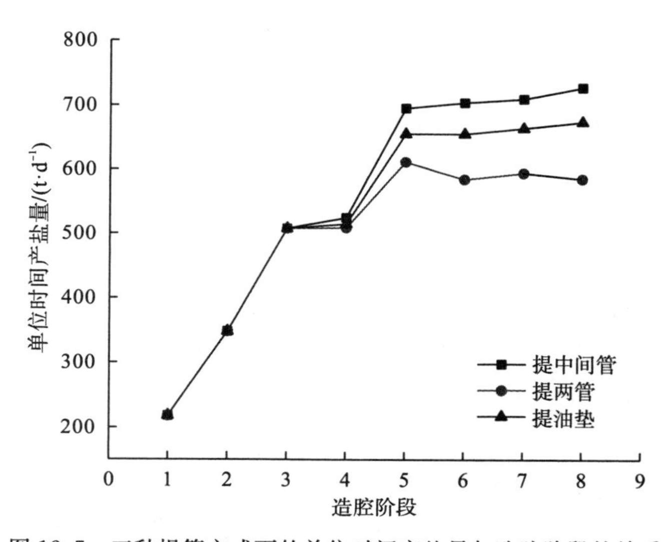

图 12.7　三种提管方式下的单位时间产盐量与造腔阶段的关系

图 12.8 显示的为三种提管方式下的溶腔体积与造腔时间的关系，可知提中间管这种

提管方式溶蚀的腔体体积最大，达到近 30 万 m³，而提两管这种方式溶蚀的腔体体积最小，仅 26 万 m³。单位时间溶蚀的腔体体积与造腔阶段的变化规律和单位时间产盐量与造腔阶段的变化规律具有较强的一致性(图 12.9)，在造腔后期，单位时间溶蚀的腔体体积趋于稳定。由图 12.8 和图 12.9 可知，在三种提管方式中，在造腔效率方面，提中间管为最优的提管方式。

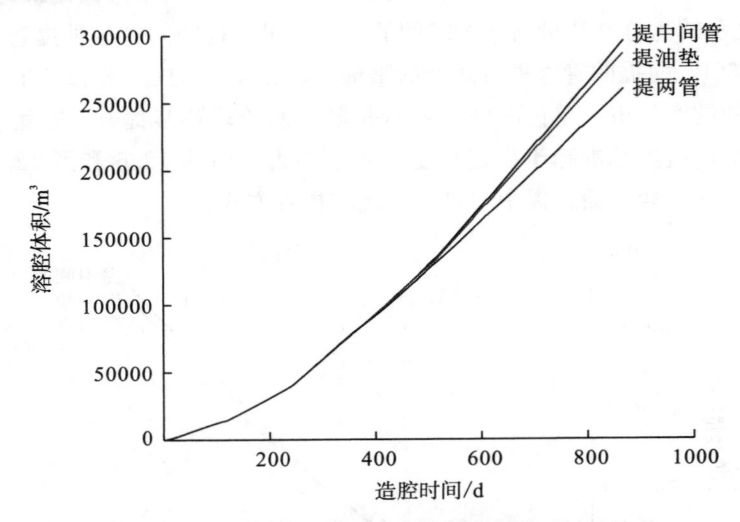

图 12.8　不同提管方式下溶腔体积随造腔时间的关系

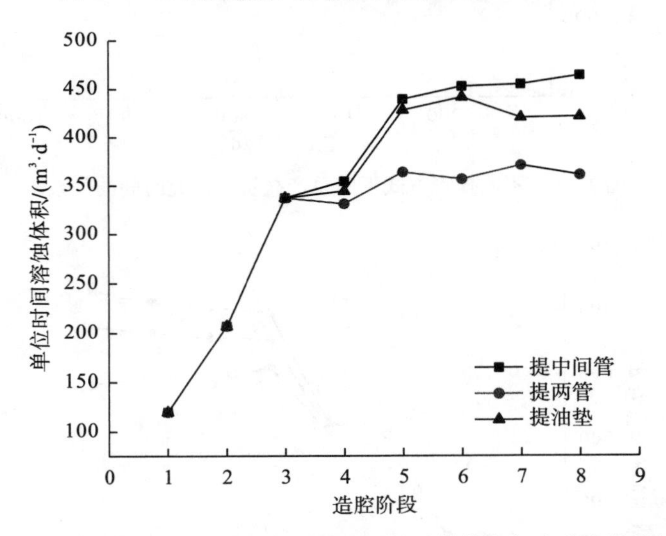

图 12.9　不同提管方式下单位时间溶蚀的腔体体积与造腔阶段的关系

图 12.10 为三种提管方式下的溶腔剖面，可知在不同的提管方式下，溶腔形成了具有自身特征的溶腔形状，提中间管形成的腔体形状为上小下大的梨形，且具有较好的边界连续性。提两管形成的溶腔边界连续性受到了影响，形成锯齿状的溶腔边界。提油垫方式则形成了“大蒜”状溶腔，在溶腔顶部形成了细长状的腔体，且底部溶腔直径过大，达到将近 100m，而溶腔高度为 125m，溶腔高度与直径之比仅为 1.25，影响溶腔的稳定性。可知在腔体形态控制方面，提中间管这种提管方式是最优的。

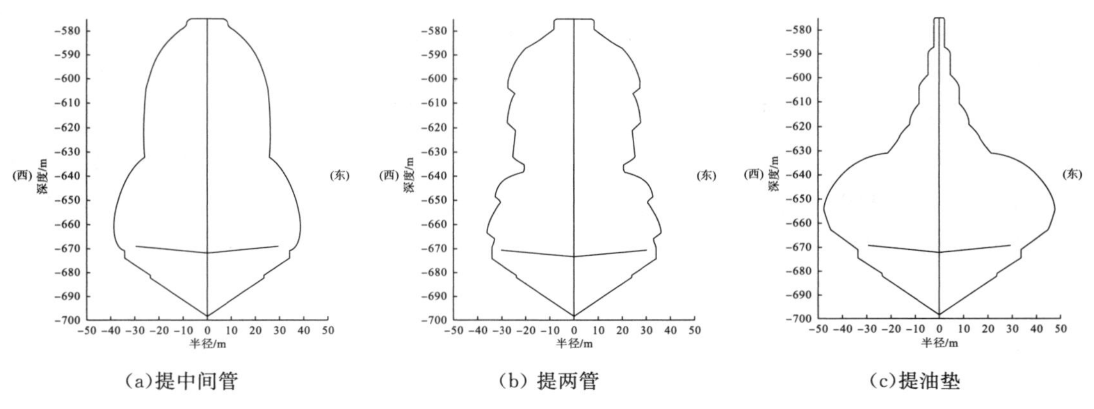

图 12.10　不同提管方式下的溶腔剖面

12.4.2　不同注水流量下的水溶造腔规律

1. 模拟参数

考虑到实际造腔的流量范围，在本次模拟中，选了四组注水流量水平，分别为 $30m^3/h$、$60m^3/h$、$90m^3/h$ 以及 $120m^3/h$。模拟采用八个造腔阶段，前两阶段为正循环，后六阶段为反循环，注水流量在整个造腔模拟过程中保持不变。四组模拟中除流量不同外，其他参数保持完全相同。

2. 模拟结果

图 12.11 显示的为不同注水流量下的排卤口卤水浓度变化规律。由图可知流量对排卤口卤水浓度的影响主要在造腔初始阶段，造腔初始阶段卤水浓度较小，腔体体积也较小，流量对整个腔体的浓度有较大的影响。进入造腔第三阶段后，流量对排卤口卤水浓度的影响减小，且随着造腔进入造腔后期，流量对排卤口卤水浓度的影响几乎可以忽略。

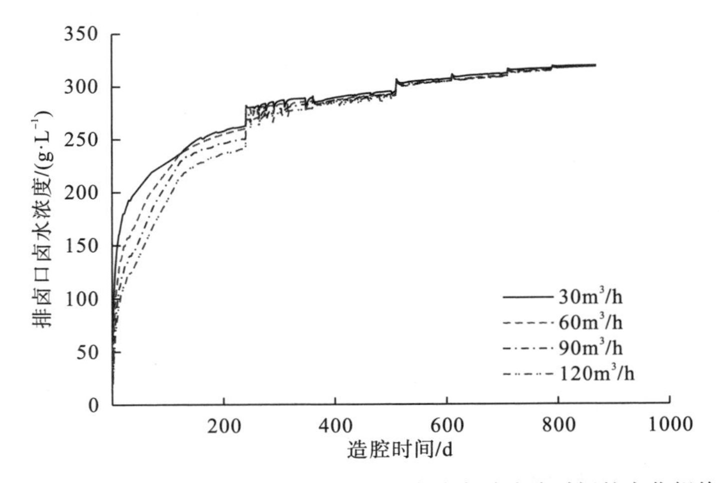

图 12.11　不同注水流量下的排卤口卤水浓度随造腔时间的变化规律

图 12.12 为总产盐量及溶腔体积随注水流量的变化规律。由图可知，总产盐量及溶

腔体积随注水流量的增加而增加，且具有很强的线性关系，从一定程度来讲，增加注水流量能够加快造腔的速度，且能溶蚀出较大的腔体。但大流量意味着大的注水压力，从而增加注水泵的负荷，因此，在造腔过程中，应综合考虑造腔周期和经济性安全性等方面的要求，确定溶蚀过程中的合理排量，一般选取 40～120m³/h 范围内，排量不能过大，在大排量 120m³/h 以上造腔时，过高的管口流速可能引起造腔管柱震动而影响盐腔顶部稳定性，给卤水回收带来压力。

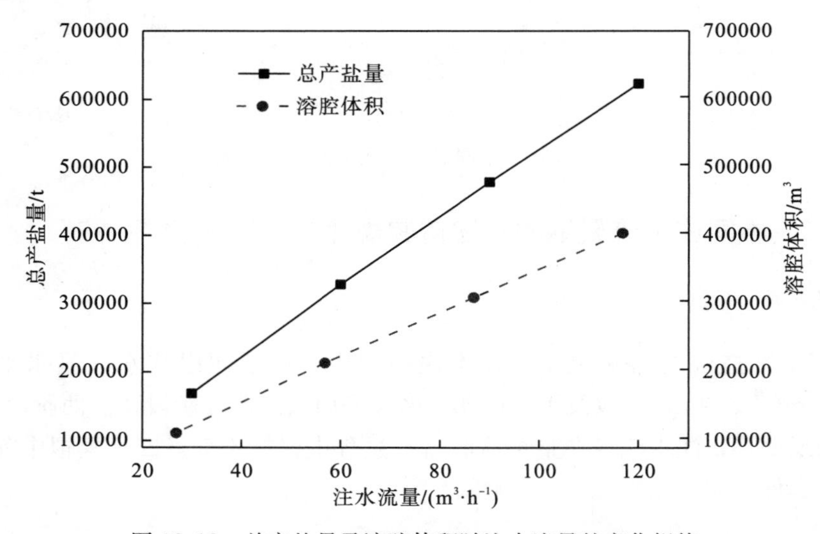

图 12.12　总产盐量及溶腔体积随注水流量的变化规律

图 12.13 为不同注水流量下的溶腔轮廓，在提管方式相同的情况下，注水流量对溶腔轮廓的影响主要体现在高径比上，流量越小，溶腔显得越细长，高径比越大。溶腔在四个流量梯度下的腔体最大半径分别为 25m、36m、43m、46m，高径比分别为 2.5、1.74、1.45、1.36。在真实造腔中，需要多个流量配合着使用，一般建槽阶段采用小流量，一方面是为了保护底板盐层，另外一方面也是为了在造腔初期也能得到较高浓度的卤水，随着造腔的进行，流量会逐渐增大。

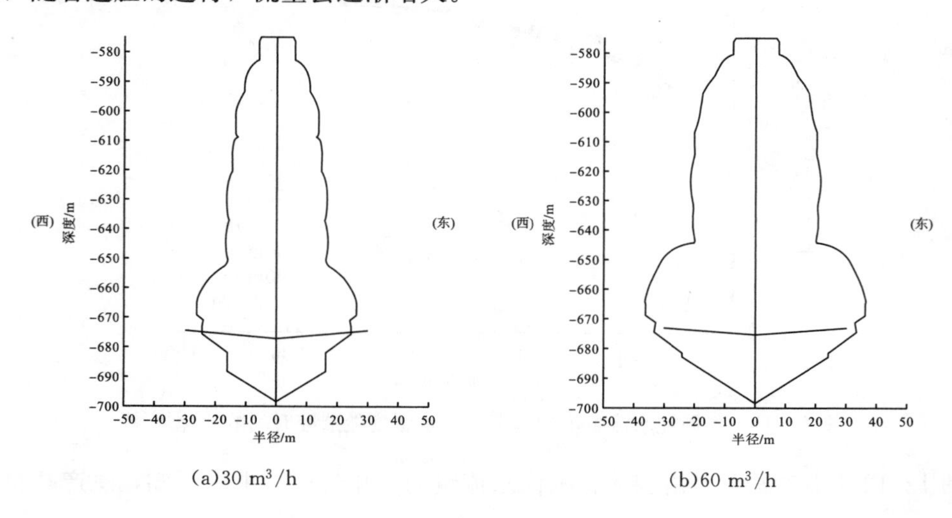

(a)30 m³/h　　(b)60 m³/h

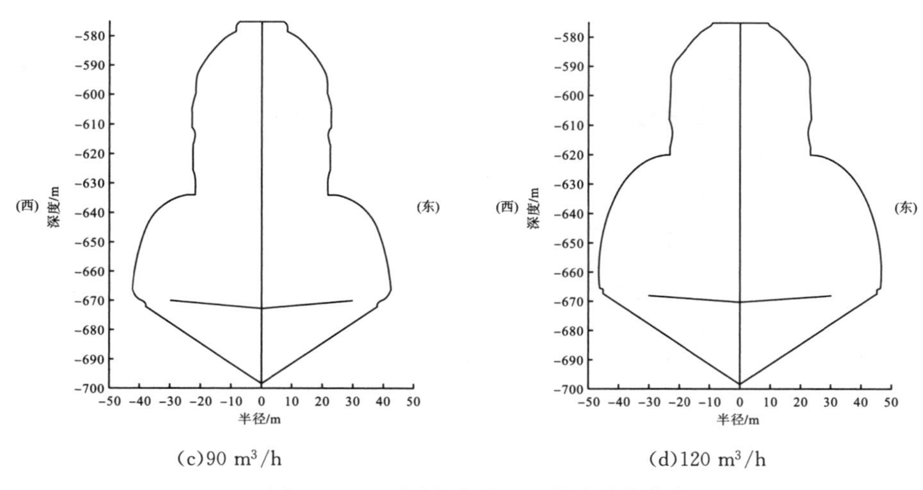

(c)90 m^3/h　　　　(d)120 m^3/h

图 12.13　不同注水流量下的溶腔轮廓

12.4.3　夹层对腔体形状的影响

Salt Cavern Builder V1.0 软件涉及因素全面，为了能够反映我国盐矿赋存和盐穴造腔的特点，本节将对有无夹层的造腔过程进行模拟分析，来指导我国盐穴储库的建设。

1. 无夹层造腔

按照大尺寸型盐造腔相似实验的方法，采用天然盐岩粉末，经过特定的材料配比，压制出具有和天然盐岩近似溶解性质和力学性质的大尺寸型盐。基于造腔相似理论，结合现场造腔工艺，设计出表 12.1 所示的造腔模拟方案。采用此种方案造出的腔体形状如图 12.14 所示。

表 12.1　无夹层相似模型造腔参数

时间/min	循环方式	流量/(mL · min^{-1})	中心管位置/mm	外套管位置/mm	油垫位置/mm
300	正	12.7	315	295	275
660	反	12.7	295	265	245
1020	反	12.7	295	235	215
1320	反	12.7	295	205	185
1560	反	12.7	295	175	155
1860	反	12.7	265	175	95
2160	反	12.7	225	135	65
2460	反	12.7	185	95	35

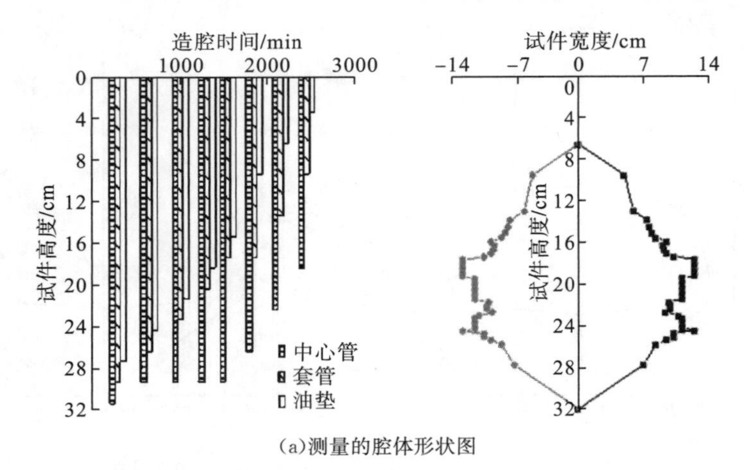

(a)测量的腔体形状图

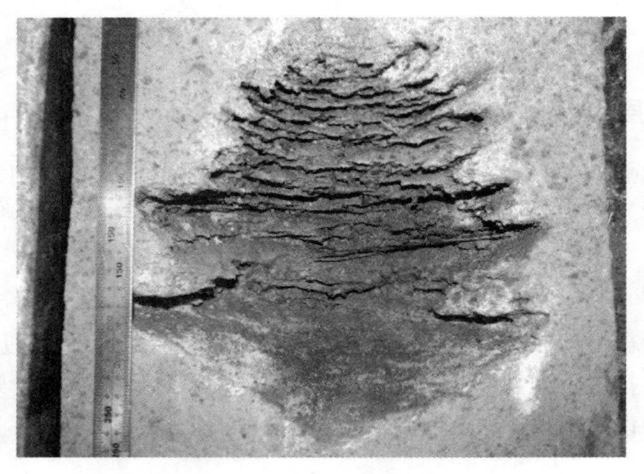

(b)腔体剖面图

图 12.14　利用型盐造腔相似模型实验腔体形状扩展

上述相似模型实验参数输入已编的 MATLAB 程序中，得到对应的软件模拟参数，如表 12.2 所示。基于金坛盐矿地质条件及相关盐矿水溶特性参数，造腔软件用表 12.2 中参数进行模拟仿真，其模拟结果如图 12.15 所示。图 12.15(a)为盐岩腔体形状逐步扩展图，其扩展形态与魏东吼(2008)利用国外造腔软件采用类似的造腔工艺模拟腔体形状扩展趋势相似。图 12.15(b)为腔体建造完成后的轮廓图，对比图 12.14 中相似模型实验腔体轮廓图，可知 SCB 1.0 模拟效果非常好，能够展示出满足工程需要的腔体形状和发展趋势，即验证其指导无夹层造腔的实用性。

表 12.2　软件模拟参数

时间/d	循环方式	流量/(L·h^{-1})	中心管位置/m	外套管位置/m	油垫位置/m
156	正	120	160	150	140
343	反	120	150	135	125
530	反	120	150	120	110
686	反	120	150	105	95

续表

时间/d	循环方式	流量/$(L \cdot h^{-1})$	中心管位置/m	外套管位置/m	油垫位置/m
811	反	120	150	90	80
967	反	120	135	90	50
1123	反	120	115	70	35
1280	反	120	95	50	20

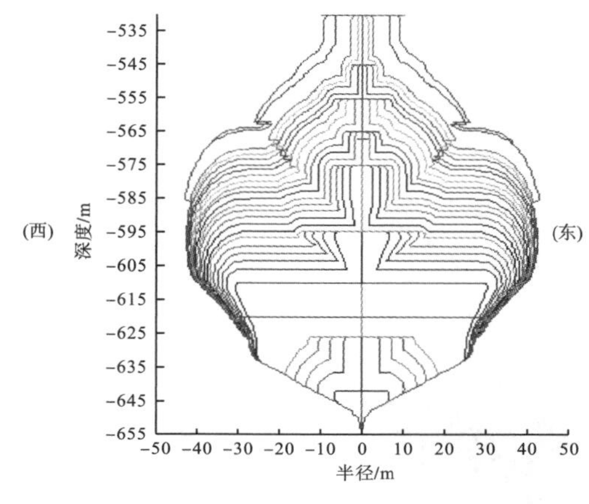

(a)腔体形状扩展图

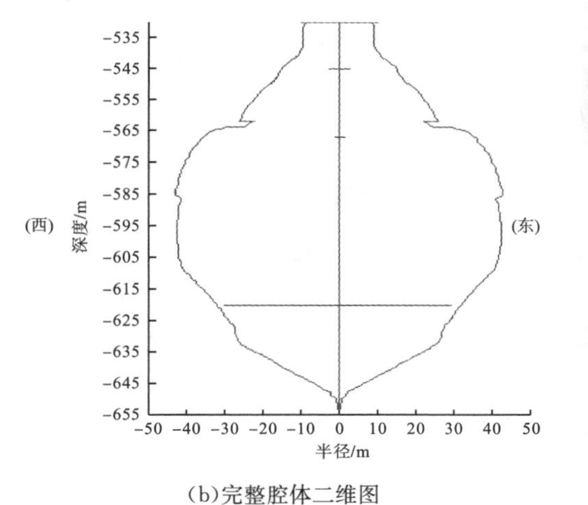

(b)完整腔体二维图

(c)完整腔体三维图

图 12.15　SCB 1.0 造腔软件模拟造腔过程图

2. 单夹层造腔与多夹层的对比

因夹层会影响造腔的连续性，不利于造腔的控制，所以软件能否模拟出含夹层的情况对软件的实用性至关重要。同样按照相似实验中提到的方法，制备含单一夹层的试件。试件的制备过程为：先分别称量一定量的粒径的干燥盐粉和一定量的夹层混合物；然后按照盐粉—夹层—盐粉的顺序，把制备好的材料先后添加到压制模具中。最后利用 80MPa 的压制力加压，保压 30min 后取出试件(姜德义等，2012b)，这样制作出含夹层型盐。根据造腔相似理论，结合现场造腔工艺参数，设计出表 12.3 所示的造腔模拟方案。采用此种方案造腔的腔体形状如图 12.16 所示。

表 12.3　单夹层相似模型造腔参数

时间/min	循环方式	流量/(mL·min^{-1})	中心管位置/mm	外套管位置/mm	油垫位置/mm
300	正	6.7	270	240	220
680	反	12.7	250	210	190
980	反	12.7	230	180	160
1340	反	12.7	210	150	130
1760	反	12.7	210	120	100
2060	反	12.7	180	90	70
2360	反	12.7	150	60	40
2660	反	12.7	150	30	10

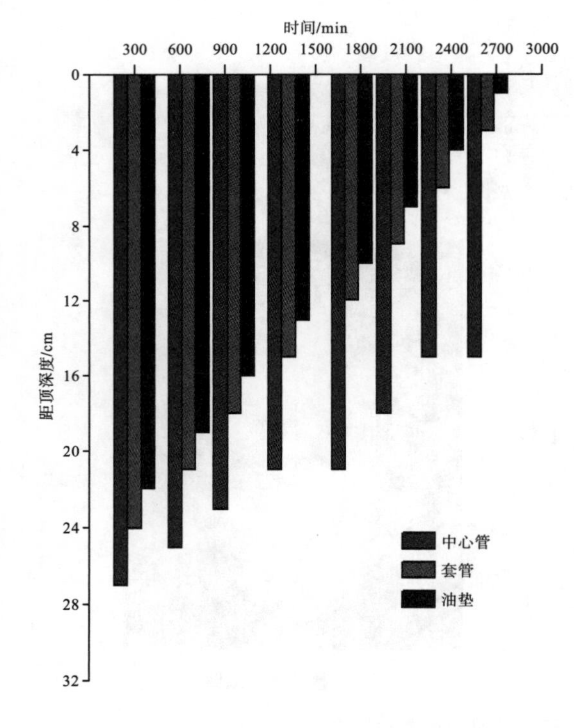

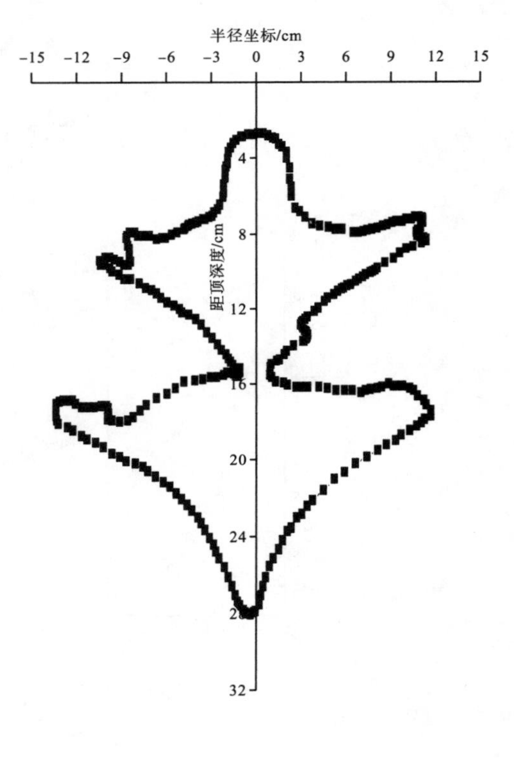

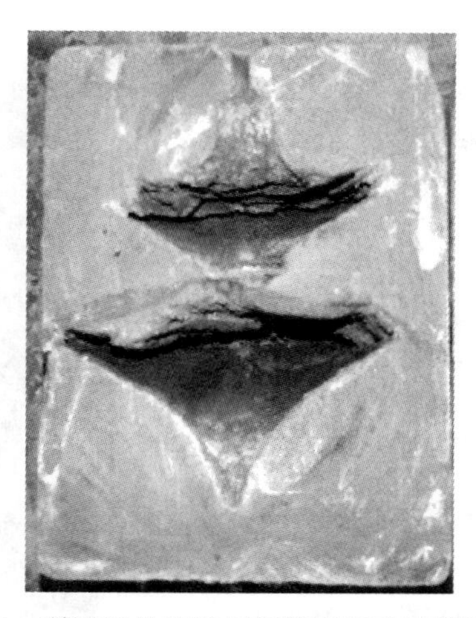

图 12.16　利用型盐造腔相似模型实验腔体形状扩展

基于金坛盐矿地质条件及相关盐矿水溶特性参数，利用 SCB1.0 造腔软件开展了模拟，以对应的现场参数作为软件模拟参数，如表 12.4，其模拟结果如图 12.17 所示。

表 12.4　软件模拟参数

时间/d	循环方式	流量/($L\cdot h^{-1}$)	中心管位置/m	外套管位置/m	油垫位置/m
156	正	67	135	120	110
354	反	127	125	105	95
510	反	127	115	90	80
698	反	127	105	75	65
917	反	127	105	60	50
1073	反	127	90	45	35
1229	反	127	75	30	20
1385	反	127	75	15	5

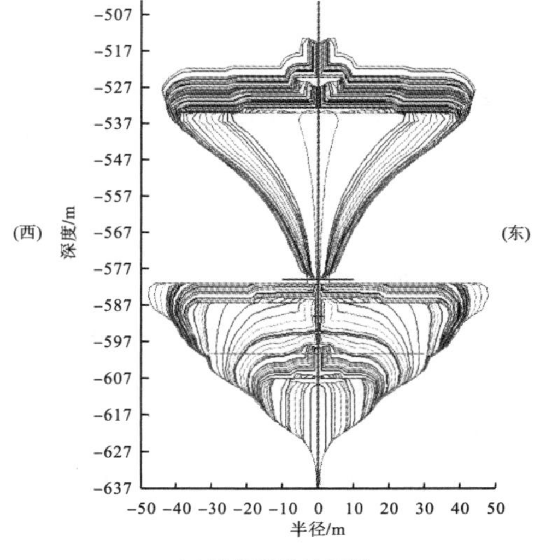

(a)腔体形状扩展图

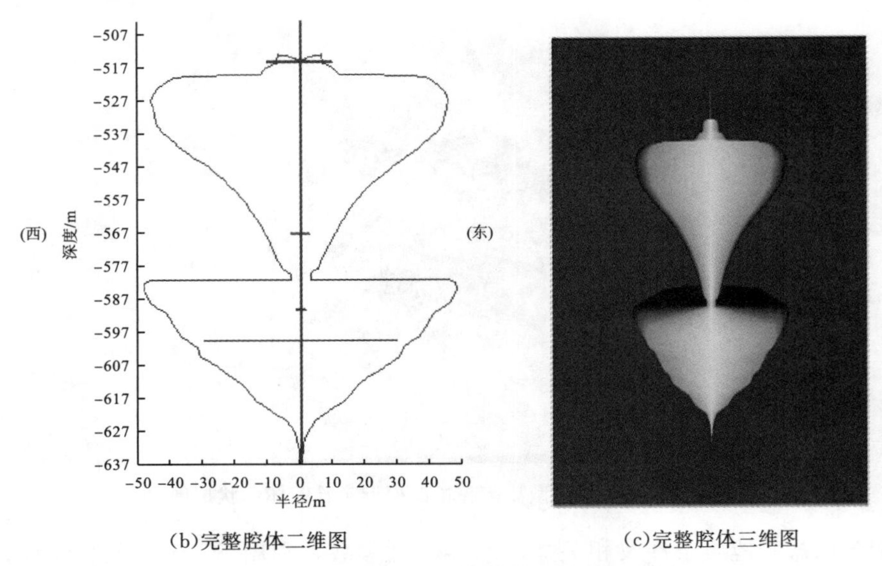

(b)完整腔体二维图　　(c)完整腔体三维图

图 12.17　SCB1.0 造腔软件模拟造腔过程图

软件模拟出的造腔过程与能够指导现场造腔的相似实验所得结果相近，且该精度能够满足工程需要，证明了该软件具有很好的实用性，不仅能够指导简单的无夹层造腔过程，也能够指导含夹层的造腔过程。

图 12.18 给出了夹层处于腔体上、中、下三个位置时的腔体轮廓图，可知夹层的存在造成了溶腔的不规则扩展，在夹层处形成了悬空的盐岩块体。由于夹层下边缘流场的紊流作用，使得夹层下边缘腔体直径扩展得更大。

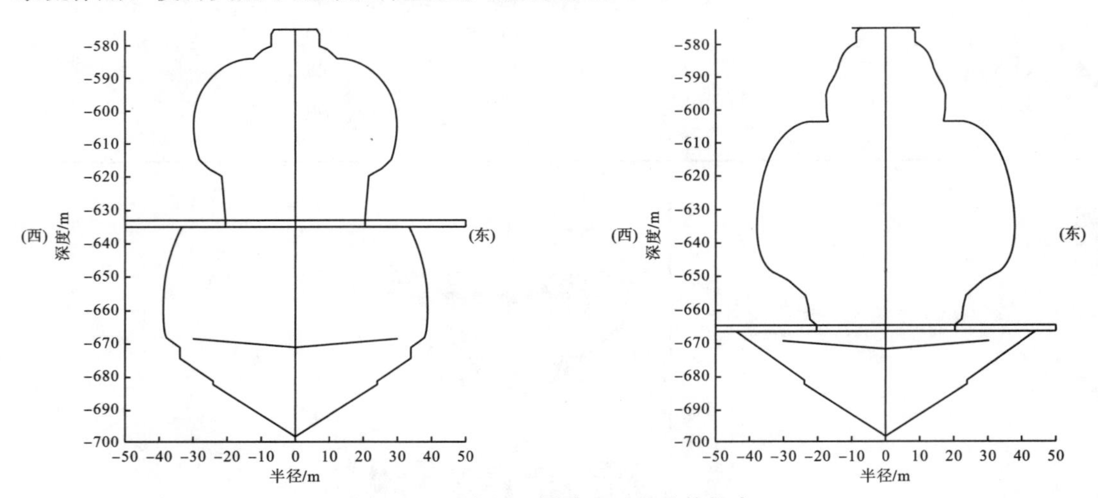

图 12.18　夹层不同位置时的腔体轮廓

图 12.19 给出了四种不同夹层数量下的腔体轮廓图。由图可知，夹层对盐穴储气库水溶造腔的形态影响很大，无夹层时，盐腔的边界连续性较好，腔体形态为梨形，稳定性好。夹层数目增多时，盐腔边界出现不规则，且夹层数目越多，这种边界不规则性更加明显。因此，盐穴储气库的建设最好选择在无夹层的盐岩层中进行；次之，也应该选择夹层数量尽可能少并且夹层厚度较小的地层。

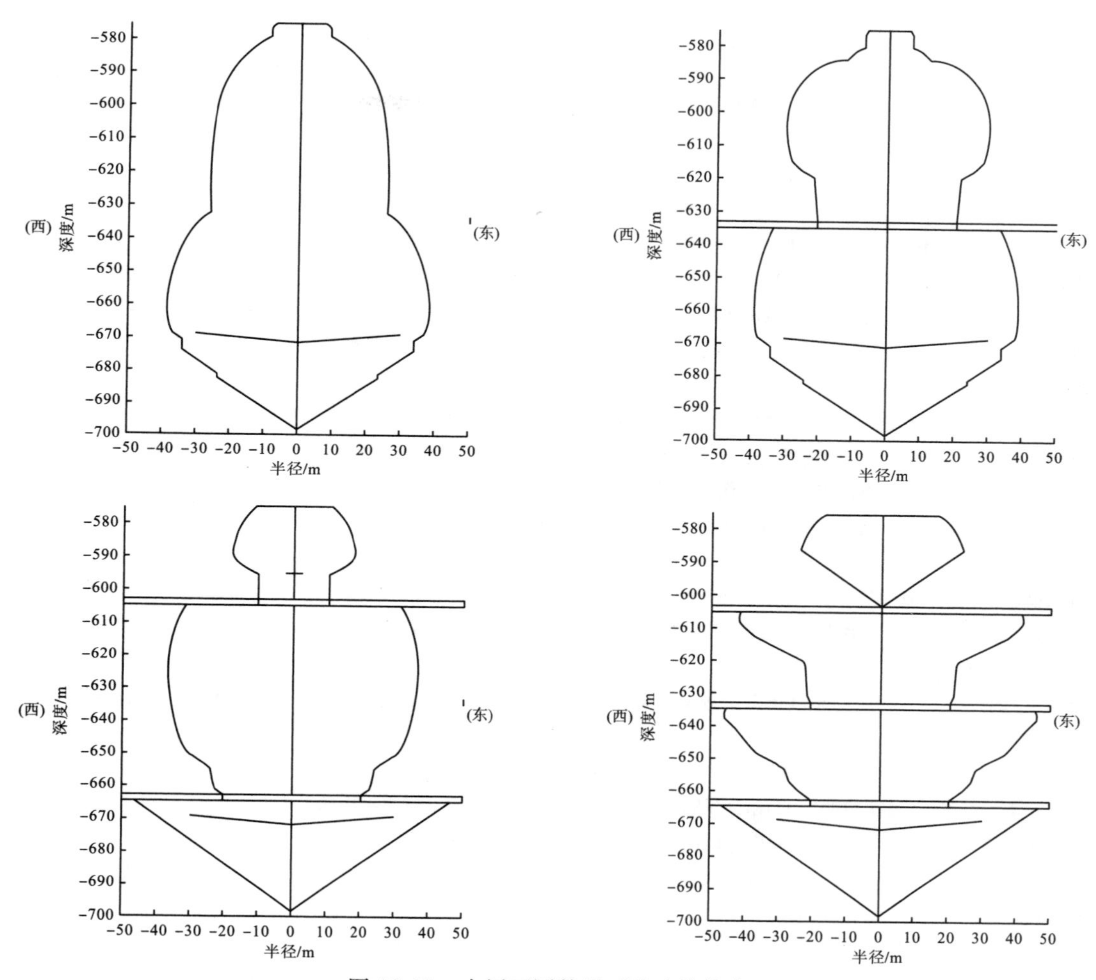

图 12.19 夹层不同数量时的腔体轮廓

参考文献

班凡生，2015.层状盐层造腔提速技术研究及应用[J].中国井矿盐，(6)：16-18.

班凡生，肖立志，袁光杰，等.2012a.地下盐穴储气库快速建槽技术及其应用[J].天然气工业，32(9)：77-79.

班凡生，肖立志，袁光杰，等.2012b.大尺寸盐岩溶腔模型制备研究及应用[J].天然气地球科学，23(4)：804-806.

班凡生，袁光杰，申瑞臣，2010.多夹层盐穴腔体形态控制工艺研究[J].石油天然气学报，32(1)：362-364.

蔡美峰，何满潮，刘东燕，2009.岩石力学与工程[M].北京：科学出版社.

曹琳，2011.三轴应力条件下岩盐溶解特性实验研究[D].重庆：重庆大学.

常小娜，2014.中国地下盐矿特征及盐穴建库地质评价[D].北京：中国地质大学.

陈结，2012.含夹层盐穴建腔期围岩损伤灾变诱发机理及减灾原理研究[D].重庆：重庆大学.

陈结，姜德义，刘春，等，2012.盐穴建造期夹层与卤水运移相互作用机理分析[J].重庆大学学报(自然科学版)，35(7)：107-113.

陈荣盛，张礼达，任腊春，2008.基于相似理论的风力机力特性分析[J].水力发电，6(34)：92-94.

韩琳琳，蒋小权，2010.关于盐岩储气库稳定性评价标准的研究[OL].中国科技论文在线.http：//www.paper.edu.cn/releasepaper/content/201003-753.

郝铁生，梁卫国，张传达，2014.地下水平盐岩储库顶板交界层面滑移破损与强度破坏特性分析[J].岩石力学与工程学报，33(s2)：3956-3966.

黄孟云，刘伟，施锡林，2014.金坛盐矿工程地质特性研究[J].土工基础，(6)：92-95.

江守一郎，1986.模型实验的理论与应用[M].郭廷伟，李安定译.北京：科学出版社.

姜德义，陈结，刘建平，等.2009.应力损伤盐岩的声波、溶解实验研究[J].岩土力学，30(12)：3569-3573.

姜德义，王春荣，任松，等，2012a.岩盐溶解速率影响因素的实验[J].重庆大学学报(自然科学版)，35(9)：126-130.

姜德义，邱华富，易亮，2012b.大尺寸型盐造腔相似实验研究[J].岩石力学与工程学报，31(9)：1746-1755.

姜德义，宋书一，任松，等，2013.三轴应力作用下岩盐溶解速率影响因素分析[J].岩土力学，34(4)：1025-1030.

姜德义，易亮，陈结，等，2014a.含夹层盐穴建腔期浓度场相似实验[J].四川大学学报：工程科学版，46(5)：14-21.

姜德义，张军伟，陈结，等，2014b.岩盐储库建腔期难溶夹层的软化规律研究[J].岩石力学与工程学报，33(5)：865-873.

蒋翔，姜德义，陈结，等，2013.定向对接连通井造腔可行性分析[J].中国科技论文，8(5)：374-376.

李会知，刘敏珊，吴义章，2005.结合工程实例讲授相似理论[J].力学与实践，3(27)：88-89.

李林，陈结，姜德义，等，2011.单轴条件下层状盐岩的表面裂纹扩展分析[J].岩土力学，32(5)：1394-1398.

李晓红，卢义玉，康永，等，2007.岩石力学实验模拟技术[M].北京：科学出版社.

李银平，刘江，杨春和，2006.泥岩夹层对盐岩变形和破损特征的影响[J].岩石力学与工程学报，25(12)：2461-2466.

李银平，施锡林，刘伟，等，2016.盐穴水溶造腔建槽期不溶物运动性态及应用研究[J].岩石力学与工程学报，35(1)：23-31.

李银平，杨春和，施锡林，2012.盐穴储气库造腔控制与安全评估[M].北京：科学出版社.

梁卫国，赵阳升，2002.盐类矿床水溶开采机理分析[J].太原理工大学学报，33(3)：234-237.

梁卫国，赵阳升，李志萍，2003.盐岩水压致裂溶解耦合数学模型与数值模拟[J].岩土工程学报，25(4)：427-430.

梁卫国，赵阳升，李志萍，等，2004.群井致裂控制水溶盐矿开采分析及数值模拟[J].辽宁工程技术大学学报(自然科学版)，23(5)：609-612.

梁卫国，赵阳升，徐素国，2005. 盐矿群井致裂控制水溶开采技术及应用[J]. 矿业研究与开发，25(4)：7-10.

廖昉，2012. 使用型盐作为岩盐造腔相似材料实验研究[D]. 重庆：重庆大学.

刘成伦，徐龙君，鲜学福，等，1998. 电导法研究岩盐溶解的动力学[J]. 中国井矿盐，(3)：19-22.

刘成伦，徐龙君，鲜学福，2000. 长山岩盐动溶的动力学特征[J]. 重庆大学学报(自然科学版)，23(4)：58-59.

刘凤梅，王华，2006. 盐气溶胶疗法的发展现状及国内岩盐市场前景[J]. 中国非金属矿工业导刊，(6)：16-17+19.

刘欢，徐素国，2015a. 盐岩储气库建槽期流场运移的实验研究[J]. 煤炭技术，34(11)：315-318.

刘欢，徐素国，2015b. 钙芒硝盐岩溶蚀的角度效应[J]. 科学技术及工程，15(32)：152-155.

刘欢，徐素国，梁卫国，2015c. 盐穴储气库建腔期边界区域流场的模化实验研究[J]. 太原理工大学学报，45(6)：691-696.

刘建平，姜德义，陈结，等，2009. 一种盐岩相似材料的实验研究[J]. 岩土力学，30(12)：3660-3664.

刘江，杨春和，吴文，等，2006. 盐岩短期强度和变形特性实验研究[J]. 岩石力学与工程学报，25(S1)：3104-3109.

刘尧军，1992. 东营地下有丰富的盐矿、高浓度卤水资源[J]. 中国井矿盐，(5)：51.

刘中华，徐素国，胡耀青，等，2010. 钙芒硝盐岩溶蚀实验研究[J]. 岩石力学与工程学报，29(S2)：3616-3621.

马洪岭，陈锋，杨春和，等，2010. 深部盐岩溶解实验研究[J]. 矿业研究与开发，30(5)：9-13

毛根海，邵卫云，张燕，2006. 应用流体力学[M]. 北京：高等教育出版社.

孟涛，梁卫国，陈跃都，等，2015. 层状盐岩溶腔建造过程中石膏夹层周期性垮塌理论分析[J]. 岩石力学与工程学报，(S1)：3267-3273.

孟涛，梁卫国，代进州，2013. 盐岩水平溶腔储库可用性的数值模拟研究[J]. 矿业研究与开发，33(4)：10-15.

聂百洲，2012. 衡阳市盐矿产业低碳发展的政策支持研究[D]. 长沙：湖南大学.

漆智先，徐玉珍，余昱，2003a. 湖北省潜江市黄场潜二段盐矿开发研究[J]. 中国井矿盐，1(34)：29-32.

漆智先，朱慧，徐玉珍，2003b. 潜江凹陷黄场盐矿油盐兼探方法与实践[J]. 中国井矿盐，4(34)：24-28.

钱海涛，谭朝爽，李守定，等，2010. 应力对岩盐溶蚀机制的影响分析[J]. 岩石力学与工程学报，29(4)：757-764.

任松，姜德义，刘新荣，2008. 盐腔形成过程对覆岩影响的相似材料模拟实验研究[J]. 岩土工程学报，30(8)：1178-1183.

任松，郭松涛，姜德义，等，2011a. 盐岩蠕变相似模型及相似材料研究[J]. 岩土力学，32(S1)：106-110.

任松，杨春和，姜德义，等，2011b. 高温三轴盐岩溶解特性实验机研制及应用[J]. 岩石力学与工程学报，30(2)：289-295.

任松，陈结，姜德义，等，2012a. 能源地下储库造腔期流场相似实验[J]. 重庆大学学报(自然科学版). 36(5)：103-108.

任松，任奕玮，姜德义，等，2012b. 可用于造腔实验的型盐相似材料研究[J]. 岩石力学与工程学报. 31(S2)：3716-3724.

任松，吴建勋，陈结，等，2014. 层状盐岩造腔仿真软件开发及其实用性验证[J]. 岩土力学，35(9)：2725-2736.

沈洵，2015. 石膏夹层储气库注采稳定性基础研究[D]. 太原：太原理工大学.

沈洵，徐素国，2015. 盐岩溶解的溶液浓度与试件倾角效应实验研究[J]. 太原理工大学学报，(4)：410-413.

施锡林，李银平，杨春和，等，2009a. 卤水浸泡对泥质夹层抗拉强度影响的实验研究[J]. 岩石力学与工程学报，28(11)：2301-2308.

施锡林，李银平，杨春和，等，2009b. 盐穴储气库水溶造腔夹层垮塌力学机制研究[J]. 岩土力学，30(12)：3615-3620.

舒福明，2004. 洪泽凹陷赵集次凹阜宁组四段盐岩沉积特征及成因[J]. 安徽地质，14(2)：81-05.

宋书一，姜德义，任松，等，2013. 三轴应力作用下岩盐溶解特性实验分析[J]. 重庆大学学报. 36(9)：14-20.

汤艳春，周辉，冯夏庭，等，2008a. 应力作用下岩盐的溶蚀模型研究[J]. 岩土力学，29(2)：296-302.

汤艳春，周辉，冯夏庭，等，2008b. 单轴压缩条件下岩盐应力-溶解耦合效应的细观力学实验分析[J]. 岩石力学与工程学报，27(2)：294-302.

汤艳春，房敬年，周辉，2012. 三轴应力作用下岩盐溶蚀特性实验研究[J]. 岩土力学，33(6)：1601-1607.

田中兰，夏柏如，2008. 盐穴储气库造腔工艺技术研究[J]. 现代地质，22(1)，97-102.

屠兴，1989. 模拟实验的基本理论和方法[M]. 西安：西北工业大学出版社.
万玉金，2004. 在盐层中建设储气库的形状控制机理[J]. 天然气工业，24(9)：130-132.
王必金，林畅松，陈董，等，2006. 江汉盆地幕式构造运动及其演化特征[J]. 石油地球物理勘探，41(2)：226-230.
王春荣，2012. 盐岩溶解速率影响因素实验研究[D]. 重庆：重庆大学.
王丰，1990. 相似理论及其在传热学中的应用[M]. 北京：高等教育出版社.
王汉鹏，李建中，冉莉娜，等，2014. 盐穴造腔模拟与形态控制实验装置研制[J]. 岩石力学与工程学报，33(5)：921-928.
王文权，杨海军，刘继芹，等，2015. 盐穴储气库溶腔排量对排卤浓度及腔体形态的影响[J]. 油气储运，34(2)：175-179.
魏东吼，2008. 金坛盐穴地下储气库造腔工程技术研究[D]. 华东：中国石油大学.
吴乘胜，杨骏六，2003. 单井对流法水溶采矿的数学模型[J]. 力学与实践，25(1)：11-13.
吴颖，居中，朱卫琴，2012. 淮阴赵集矿区盐穴储气库建设的地质条件及利弊分析[J]. 地质学刊，36 (4)：439-04.
吴志勇，王智超，2009. 住宅房间通风气流模型实验相似理论研究[J]. 力学与实践，10(35)：180-182.
徐丹，2002. 流体动力相似理论在旋流器中的建模[J]. 南通工学院学报，1(1)：71-75.
徐素国，梁卫国，赵阳升，2010. 钙芒硝盐岩溶解的温度效应[J]. 矿业研究与开发，30(3)：42-44.
徐挺，1995. 相似方法及其应用[M]. 北京：机械工业出版社.
杨春和，李银平，陈锋，等，2009. 层状盐岩力学理论与工程[M]. 北京：科学出版社.
杨春和，陈剑文，施锡林，等. 2011. 中石化金坛储气库盐岩工程力学试验研究[R]. 武汉：中国科学院武汉岩土力学研究所.
杨俊杰，2005. 相似理论与结构模型实验[M]. 武汉：武汉理工大学出版社.
杨骏六，何丹，2005. 改进浮羽流区计算的溶腔扩展数值模拟[J]. 西南交通大学学报，40(5)：605-609.
杨晓琴，梁卫国，张传达，等，2012. 不同温度下钙芒硝矿溶解细观结构显微 CT 实验研究[J]. 煤炭学报，37(12)：2031-2037.
杨晓琴，于艳梅，张传达，等，2014. 温度-浓度耦合作用下可溶岩钙芒硝溶浸细观结构演化[J]. 煤炭学报，39(3)：460-466.
杨欣，2015. 盐岩静-动溶溶蚀特性与水溶建腔流体输运机理研究[D]. 重庆：重庆大学.
易亮. 2016. 小井间距双井水溶造腔机理及稳定性研究 [D]. 重庆：重庆大学.
易胜利，2003. 岩盐钻井水溶双井连通开采工艺的研究与推广[J]. 中国井矿盐，34(6)：20-23.
袁光杰，申瑞臣，田中兰，等，2006. 快速造腔技术的研究及现场应用[J]. 石油学报，27(4)：139-142.
岳广义，梁卫国，2012. 水平井连通水溶开采过程中流场的数值模拟[J]. 中国井矿盐，43(1)：14-17.
曾义金，陈勉，2013. 盐岩井眼溶解速率的实验测定[J]. 石油钻探技术，31(3)：1-3.
翟裕生，姚书振，蔡克勤，2011. 矿床学[M]. 北京：地质出版社.
赵志成，2003. 盐岩储气库水溶建腔流体输运理论及溶腔形态变化规律研究[D]. 河北：中国科学院渗流流体力学研究所.
赵志成，朱维耀，单文文，等，2003. 盐穴储气库水溶建腔机理研究[J]. 石油勘探与开发，30(5)：107-109.
赵志成，朱维耀，单文文，等，2004. 盐岩储气库水溶建腔数学模型研究[J]. 天然气工业，24(9)：126-129.
郑开富，彭霞玲，2012. 赵集盐岩矿区地质特征与潜在的地质灾害[J]. 复杂油气藏，5(3)：14-05.
中华人民共和国国家标准编写组：GB/T 23561，1988. 煤与岩石物理力学性质测定方法(第一部分) 采样一般规定[S]. 北京：中国标准出版社，32-33.
周桓，2008. 精制盐工基础知识[M]. 北京：中国轻工业出版社.
周辉，汤艳春，胡大伟，等，2006. 盐岩裂隙渗流－溶解耦合模型及实验研究[J]. 岩石力学与工程学报，25(5)：946-950.
周俊驰，黄孟云，班凡生，等，2016. 盐穴储气库双井造腔技术现状及难点分析[J]. 重庆科技学院学报(自然科学版)，18(1)：63-67.
朱训，1999. 中国矿情[M]. 北京：科学出版社.

Daniel C R, Anthony J R, 1986. Experimental studies of salt-cavity leaching by freshwater injection[J]. SPE Production Engineering, 1(1): 82-86.

Durie R W, 1964. Mechanism of the dissolution of salt in the formation of underground salt cavities. [J]. Society of Petroleum Engineers Journal, 4(2): 183-190.

Durie R W, Jessen F W, 1964a. The influence of surface features in the salt dissolution process[J]. Society of Petroleum Engineers Journal, 4(3): 275-281.

Gratier J P, 1993. Experimental pressure solution of halite by an indenter technique[J]. Geophysical Research Letters, 20(15): 1647-1650.

Jessen F W, 1970. Salt dissolution under turbulent flow conditions [R]. Solution Mining Research Institutive File 70-004-SMRI.

Jiang D Y, Qiu H F, Chen J, et al, 2012. The similar experimental study on the concentration field in construction period of the storage of salt rock in solution mining. [J]. Advanced Materials Research, 524: 494-502.

Karcz Z, Aharonov E, Ertas D, et al, 2008. Deformation by dissolution and plastic flow of a single crystal sodium chloride indenter: an experimental study under the confocal microscope [J]. Journal of Geophysical Research Atmospheres, 113(B4): 2217-2235

Kazemi H, 1964. Mechanism of flow and controlled dissolution of salt in solution mining[J]. Society of Petroleum Engineers Journal, 4(4): 317-328

Nolen J S, 1974. Numerical simulation of the solution mining process[C]. In proceedings of SPE-European Spring Meeting, Dallas, Texas.

Noort R V, Spiers C J, Peach C J, 2011. Structure and properties of loaded silica contacts during pressure solution: impedance spectroscopy measurements under hydrothermal conditions[J]. Physics & Chemistry Minerals, 38(7): 501-516

Saberian A, 1978. Accomplishments of SMRI sponsored salt dissolution research since the fourth salt symposium[C]. The fifth international salt symposium, Hamburg, Germany.